# 研究開発機能の
# 空間的分業

### 日系化学企業の組織・立地再編とグローバル化

## 鎌倉夏来 [著]

東京大学出版会

Spatial Divisions of Labor in R&D:
Organizational and Locational Restructuring with the Globalization
of Japanese Chemical Firms
Natsuki Kamakura
University of Tokyo Press, 2018
ISBN978-4-13-046125-2

# 目　次

図表一覧　v

## 序　章　問題の所在と分析枠組み ……………………………………1

### 第Ⅰ部
### 研究開発機能の分析理論と化学産業における動向

## 第1章　研究開発組織の空間的分業論 ……………………………11

1. 研究開発のプロセスと知識フロー　11
  1.1　研究開発のプロセス　11
  1.2　知識フローへの注目　13
2. 研究開発の組織論　15
  2.1　企業内における研究開発の組織構造　15
  2.2　企業外組織との関係　18
  2.3　グローバルな研究開発組織の類型化と組織関係　20
3. 研究開発の立地論　23
  3.1　研究開発機能の立地と集積　23
  3.2　日本国内における研究開発機能の立地変動　27
  3.3　研究開発機能のグローバルな立地　28
  3.4　研究開発機能のグローバル化とその要因　30
  3.5　日系多国籍企業による研究開発機能のグローバル化　32
4. 研究開発の空間的分業論　34
  4.1　知識フローと空間的分業　34
  4.2　研究開発機能の空間変容における段階性と空間的分業論　36

## 第2章　世界の化学産業の概要と研究開発の動向 ………………41

1. 化学産業の概要　41
   1.1　化学産業の特徴　41
   1.2　化学製品の種類　42

2. 化学産業の歴史と立地　43
   2.1　19世紀から第一次世界大戦終戦（〜1918年）　43
   2.2　戦間期から第二次世界大戦終戦（1919〜1945年）　46
   2.3　戦後から二度の石油危機（1946〜1979年）　47
   2.4　石油危機後から2000年代（1980〜2015年）　48

3. 世界の化学産業の概要　51
   3.1　ヨーロッパにおける化学産業の概要　51
   3.2　アメリカにおける化学産業の概要　57
   3.3　アジアにおける化学産業の概要　60

4. 世界の化学産業における研究開発の動向　63
   4.1　化学産業の研究開発機能における地理的な変化　63
   4.2　主要企業による研究開発機能のグローバル化　67
   4.3　BASFにおける研究開発機能のグローバル化　68

## 第3章　日本の化学産業における研究開発の概要 ………………73

1. 製造業全体の研究開発と化学産業　73

2. 化学企業による研究所の立地変化　80
   2.1　草創期（〜戦前）　81
   2.2　拡大期（戦後〜1970年）　81
   2.3　立地再編期（1970〜1990年代）　82
   2.4　グローバル化期（2000〜2010年代）　85

3. 事例企業の概要　87

### 第Ⅱ部

### 企業における研究開発活動とグローバル化

## 第4章　旧財閥系総合化学企業の組織再編と研究開発 ………93

1. 化学産業の組織再編　93

2. 旧財閥系総合化学企業3社の立地履歴　94
　　2.1　旧財閥系総合化学企業3社の変遷　94
　　2.2　事例企業3社における研究開発の立地履歴　100
　3. 研究開発拠点間の知識フローと空間的分業　105
　　3.1　研究開発拠点間の知識フロー　105
　　3.2　事例企業3社の比較と考察　112

# 第5章　繊維系化学企業の企業文化と研究開発 ·················117
　1. 企業文化と研究開発　117
　2. 繊維系化学企業3社の立地履歴　121
　　2.1　繊維系化学企業3社の変遷　121
　　2.2　研究開発の立地履歴と企業文化　127
　3. 研究開発の場所性と企業文化　143
　　3.1　事例企業3社の経営者と企業文化　143
　　3.2　事例企業3社の比較と考察　148

# 第6章　機能性化学企業の技術軌道と研究開発 ·················153
　1. 研究開発と技術軌道　153
　2. 機能性化学企業3社の立地履歴　157
　　2.1　事例企業3社の概要　158
　　2.2　電気化学　161
　　2.3　昭和電工　166
　　2.4　JSR　171
　3. 研究開発組織の立地力学　175
　　3.1　中核的研究開発拠点における技術軌道　177
　　3.2　機能性化学企業における技術軌道と立地力学　179

# 第7章　研究開発機能のグローバル化と空間的分業 ··········183
　1. 事例企業による海外研究開発拠点の概要　183
　2. ヨーロッパ・アメリカ・アジア各地域における特徴　186
　3. 旧財閥系総合化学企業による研究開発機能のグローバル化　192
　　3.1　住友化学における研究開発機能のグローバル化　192

3.2　三井化学における研究開発機能のグローバル化　197

　4.　繊維系化学企業による研究開発機能のグローバル化　201
　　4.1　東レと帝人における研究開発機能のグローバル化　201
　　4.2　クラレにおける研究開発機能のグローバル化　212

　5.　機能性化学企業による研究開発機能のグローバル化　215
　　5.1　JSR における研究開発機能のグローバル化　215
　　5.2　カネカにおける研究開発機能のグローバル化　228

　6.　その他の化学企業による研究開発機能のグローバル化　234
　　6.1　DIC における研究開発機能のグローバル化　234
　　6.2　宇部興産における研究開発機能のグローバル化　239


# 終　章　研究開発機能における空間的分業論の課題 …………245

　1.　知見の整理　245
　　1.1　各章の内容のまとめ　245
　　1.2　国内における研究開発機能の空間的分業　247
　　1.3　研究開発機能のグローバル化　249

　2.　研究開発機能のグローバル化と空間的分業の変化　251

　3.　研究開発機能のグローバル戦略と政策に対する示唆　253

　4.　今後の研究課題　256


参考文献　259

あとがき　272

事項索引　276

地名索引　280

v

# 図表一覧

**序章**

図序-1　研究開発機能の空間的分業における 3 つの要素　………………………3

**第 1 章**

表 1-1　研究開発の組織構造　…………………………………………………16

表 1-2　グローバル研究開発組織の諸類型　…………………………………21

表 1-3　研究開発集積地域の類型化　…………………………………………26

表 1-4　欧米多国籍企業による研究開発拠点の立地決定要因　………………31

図 1-1　研究開発のプロセス　…………………………………………………12

図 1-2　グローバル研究開発組織の進化傾向　………………………………21

図 1-3　研究所の自律と情報共有　……………………………………………23

図 1-4　海外研究所の分布状況（2004 年）　…………………………………29

図 1-5　多国籍企業の組織内外における知識フローの概念図　………………35

図 1-6　研究開発機能の空間変容　……………………………………………37

**第 2 章**

表 2-1　化学部門売上高の世界ランキング（2014 年）　………………………50

表 2-2　ヨーロッパにおける製造業内化学産業従事者割合の上位 10 地域
（NUTS-2：2013 年）　……………………………………………………53

表 2-3　ヨーロッパ（EU28 カ国）における化学産業の研究開発支出と
人員数（2013 年）　………………………………………………………56

表 2-4　アジアの主要国におけるエチレン生産量　…………………………61

表 2-5　化学企業の売上高ランキング（総合・スペシャリティ）……………66

表 2-6　主要化学企業における研究開発拠点の設置状況（2013 年）　…………68

表 2-7　BASF における主要な研究開発拠点の概要　…………………………70

図 2-1　化学産業における生産額の国別シェアの推移（1913～2000 年）　……45

図 2-2　化学産業の地域別出荷額構成比の推移（2002～2012 年）　…………49

図 2-3　ヨーロッパにおける製造業内化学産業従事者割合の上位地域
（5% 以上，NUTS-2：2013 年）　……………………………………52

図 2-4　ドイツ国内におけるケミカルパークの分布　………………………54

図 2-5　ドイツにおける化学産業の州別研究開発費と研究開発人員数（2012 年）……56

図 2-6　アメリカにおける化学産業の州別出荷額（2013 年）　………………58

図 2-7　アメリカにおける化学産業の州別出荷額の特化係数（2013 年）　……59

図 2-8 化学産業における研究開発支出の国別推移（日本・アメリカ・ドイツ）……64
図 2-9 化学産業における研究開発人員数の国別推移（日本・アメリカ・ドイツ）…64
図 2-10 化学産業における国・地域別研究開発費と出荷額に占める割合…………65
図 2-11 BASF のアジア地域における研究開発拠点の分布………………………71

## 第 3 章
表 3-1 化学企業における研究開発の動向と立地 ………………………………81
表 3-2 化学企業における地域別海外進出状況（研究開発機能を持つ拠点）………87
表 3-3 事例企業 9 社の概要 ……………………………………………………88
図 3-1 製造業全体の研究者数と研究開発支出の推移 …………………………74
図 3-2a 業種別研究者数の推移………………………………………………74
図 3-2b 業種別研究開発支出の推移 …………………………………………74
図 3-3 研究開発支出における社外研究開発支出の占める割合 ………………75
図 3-4 都道府県別科学研究者・技術者の分布：製造業全体（1985〜2010 年）…77
図 3-5 都道府県別科学研究者・技術者の分布………………………………78-79
図 3-6 主要化学企業における研究所立地点の変化（1987〜2012 年）…………83
図 3-7 主要化学企業における研究所の分布（2012 年）………………………86

## 第 4 章
表 4-1 事例企業 3 社の概要 …………………………………………………98
表 4-2 事例企業 3 社における出願特許件数の分類…………………………106
表 4-3 事例企業 3 社における特許共願関係のネットワーク記述統計量……106
表 4-4 主要拠点における出願特許の国際特許分類…………………………111-112
図 4-1 事例企業 3 社における研究開発機能の立地履歴と現状……………102
図 4-2 事例企業 3 社における拠点・組織別特許出願数と共願関係………108

## 第 5 章
表 5-1 事例企業 3 社における経営者・研究所の変遷………………………128-129
図 5-1 アイデンティティ，文化，戦略の関係性……………………………119
図 5-2 事例企業 3 社の売上高に占める繊維事業の割合（1960〜2010 年度）…122
図 5-3 事例企業 3 社の売上高構成比（2013 年度）…………………………126
図 5-4 事例企業 3 社における研究開発機能の立地履歴……………………130
図 5-5 帝人における研究開発機能の分業体制（2012 年）…………………133
図 5-6 東レにおける研究開発機能の分業体制（2012 年）…………………137
図 5-7 クラレにおける研究開発機能の分業体制（2012 年）………………142

## 第 6 章
表 6-1 事例企業 3 社の概要……………………………………………………159
図 6-1 事例企業 3 社の売上高・営業利益における事業別割合（2012 年度）………160

図6-2　電気化学工業における製品の系譜と立地履歴·······················163
図6-3　電気化学工業における研究開発機能の分業体制（2012年）·······165
図6-4　昭和電工における製品の系譜と立地履歴·························168
図6-5　昭和電工における研究開発機能の分業体制（2012年）···········170
図6-6　JSRにおける製品の系譜と立地履歴·····························172
図6-7　JSRにおける研究開発機能の分業体制（2012年）················175
図6-8　機能性化学企業における研究開発機能の立地力学·················176

## 第7章

表7-1　事例企業による主な海外研究開発拠点·························184
表7-2　上海市における欧米化学企業の研究開発拠点の概要··············191
表7-3　Cambridge Display Technologyの概要 ·······················194
表7-4　MS-R＆Dの概要 ···········································200
表7-5　帝人（中国）商品開発センターの概要·························205
表7-6　東レの中国における研究開発子会社の概要·····················208
表7-7　KRTCの概要 ··············································214
表7-8　JSR Micro NVの概要 ·······································218
表7-9　JSR Micro Inc.の概要········································222
表7-10　JSRのアジアにおける研究開発子会社の概要 ·················225
表7-11　カネカベルギーの概要 ·····································231
表7-12　青島迪愛生精細化学有限公司の概要 ·························237
表7-13　UBE Technical Center（Asia）Ltd.の概要 ···················241
図7-1　事例企業による海外研究開発拠点の分布·······················185
図7-2　事例企業のヨーロッパにおける研究開発拠点の分布··············187
図7-3　事例企業のアメリカにおける研究開発拠点の分布················189
図7-4　事例企業のアジアにおける研究開発拠点の分布··················190
図7-5　CDTを中心とした研究開発機能における分業体制 ···············196
図7-6　シンガポールにおけるMS-R＆Dの立地·······················200
図7-7　中国における帝人・東レの研究開発子会社の立地···············205
図7-8　JSR Micro NVを中心とした研究開発機能における分業体制 ········220
図7-9　アジアにおけるJSRの研究開発子会社の立地 ··················225
図7-10　JSR Micro Koreaを中心とした研究開発機能における分業体制 ····226
図7-11　カネカベルギーNVを中心とした研究開発機能における分業体制 ···233
図7-12　青島市におけるDIC青島研究所の立地·······················238
図7-13　タイにおけるUTCAの立地 ·································241

## 終章

表終-1　国内における研究開発機能の分業のまとめ ····················248
図終-1　研究開発機能における空間的分業の類型化 ····················251

# 序　章

## 問題の所在と分析枠組み

　製造業において，新たな価値を生み出すイノベーションの創出が重視されるにつれ，世界中に分散した優れた知識・技術の獲得は，企業にとってますます重要な課題となっている．特に，2000 年代半ば以降，国際機関によって複数の報告書が出されるなど（UNCTAD 2005, OECD 2008a），多国籍企業による研究開発機能の戦略的展開は，世界的に注目されている．

　日系多国籍企業[1] は，欧米系企業と比較し，海外での研究開発投資の割合が低く，国内を中心に研究開発拠点を展開してきたとされる．これは，生産機能の海外移転が進む中で，国内産業を維持する必要があるという観点からは，歓迎されるべきかもしれない．

　しかしながら，日本国内だけでしか需要のない商品を開発する「ガラパゴス化」といった現象に象徴されるように，企業がより成長の見込まれる海外市場に進出するにあたっては，国内だけでの研究開発活動には限界も見られている．さらに，グローバルに展開される研究開発ネットワークの中で，日系企業が孤立傾向にあることも問題視されている（経済産業省産業技術環境局 2011）．今後，少子・高齢化による国内市場の縮小が見込まれる中で，日系企業にとって，海外市場のさらなる開拓が喫緊の課題であるのは明らかである．こうした課題に対処するにあたっては，研究開発機能が集中してきた国内拠点の役割を再検討し，海外拠点の立地優位性を活かしながら，国内外において戦略的な分業体制を築くことが必要になっている．

---

　1)　多国籍企業の定義は論者によって多様であるが，本書では，日系多国籍企業を「日本を本国とし，複数の国において事業ないし所得を生み出す資産を支配している企業」と広く定義する．

実際に，政府の調査を見てみると，生産機能のみならず，研究開発機能の海外移転も進展してきている．経済産業省による『海外事業活動基本調査』によると，リーマンショック後の 2009 年度以降，海外現地法人によって支出された研究開発費は，一貫して増加傾向にあり，2014 年度には最高水準（6530 億円）となっている[2]．海外研究開発費比率[3] も 5.3% で最高値となり，海外現地法人で行われている研究開発活動の比率が，国内での研究開発活動に対して，年々高まっているということが確認されている．

一方，国内の状況について，『ものづくり白書 2015』では，国内における研究開発拠点の数は維持されているものの，支出された研究開発費は，リーマンショック前の水準まで戻っていないと指摘されている[4]．

このように，研究開発機能のグローバル化は，日系企業においても徐々に進展しており，国内外における研究開発機能の空間的分業は変化してきていると考えられる．以上のような問題状況を踏まえ，本書では，日系多国籍企業を対象に，研究開発機能におけるグローバルな空間的分業の動態を明らかにし，そうした分業がどのような論理に基づき成り立っているのかを考察することを目的とする．さらには，イノベーションを活発に起こしていく上で，いかなる空間的分業が望ましいのか，こうした点についても検討することにしたい．

本書においては，研究開発機能の空間的分業を解明するにあたり，企業の組織，立地，知識フローの 3 つの要素の相互関係に注目する（図序-1）．まず図中の①の点について，組織の変化は，合併や企業買収，事業別に独立した「縦串」の研究開発組織から，研究開発機能を事業にとらわれず「横串」にした機能別の研究開発組織への再編などを通して，事業所の立地に変化を及

---

2) 地域別では北米，ヨーロッパが増加している一方で，アジアは前年度までと一転して減少傾向になった．業種別で見ると，特に化学（医薬を含む），業務用機械，汎用機械などを中心に増加が目立っている．なお，2015 年度は 6373 億円となり，わずかに減少している．

3) 海外現地法人による研究開発支出／（海外現地法人による研究開発費＋国内研究開発費）．

4) 2007 年に 12.2 兆円であったのに対し，2009 年から 2012 年にかけては，10 兆円台に落ち込んだ．2013 年は 11.2 兆円（科学技術指標 2015）と増加が見られたが，ピーク時と比較すると，約 1 兆円の減少となっている．

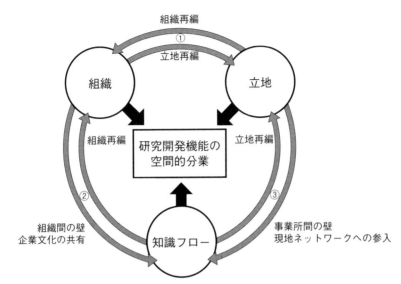

**図序-1　研究開発機能の空間的分業における3つの要素**

出所：筆者作成.

ぼす要素である．一方，立地が変化することによって，従来の組織構造とは異なる状況が生み出され，組織再編につながるという反対方向の影響もある．例えば，世界各地に事業を拡大し，子会社の立地が分散した場合，地域を統括する組織が設立され，全体の組織再編を促す．このように，組織と立地の2つの要素は，相互に関係し合って変化する．

また組織と立地は，それぞれ知識フローに影響を及ぼす．図中の②で示した組織からの影響については，まず組織間の壁が存在することにより，知識フローが阻害される．これには，企業内の事業組織間や，研究所と工場などの「企業組織間の壁」があるほか，本社と子会社間といった「階層的な壁」，さらには「企業外組織との間の壁」も考えられ，こうした障壁を解消するために，組織再編が行われる場合もあるだろう．一方で，同じ組織内であれば企業文化，組織文化といったものを共有することができ，知識フローを円滑にするための要素にもなり得る．

さらに，立地に関する図中の③について，事業所同士が離れており，頻繁なやり取りがしづらいという「事業所間の壁」が，知識フローを阻害する可

能性がある．加えて，単純な時間距離の問題だけでなく，立地地域同士の言語や文化が異なる場合は，意思の疎通が難しいという点でも，「事業所間の壁」が生じる場合があるだろう．こうした障壁を理由に，立地再編が行われ得る．反対に，現地に立地する子会社の従業員は，地域内の様々なネットワークに参入しやすく，こうした関係を通じて，企業外組織との知識フローが円滑に行われることも考えられる．

　ところで，分析にあたっては，研究開発機能が重要な役割を果たすイノベーションの発生メカニズムが，産業によって異なることを踏まえなければならない（Malerba 2004 など）．より具体的には，産業によってイノベーションに必要となる知識の性質や，重要となる主体が異なるということに留意する必要がある．さらに Breschi and Malerba（1997）が，あるセクターにおけるイノベーターの地理的分布や，イノベーションに必要となる知識の空間的境界など，地理的な要素もイノベーションシステムにおいて重要であると指摘している点は注目に値する．このように，産業によってイノベーションシステムの地理的特徴が異なることを考慮すると，研究開発機能における空間的分業の動態を解明するには，特定産業に焦点を合わせたアプローチが有効である．

　本書では，分析対象として化学産業[5]を取り上げ，日系化学企業に注目する．化学産業を取り上げる理由としては，以下の 4 点があげられる．1 点目は，化学産業が長い歴史を持つ産業であり，ヨーロッパからアメリカ，それに遅れて日本，近年では中国をはじめとしたアジアなど，生産機能を中心に，ダイナミックな地理的シフトが生じてきたためである．こうした生産機能の立地は，原料や市場の成長との関係でシフトしていくが，これに対して研究開発機能の立地がどのように変化し，いかなる空間的特性を持っているのかを，長期的に観察することができる産業であるといえる．

　2 点目は研究開発機能に関する産業特性であり，化学産業は研究開発費の支出額が多く[6]，比較的規模の大きな研究開発活動が行われていることから，

---

[5]　以下での化学産業には，特に研究開発機能において極めて異なる性質を持った医薬品製造業を含めない．ただし，統計の性質上含めざるを得ない場合は，特記の上，医薬品製造業も化学産業に含める．

十分な事例が観察可能であるためである．さらに，プロセス技術の深耕が重要とされる装置産業であり（Cesaroni *et al.* 2004, 藤本・桑嶋 2009），ユーザー産業との協力も必要であることから，生産拠点を含めた複数の拠点が役割分担をしながら研究開発活動を展開しているという特性もあげられる．

次に3点目として，化学産業における組織の特徴があげられる．化学産業の場合，素材や中間製品を生産する割合が大きく，ユーザーが多岐にわたるため，組織構造が複雑になり，企業内部の組織再編が繰り返し行われてきた．こうした組織的な変化も，研究開発機能の空間的分業において重要な要素である．また，企業の内部だけでなく，事業や企業の買収・合併による産業内での組織再編も顕著である（石油化学工業協会 2008）．こうした企業や事業の買収によって，海外に立地する既存の研究開発拠点が企業グループ内でどのような役割を担うようになり，その役割にいかなる変化が見られるのかなどといった点は，企業活動の空間的境界だけでなく，「企業の境界」を考える上でも興味深い事例であると考えられる．

最後の4点目として，日本の化学産業が，2000年代以降，「次世代のリーディング・インダストリー」として，再評価されていることがあげられる（田島 2008, 化学ビジョン研究会 2010）．従来，日本の化学企業は，欧米の化学企業と比べて企業規模が小さく，競争力が低いとされてきた（伊丹 1991）．これに対し，2010年代になると，独自の強みを活かした事業戦略を展開し，収益力の高い企業も生まれている（橘川・平野 2011）．こうした強みを維持・拡大していくためには，海外への市場拡大や，外国に立地するユーザー企業との関係強化などは必須であり，戦略的な研究開発機能のグローバル展開が見込まれる産業である．

こうした化学産業に対する分析の具体的な方法として，日本国内の分析については，社史と新聞記事，有価証券報告書などの資料分析とともに，本社

---

6) 2012年度の『科学技術研究調査報告』（総務省統計局）によると，全業種における社内使用研究費のうち，輸送用機械器具製造業，医薬品製造業，電気機械器具製造業，化学産業がそれぞれ18.2％，10.0％，7.9％，6.0％を占めている．また化学工業に石油製品・石炭製品製造業，プラスチック製品製造業，ゴム製品製造業などを含め，広義の化学産業とすると，全体の8.7％となっている．また，医薬品は産業分類において化学に含まれるが，上記の調査においては化学とは別に計上されている．

の研究開発部門に対する聞き取り調査を行った．また海外拠点に関しても，企業の資料と新聞記事による分析のほか，現地の子会社の代表または研究開発部門の責任者に対して，聞き取り調査を実施した．聞き取り調査は，2012年5月から2015年11月にかけて行った．

海外調査において共通する聞き取り項目は，①事業所の概要（研究開発分野，役割，機能，人員規模，雇用形態，日本からの出向者の有無など），②研究開発機能の特徴（日本国内を中心とした他の拠点との分業関係，研究開発機能においてどの段階を担っているのか，日本における研究開発活動とどのように連携をしているのか，具体的な製品開発における知識フローの事例），③立地上のメリット・課題（メリットの有無，日本との距離，言語の違いによる日本国内での分業との違いの有無など）である．

以下では，まず第1章から第3章を第Ⅰ部「研究開発機能の分析理論と化学産業における動向」とし，本書の分析理論を示すとともに，化学産業における国内外の動向を概観している．

第1章においては，組織，立地変動，空間的分業と知識フローという観点から，研究開発機能に関する既存研究を整理している．その上で，研究開発機能の空間的分業を構成する企業の組織，立地，知識フローの3つの要素の関係を検討し，本研究の枠組みを提示している．

次の第2章では，化学産業についての歴史的な変遷を概観し，同産業の中核地域が世界全体でどのように変化していったのかを，データや主要企業の事例を示しながら確認している．

続く第3章では，日本の化学産業について，他産業との比較から研究開発活動の動向を長期的に観察するとともに，国勢調査や化学企業に関する資料を参照し，化学企業による研究開発機能の組織と立地の変化について概観している．

これらの各章は，本書の後半にある企業の事例を理解するにあたり，化学産業の産業としての特性と地理的な特性を踏まえるためのものである．

第4章から第7章は，第Ⅱ部となる「企業における研究開発活動とグローバル化」とし，企業の具体的な事例として，日本の主要な化学企業を取り上げ，日本国内における研究開発機能の立地変動を示すとともに，その要因を

分析している.

　第4章から第6章までの日本国内の分析で対象とする9社は，創業の経緯や事業構造に着目し，旧財閥系総合化学企業，繊維系化学企業，機能性化学企業に分類し，これらの企業群ごとの特徴に留意しながら分析を行っている.

　第4章では，住友化学，三井化学，三菱化学といった旧財閥系総合化学企業3社を取り上げ，研究開発組織の再編や拠点の立地履歴，拠点間の知識フローを資料・インタビューや特許を用いたネットワーク分析などから明らかにしている. とりわけ，研究開発機能の組織構造の変化が，研究開発機能の立地に大きな影響を及ぼすことを示している.

　第5章では繊維系化学企業として帝人，クラレ，東レの3社を対象に，各社の企業文化に着目した分析を行っている. 特に，拠点の立地履歴と，特徴ある経営者の影響について焦点を合わせているのが，第5章の特徴である. こうした分析から，創業地が研究開発機能の空間的分業において強い立地慣性を示す一方で，個性ある経営者が過去にとらわれない劇的な組織・立地の再編を行ったことによって生じた企業間の差異が描かれている.

　第6章では，電気化学工業，昭和電工，JSRの3社を機能性化学企業と位置付け，分析対象とした. より具体的には，技術革新と立地との媒介項に，技術軌道概念を導入するとともに，研究開発機能の立地における中央研究所と，地方の生産拠点に併設された研究所との立地力学に着目している. 特に，研究開発機能の立地履歴の検討と，代表的な新製品開発の事例分析を通じて，技術軌道の形成・展開と研究開発機能の立地力学の変化との関係を論じている.

　実証分析の最後となる第7章では，事例企業の海外における研究開発活動に焦点を合わせて，第6章まで対象とした9社に加え，旭化成，信越化学工業，東ソー，DIC，日本ゼオン，宇部興産，カネカを対象企業として加え，計16社の日系化学企業について，海外での研究開発活動の実態を分析している. 計16社のうち，12社が海外での研究開発活動を実施していたため，立地地域はアメリカ，ヨーロッパ，アジアと幅広く，豊富な事例を提示している. 特に注目しているのは，国内外における空間的分業の変化についてである.

最後の終章では，事例分析で得られた知見を整理し，研究開発機能におけ
る国内外の分業形態の類型化を行いながら，日系化学企業による研究開発機
能の空間的分業について考察している．

**第 I 部**

研究開発機能の分析理論と化学産業における動向

# 第1章

## 研究開発組織の空間的分業論

## 1. 研究開発のプロセスと知識フロー

### 1.1 研究開発のプロセス

企業のイノベーションにおいて重要な役割を果たす研究開発活動は，①先端技術研究または探索研究，②基盤技術研究，③開発研究，に分類される（河野 2009）．①は，シーズとなる技術を探求するものであり，将来的な新製品の創出を目的とする，基礎的な研究である．②は，企業の研究活動の特徴ともいえる部分であり，企業内の様々な製品の共通の基盤となる知識に関する研究を指す．共通基盤技術のうち，自社に特有の競争力を持った技術は，一般に「コア技術」と呼ばれる．また③は，研究開発活動の最終段階であり，新製品の開発や生産方法の研究がなされる．市場という出口の近い③は，短期的な計画に基づき，生産や営業といった研究開発以外の機能と最も密な連携が必要とされる活動である．

次に，研究開発活動のプロセスの例として，Roberts（2007）のモデルを見てみる（図1-1）．最下段に研究開発のプロセスにおける段階が示されている．まず1は機会の認識であり，研究開発を行うためのアイディアがマーケティング，研究開発，製造部門などから出される．次の2では，製品のより具体的なコンセプトが形成され，その評価が行われる．さらに3では，既存の技術及び探索によって得た技術を活用した研究が行われ，市場調査がなされる．4では既存技術及び新技術によってプロトタイプがつくられ，市場でテストされる．フィードバックを得た後，次の5で様々なバグの修正と生産スケー

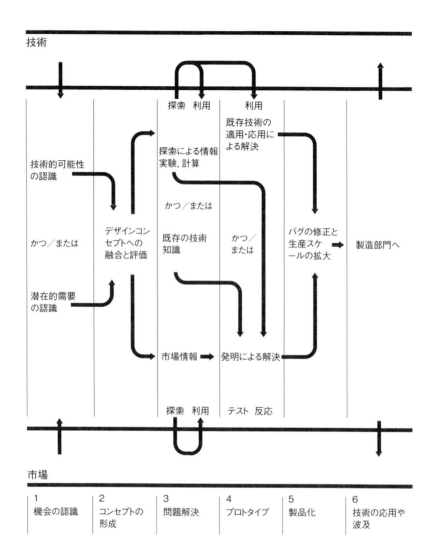

**図1-1 研究開発のプロセス**

出所:Roberts(2007)より筆者作成.

ルの拡大が行われ，6で本格的な生産が始まるという流れである．

このように，研究開発活動は，ある程度の段階性を有するものの，必ず線形に進むわけではなく，相互にフィードバックを行うことが，イノベーションの源泉となる場合も考慮しなければならない（Kline 1985）．そのため，研究開発の各段階においては，研究開発組織内だけでなく，マーケティングや製造部門など，企業内の他の組織との関係構築も重要となる．

ところで，図1-1では，技術と情報が重要な要素として描かれ，探索や利用が主要な研究開発活動としてとらえられており，こうした要素が空間的にどのように配置されているのか，それらをどのように結びつけるのかといった点については，あまり言及されてこなかった．しかしながら，近年，イノベーションの空間性への関心の高まりとともに，知識のスピルオーバーや知識フローなど，知識に注目した研究が，著しい増大を見せている（松原 2007, Rodriguez-Pose and Crescenzi 2008, Breschi and Lissoni 2009 など）．

## 1.2 知識フローへの注目

イノベーションとそれに関係する知識のフローは，どのような空間性を持つのだろうか．イノベーションと知識をめぐる近年の論考についてまとめた與倉（2013）は，イノベーションの空間的次元をローカル，ナショナル，グローバルに分け，知識フローに関する研究を整理している．彼は，Asheim *et al.*（2007）による知識ベース[1]の議論を用いながら，産業固有の知識ベースごとに，イノベーションのプロセスが異なるため，必要とされる知識がローカルに調達可能か，グローバルな次元まで探索しなければならないかという違いが生じると指摘している．こうした差異があるゆえに，イノベーションに必要となる知識ベースによって，知識フローの展開される空間的次元も異なってくる．

多様な空間的次元で展開される知識フローは，具体的にどのようにとらえ

---

1) 彼らは，科学的知識が重要となる「分析的」な知識ベース，既存知識の応用を重視する「統合的」な知識ベース，感性に基づく「象徴的」な知識ベースの3つに分類している．

ることができるだろうか．知識フローを鍵概念とする実証研究には，主に3つのタイプがある．

第1に，定量的な分析により知識フローを把握しようとする研究があげられる．そこでは，論文の共著関係（Cooke 2006，安田 2007など）や，特許の共同出願や引用（Jaffe *et al.* 1993，水野 2001，Nerkar and Paruchuri 2005，Breschi and Lissoni 2009など）が用いられる．こうした論文や特許は，査読や審査を受けているため，捕捉される知識フローは，客観的に価値があると判断されたものに限定される．また，公開情報であるため，データの入手が容易であり，企業間の比較なども可能である．ただし，公開情報のみに依っているため，これらの分析だけでは，具体的な製品開発の過程において，各主体がどのように分業を行っているのかを明らかにすることは難しい．

第2に，企業内における拠点や個人間の関係性に注目する研究（Bathelt and Glückler 2011）があげられる．彼らの研究では，建設コンサルタント企業における人的ネットワークの構造を明らかにすることによって，知識共有ネットワークの核となる人物を特定し，その人物が抜けた際のネットワーク構造の脆弱性を指摘している．こうした研究は，研究開発ネットワークにおいて重要となる個人を特定し，その個人に対する質的な調査をすることによって，知識フローを円滑化させる要因を検討できる．ただし，知識の質や重要性を判断することは難しく，またデータの入手が容易ではないという欠点がある．

第3に，知識を人に体化したものとし，人材の移動としてとらえる研究（宮本ほか 2012）がある．ここでは，三洋電機における1990年代の研究開発に着目し，研究開発のプロセスにおいてどのような人材がどのタイミングで中央研究所・事業部間を移動したかについて詳細な分析を行っている．しかしながら，個人の移動とその内容については，個人情報を多く含み，事例収集と公開に対する障壁が大きい．

こうしたそれぞれのとらえ方は，分析上での限界や，実現可能性が異なる．そのため，企業の研究開発機能における拠点・個人間の知識フローをとらえようとする際には，より複合的なアプローチが目指されている（Caloghirou *et al.* 2006，Kurokawa *et al.* 2007など）．なかでも，知識フロー概念を用いて，

ヨーロッパ企業のイノベーションに関する大規模な調査を行ったCaloghirou *et al.* (2006) は，アンケートやインタビューなどによって，複数の企業に関する複雑な知識フローを多角的な視点で扱っている[2]．彼らの分析対象の中には，技術移転，偶発的な漏出や意図的な移転，ノウハウや情報のフローも含まれる．本書も，事例研究によって多角的な視点から知識フローに注目し，複数企業による研究開発機能の空間的分業の動態を明らかにしようとしている．そこで本書では，Caloghirou *et al.* (2006) と同様に，知識フローを，「科学技術情報の多様なソースと，その潜在的な利用者との結合メカニズム」(p. 51) と定義し，議論を進めていく．

## 2. 研究開発の組織論

### 2.1 企業内における研究開発の組織構造

　組織の内的構造や企業外組織との関係は，企業による研究開発活動やイノベーションの分析において，重要な観点である (Dougherty 1992, Shefer and Frenkel 2005 など)．まず，企業内における研究開発組織の構造について整理しておく．単一事業の企業の場合，生産機能と研究開発機能が密接に結びついた①工場内組織型，生産機能と研究開発機能が切り離された②独立組織型が考えられる (表1-1)．一方，複数事業を持つ企業の場合は，事業部の下に研究開発機能が置かれる③事業別組織型 (縦串の組織) と，全社的な組織によって研究開発機能の管理・統括を行う④機能別組織型 (横串の組織) に分類することができる．

　①工場内組織型は，工場直轄の組織であり，研究開発機能はあくまでも生産機能の下に設置される．こうした組織の場合，主に工場内で生産する製品

---

2) 彼らの研究では，複雑な知識フローを理解するために，1) 知識の源泉となる組織 (個人・企業・大学・研究機関・政府)，2) 知識伝達のチャネル (文書・音声・電子・個人・製品・サービス・共同)，3) チャネルの属性 (階層構造・内部化・価格・制限)，4) 知識のタイプ (市場知識・科学知識・技術知識・戦略知識) といった指標化を行っている．

## 表1-1　研究開発の組織構造

| 企業形態 | 単一事業 | |
|---|---|---|
| 種類 | ①工場内組織型 | ②独立組織型 |
| 特徴 | ・既存製品の開発が中心<br>・低い研究の自由度 | ・高い研究の自由度<br>・市場性への認識不足 |
| 組織図の例 | 経営者―工場―（研究課・開発課） | 経営者―（工場・研究所）、工場―開発課 |

| 企業形態 | 複数事業 | |
|---|---|---|
| 種類 | ③事業別組織型（縦串の組織） | ④機能別組織型（横串の組織） |
| 特徴 | ・事業活動の円滑化<br>・他事業との交流不足 | ・研究資源の適切な配分<br>・事業部との力関係 |
| 組織図の例 | 経営者―（事業部・事業部）、事業部―（研究所・開発センター） | 経営者―（製造管理・統括／研究開発管理・統括）、研究開発管理・統括―（事業部研究所・研究所） |

出所：筆者作成.

の開発が中心となるが，既存の製品が成熟していくにつれて，新たな製品や技術に関する研究機能が付される場合もある．ただし，研究活動は，生産活動に比して不確実性が高いため，すぐに成果を上げづらい．そのため，工場で生産されている製品に関する活動が重視されがちになり，研究の自由度は低くなる．また，複数の工場がある場合，他の工場との情報共有が十分でないと，重複する業務が行われている可能性がある．

　次の②独立組織型は，全社的な研究活動を担う組織が，工場とは独立して存在するパターンである．例えば，中央研究所のように基礎研究を担う組織から，いくつかの事業に跨る研究を行う組織が設けられる．こうした機能

が独立した組織の場合，機能間の論理の違いから対立が生じることがある．より具体的には，研究所の研究者が科学的な新奇性を求め，技術の市場性に対する認識が十分でないまま業務を行う傾向にあるのに対し，開発や営業の担当者は短期的な業績を重視するなど，双方の目的を統一しづらい側面がある．

　一方，複数の事業を持つ企業については，より複雑な構造となる．③の事業別組織型（縦串の組織）は，事業部ごとに研究所や開発センターが設けられ，事業単位によって"縦串"で研究開発を担うタイプである．この場合，事業部ごとに①工場内組織型や②独立組織型を採る場合も考えられ，事業部内の他の機能と密接に連携しながら，事業活動の円滑化が最も重視される．ただし，企業内の他事業部における研究者同士の交流が少ないため，他分野への応用可能性に気付く機会が少ないというデメリットもある．

　これに対し，④機能別組織型（横串の組織）は，研究開発機能が生産機能とは別に扱われ，事業部の研究所も，全社的な機能を担う研究所も"横串"で管理・統括されるような組織である．こうした組織のメリットとしては，全社的な研究開発活動の動向を把握し，戦略を立てやすく，人材や資金などの配分を適切に行いやすいことがあげられる．また，事業部研究所や全社的な研究所の横のつながりが生まれ，新たな製品分野の開拓に寄与することも期待される．その一方で，事業活動を円滑に進めることを重視し，全社的な研究に人材を渡したがらない事業部との力関係をどのように折衝するかは，こうした横串の組織の大きな課題となる．

　以上のような比較的単純で伝統的な機能分化，機能分業の議論に対して，先行研究では少し異なるタイプ分けもなされている．楠木（2001）は，価値分化と制約共存という2つの概念に基づき，イノベーションのための組織のあり方について提唱している[3]．ここでは，日本企業は機能的な分化を行っ

---

　3）　価値分化は，「ある製品（サービス）システムないしそれを実現するための活動を，その製品システムが潜在的に提供しうる顧客価値に基づいて，いくつかの異なる部分へとより分けること」と定義されている（楠木 2001，63頁）．また制約共存は，「価値分化したいくつかの異なる活動部分をある物理的な制約のなかに同時に押し込め，最終目的の共通性を確保しながらも，活動部分を互恵的かつ競争的な緊張関係におくこと」という定義である（同上書，70頁）．

ているのではなく，消費者の価値に基づいた分化を行っており，その中で制約共存を通じて製品コンセプトを創造するとしている．これに対して川上（2005）は，日本企業においては，ジョブローテーションと終身雇用制を通じて，個人レベルで複数の専門分野の知識や経験が融合していることを指摘している．つまり，マーケティングや研究開発機能のそれぞれに固有の知識が蓄積されて分化している状態から，それらを統合するという欧米的な議論は日本企業の現実とは異なると指摘し，「バランス分化[4]」の概念を提唱している．

また，組織特性と知識フローに関して，研究開発関連部門の地理的な統合，分離が，組織メンバー間のコミュニケーションへ影響をもたらすことも指摘されている（太田 2008）．この影響は，物理的近接性による共有施設の利用や，コミュニケーションの増大による新たなアイディアの幅の拡大といった正の効果だけでなく，部門間のパワーの格差，信頼の欠如によって負の影響をもたらすことも，実証研究において明らかにされている（真鍋 2012）．

## 2.2　企業外組織との関係

1990年代後半になると，Christensen（1997）に代表されるように，イノベーションの担い手として，大企業には本来的に矛盾があるという論調が現れるようになった．すなわち，大企業は大規模な研究開発活動を行っているにも関わらず，漸進的イノベーションに甘んじ，破壊的イノベーションに対応できないというのである[5]．2000年代には，日本企業においても，外部組織との関係強化や研究開発活動の外部化の動きが活発化してきた．より具体的には，他の企業との共同研究や大学との産学連携，またライセンス契約などを通した他の企業からの技術導入，さらには戦略的提携やM＆Aなど，

---

4）「名目上は職能別に分化しつつも，キャリアやタスクの遂行の面で冗長性が認められる分化のあり方」（川上 2005，173頁）と定義されている．

5）これに対して，知識とイノベーションに関する研究を概観した米倉・青島（2001）は，日本企業の歴史を振り返り，クウォーツ時計や光ファイバーなど，自らを否定するイノベーションに成功した事例は存在しているため，一概に大企業という組織が問題となるわけではないと指摘しており，他の要因も視野に入れるべきであると述べている．

様々な形態において，企業外組織との連携が活発化している．このような背景から，研究開発活動について，どれだけを社内で行い，どこからを社外の資源を活用して行うか，また社外に存在する能力をいかに社内に取り込んで，効率的かつ創造的に業務を実施するか，という「企業の境界」を規定していく戦略の重要性も高まっている（小田切 2006, 17頁）．

　組織間の関係について，戦略的提携と企業の研究活動について言及したRosenbloom and Spencer（1996）は，企業を含む共同研究には大きく分けて，①国際間の戦略提携，②プレコマーシャルな研究コンソーシアム，③産学共同研究の3つがあり，それぞれ活動，戦略，目標が異なると指摘している．すなわち，①国際間の戦略的提携は，主として開発，生産，マーケティングが中心となる．これに対して，国内企業同士のコラボレーションにおいては，研究が中心となり，特定商品と密接な関係がない場合が多い．また②プレコマーシャルな研究コンソーシアムについても，技術研究に主眼が置かれるものの，特定の商品との関わりは少ない．さらに③産学共同研究は，基礎研究に近い部分が目指され，開発にはあまり関与しないと指摘している．

　さらに近年は，研究開発活動を外部化し，サプライヤー，消費者，大学といった外部のパートナーにイノベーションプロセスを開放するオープンイノベーションの動きも注目されている（Chesbrough 2003）．これに関してOECDの報告書では，企業は地理的に近接しているイノベーションパートナーを好む傾向にあることが指摘されている．これには，市場環境の急速な変化に対応するために研究のスピードが重視され，パートナーとの頻繁なコミュニケーションが必要とされるという背景がある（OECD 2008b）．こうした他の組織と共同研究を推進するか，単独で投資するかという，地域の知識コミュニティへの参入形態の違いによって，知識のスピルオーバーを享受できる可能性が異なることも指摘されている（Lorenzen and Mahnke 2004）．

　一方，このような研究開発活動の外部化に対する議論の中で，日本企業はアメリカ企業などと比較して自前主義が強く，オープンイノベーションがなかなか進んでこなかったとされる（榊原 2005）．しかしながら，日系大企業の246の研究所を対象に行った分析では，オープンイノベーションの実施が研究所のパフォーマンスの向上に貢献しているという結果も示されており

20 第Ⅰ部 研究開発機能の分析理論と化学産業における動向

(Asakawa *et al.* 2010)，長期的には，日本企業においても，より企業の境界にとらわれない研究開発活動の重要性は増していくと考えられる．

## 2.3 グローバルな研究開発組織の類型化と組織関係

多国籍企業によるグローバルな研究開発組織については，これまで様々な観点から類型化の試みがなされてきた[6]．ここでは，グローバルに展開される研究開発活動について，本書に関係すると思われる類型化の試みを中心に紹介する．

一つは，多国籍企業の本社と海外研究所との間の知識フローに着目した類型化で，Kuemmerle (1999) は，海外の生産設備の支援を主に行う HBE (Home-Base-Exploiting) タイプと，本国での研究強化を図るために，現地の知識を活用する HBA (Home-Base-Augmenting) タイプとに二分している．従来から目立っていた HBE は市場や海外工場の近くに，また近年増加傾向にある HBA は研究機関の近くに，それぞれ立地する傾向にある．

もう一つは，企業の組織構造と研究所の志向に着目した類型化で，ガスマンら (Gassmann and Zedtwitz 1999) は，グローバルな研究開発組織を5つに分類するとともに（表1-2），類型間の関係を基に研究開発組織の進化傾向を図化している（図1-2）．

この図は，横軸に研究開発拠点同士が競争関係にあるか協調関係にあるかを，縦軸に研究開発組織が集権的か分権的かをとったものである．まず，国内中心に競争関係にある集権的 R & D（図の左下の「自民族中心集権的 R & D」）は，外国市場の情報を仕入れるために，図中右下の「地球中心集権的 R & D」に移行する．その後，先端のイノベーション知識を海外で取り入れる必要性が高まると，図中なかほどの「R & D ハブモデル」へと進化する．また，「R & D ハブモデル」がその競争力を強めることによって自主権を与えられ

---

6) Ronstadt (1978) は，①技術移転拠点，②現地開発拠点，③グローバル開発拠点，④基礎研究拠点の4類型，Behrman and Fischer (1980) は，①本国市場志向，②現地市場志向，③世界市場志向の3類型に類型化している．藤岡（2005）は，欧米での先行研究を，国際研究開発の要因，目的，効果の観点から整理しているが，その中にも研究所を類型化した研究が含まれている．

表1-2 グローバル研究開発組織の諸類型

| R&D組織の類型 | 組織構造 | 目的 | 日本企業の例 |
|---|---|---|---|
| 自民族中心集権的R&D<br>(Ethnocentric centralized R&D) | 集権的R&D | 国内向け | トヨタ<br>新日本製鐵 |
| 地球中心集権的R&D<br>(Geocentric centralized R&D) | 集権的R&D | 国際的な協力 | クボタ<br>日産自動車 |
| 多元的分散R&D<br>(Polycentric decentralized R&D) | 極めて分散したR&D,弱い中心性 | 独立したR&D拠点の競争 | — |
| R&Dハブモデル<br>(R&D Hub Model) | 分散したR&D,強い中心性 | 海外R&D拠点による支援的役割 | 花王<br>パナソニック<br>三菱電機<br>NEC<br>シャープ |
| 統合的R&Dネットワーク<br>(Integrated R&D network) | 極めて分散したR&D,数ヵ所の中心的拠点 | 国際的なR&D拠点による融合的な統合 | キヤノン |

出所:Gassmann and Zedtwitz(1999)より筆者作成.

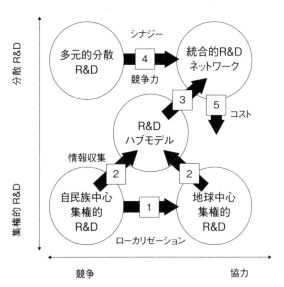

図1-2 グローバル研究開発組織の進化傾向

出所:Gassmann and Zedtwitz(1999)p.245より筆者作成.

ると，右上の「統合的Ｒ＆Ｄネットワーク」を形成する．さらに，左上の「多元的分散Ｒ＆Ｄ」が，シナジー効果を狙って「統合的Ｒ＆Ｄネットワーク」に進化することも考えられるが，最終的にはコストでの調整が必要となり，やや「集権的なＲ＆Ｄ」へ回帰するのではないかと述べられている．このように，グローバルな研究開発組織の動態的な変化に着目した点は，注目に値する．

　ところで，本社と海外の研究開発子会社，研究開発子会社間の組織関係については，本社が研究開発子会社に与える自律の議論がなされている．自律を与えると，地域への埋め込みが進むと考えられるものの，逆に多国籍企業内部のネットワークにおける本社や他の研究所との関係が希薄になる可能性があるというのである（Kurokawa *et al.* 2007）．

　Asakawa（2001）では，日系多国籍企業を対象に，海外の研究開発子会社の自律だけでなく，本社との情報共有の側面から組織内の緊張関係が分析されている．そこでは，本社よりも海外の研究開発子会社が情報共有の程度に不満を感じ，両者の間に認識のギャップがあるために，緊張関係が生じると指摘されている．

　また，浅川（2011）では，海外の研究開発子会社の進化に伴って，自律と情報共有の程度が変化することを模式図により示している（図1-3）．すなわち，日系企業の研究開発子会社は，情報共有が不十分で自律した状態（図中の左上）で始められることが多い．情報共有に関して本社と子会社の間に認識のギャップがあることが問題視され，経路Ｂへ向かう傾向が強い．しかし自律性を失い本社による管理が必要以上に強くなる可能性が生じるため，経営者の努力で経路Ｃへと修正する必要があるとしている．

　海外の研究開発拠点間での情報・知識共有に関する研究においては，研究開発拠点間の不必要な競争を避けてこれらの共有を促すためには，研究者間の相互作用を促進する取り組みや，共通した企業文化の形成が必要であることが指摘されている（Teigland *et al.* 2000）．

　以上のように，研究開発のグローバルな分散は，組織間，また組織の外部との関係をより複雑なものとし，多国籍企業は様々な経営課題を抱えることとなる．増大を続けるグローバルな研究開発体制のコストについて，その成

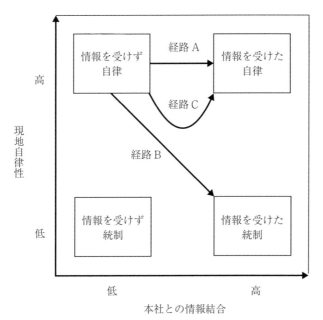

**図 1-3 研究所の自律と情報共有**
出所:浅川 (2011) 65 頁より引用.

果への懐疑的な見解も示されてきている (Howells 2008). こうした議論を経済地理学に応用するにあたっては,組織構造だけでなく,研究開発活動を実際に行う地域へ注目し,立地の理論と統合した分析が必要になると考えられる.

## 3. 研究開発の立地論

### 3.1 研究開発機能の立地と集積

　研究開発機能の立地に関する研究については,中島 (1989) が英米圏の 1980 年代半ばまでの研究成果を整理しており,日本よりも英米圏において研究が蓄積されてきたことを指摘している. 特に,1970 年代の後半頃から,実証分

析を踏まえた研究開発機能の立地論が展開され始めた.

まず,アメリカにおける研究開発機能の立地については,Malecki（1979）が,1968年から1977年までの大企業による研究開発機能の立地を分析し,限られた都市圏への集中が見られることを示している.また,Malecki（1980a）は,研究開発機能の立地の特性についても言及しており,研究開発活動には段階性があり,どの段階にあるかによって立地の指向性が異なると論じている.すなわち,長期的な視野で行われる基礎研究が目的の場合は,社内の将来的な戦略とのすり合わせが必要であり,高度で先端的な技術を扱う可能性が高いことから,企業の本社や研究開発人材などの集中する大都市に立地を指向する.一方,具体的な商品の開発については,工場の生産部門との調整が必要になるため,関連する工場に近接または隣接するとしている.

イギリスにおける研究については,Howells（1984）が,1970年代前半において,研究開発機能は南東部の都市に集中しており,地方でも研究開発人材の増加はみられるものの,その集中傾向は大きく変化していないと指摘している.さらに,研究開発が盛んに行われている製薬企業について詳しい調査を行ったところ,本社への近接性が最も重視されており,この点も特定の都市への集中を促す要因であるといえる.前出の中島（1989）でも,先行文献の成果をまとめながら,研究開発機能の立地について理論的な検討を行っているが,ここでは,大都市や学園都市などに代表されるように,情報の集まる地域と,研究開発人材の獲得が容易な地域は重複する場合が多いことから,研究開発機能は特定の地域に集積するとしている.

このように,英米を中心に研究開発機能の特定の都市圏や都市への集中が指摘されてきた一方で,Oakey and Cooper（1989）は,研究開発を重視するハイテク企業について,従来から集積してきた特定の地域だけでなく,自然環境を生かした周辺地域への立地という,当時においては新たな傾向に目を向け,こうしたハイテク企業の受け皿となるサイエンスパークの可能性について指摘した.サイエンスパークについては,世界的な有力大学の立地するケンブリッジサイエンスパークなど（Keeble *et al.* 1999）,大学や既存企業からのスピンアウトの受け皿となり,ヨーロッパ最大規模のハイテク企業集積まで成長したパークも存在する一方で,Massey *et al.*（1991）が,「ファンタ

ジー」と表現するなど，その役割や意義には懐疑的な意見もあった．

1980年代までの，研究開発機能の立地や研究開発従事者の分布に基づく分析や理論にとどまらず，より具体的な新製品の開発と立地との関係に着目した研究として，Feldman and Florida（1994）があげられる．彼らは，イノベーションが技術的なインフラストラクチャーの十分に整備された地域に集中すると仮定し，アメリカにおける製品イノベーション[7]の分布についての分析を行っている．そこでは，技術的なインフラストラクチャーを，①関連産業，②大学，③企業の研究開発機能，④ビジネスサービス企業の集積と定義し，製品イノベーションの分布とこれら分布との関係性を，州別のデータを用いて明らかにしている．結果として，製品イノベーションは，技術的なインフラストラクチャーの充実した地域で頻繁に生じるだけではなく，製品イノベーションの創出が技術的インフラストラクチャーの集積を生み出すという，相互強化の関係にあることが実証的に示されている．

このように，研究開発機能は，いかなる地域に集積するのか，どのような要因によって集積が形成されるかなど，集積としての特徴が常に話題の中心となってきた．集積地域一般については，1980年代後半以降，大企業による大量生産体制に代わり，「シリコンバレー」や「サードイタリー」など，国際競争力のある産業集積地域が注目される中で，膨大な研究成果が蓄積されてきた（松原 1999）．対象とされる業種も，製造業にとどまらず，アニメーションや音楽，映画，広告など，いわゆるクリエイティブ産業にも広がり，活発な議論が交わされている（河島 2011）．しかしながら，研究開発集積については，「シリコンバレー」とボストン近郊の「ルート128」を比較したSaxenian（1994）や，イギリスケンブリッジのサイエンスパークに関するKeeble *et al.*（1999），日本の筑波と韓国の大徳を比較した車（2011）など，特定地域を取り上げた研究成果はみられるものの，より総合的あるいはより理論的な検討は十分とはいえない．

表1-3は，カステルとホール（Castells and Hall 1994），国土庁大都市圏整備

---

7) 彼らの分析では，一般的にイノベーションの指標として用いられる特許ではなく，アメリカの Small Business Administration によって行われた1982年調査による，新製品のデータをイノベーションとして用いている．

26　第Ⅰ部　研究開発機能の分析理論と化学産業における動向

## 表1-3　研究開発集積地域の類型化

| 研究開発集積地域の名称 | 代表的事例 | 計画の有無及び計画主体 | 中核的研究機関 | 集積の特性 |
|---|---|---|---|---|
| グローバルR＆Dセンター | シリコンバレー | — | — | ベンチャー企業集積 |
| 伝統的R＆D回廊 | ルート128 | — | 民間企業 | 中央研究所の集積 |
| 研究学園都市 | 筑波，京阪奈，大徳 | 中央政府 | 国立研究所 | 国家プロジェクトにより形成 |
| サイエンスパーク | ケンブリッジ，グローストライアングル | 中央・地方政府 | 有力大学 | 大学発ベンチャーの集積 |
| テクノロジーパーク | 新竹，ソフィア・アンティポリス，テクノポリス | 中央・地方政府 | 国立研究所または民間企業 | ハイテク工業集積と併存 |
| 大都市圏地域 | 東京，ロンドン，パリ | — | — | 複合集積 |

出所：Castells and Hall（1994）を参考に，鎌倉・松原（2012）が新たに作成.

局（1993）及び上記の研究成果を参考に，研究開発集積地域の諸類型を整理したものである．研究開発集積の形成にあたっては，土地の造成，道路その他のインフラの整備から中核的な研究機関の配置まで，計画的に行われることが多いが，まず研究開発集積が計画的に形成されたのか否かに着目した．その上で，計画主体が中央政府か地方政府か，民間企業か大学か，といった点を類型化の軸とした．もう一つの軸には，研究開発集積の中核的な研究機関がどのようなものか，という点を設定した．集積を構成する中心的な主体としては，有力大学，国立の研究所，地方政府の試験研究機関，民間企業の総合研究所など，基礎研究や人材育成に重点を置く主体と，製造部門に併設された研究開発機能やハイテク産業，IT産業，ベンチャー企業など，応用研究や開発研究に重点を置く主体とに大きく二分することができよう．

　1990年代前半に，カステルとホール（Castells and Hall 1994）は，①シリコンバレー，②ルート128，③サイエンスシティ，④テクノロジーパーク，⑤テクノポリス，⑥大都市圏，の6つをあげた．21世紀に入り，中国やインドなど，新興国が台頭してくる中で，計画的に形成された研究開発集積が増加する一方，アメリカ合衆国の首都圏地域などのように，国立研究所との関係で中小のベンチャー企業やサービス企業が簇生し，バイオ産業の一大クラス

ターを形成している事例（Feldman 2007）など，主体間関係が進化してきて
いる集積地域にも注目する必要がある[8]．また，東京やパリなど大都市圏地
域が研究開発機能の集積地域として存在感を増してきている点も興味深い．

## 3.2　日本国内における研究開発機能の立地変動

　日本国内の民間研究所の立地に関しては，1980 年代から 1990 年代にかけ
て比較的多くの実証研究がある（藤本・殿木 1985，小田 1990，国土庁大都市圏
整備局 1993 など）．このうち，機械工業大企業を対象に 84 の研究機関につい
て調査した藤本・殿木（1985）は，研究機関は情報源との近接性や情報の得
やすさという情報的立地要因を第一に考慮するというよりも，本社，工場と
の企業内関連立地要因をより重視することを明らかにしている．つまり，理
論的には情報を得やすい場所に立地すると考えられるものの，実際は生産拠
点などの立地に牽引されるという結論であった．
　これに対し，電気機械工業の大企業 80 社を対象とした北川（1992）は，研
究所が首都圏周辺部をはじめとした大都市圏周辺部に立地する傾向を指摘し
た．そこでは，基礎的なタイムスパンの長い研究を行う独立の事業所が多い
点が指摘されている．また，馬場（1993）は，企業戦略と研究所の立地につ
いて実証的に検討を行っており，企業規模や地域による研究所の設置状況の
違いに着目し，大企業の設置する総合的な研究所が，関東地方では神奈川県
や埼玉県に集中していることなどを明らかにしている．
　2000 年代以降は，大阪府における民間研究所の立地要因などを分析した成
果（大阪府立産業開発研究所 2007）や，研究開発機能の集約や撤退に注目した，
新たな立地研究も見られ始めた（鎌倉 2012，遠藤 2013 など）．ただし，全国的

---

　8）　OECD（2011）では，計画的に整備されたサイエンス・テクノロジーパークの類型
　　として，①大学に近い都市部のビルに多様なテナントが入る「インナーシティーイノ
　　ベーションセンター」，②主に郊外のキャンパス内に位置する「キャンパスイノベーシ
　　ョンセンター」，③大規模で多様なテナントを持つ「伝統的郊外型パーク」，④上記①
　　にビジネス機能を付加したより規模の大きい「アーバンビジネスパーク」，⑤パークと
　　いうよりむしろ都市全体を刷新した「サイエンスシティ」，の 5 つを紹介している．こ
　　の中で多国籍企業は，一般的に③に研究所や販売子会社を立地させる傾向があるとし
　　ている（p. 195）．

28　第Ⅰ部　研究開発機能の分析理論と化学産業における動向

な研究所の立地について，産業要因などを踏まえた細かな分析はあまりなされていない.

## 3.3　研究開発機能のグローバルな立地

　次に，研究開発機能のグローバルな立地を概観する．まず，UNCTAD (2005) より，多国籍企業の海外研究所について，立地を見ておこう[9] (図1-4). これによると，イギリス，オランダ，ドイツ，フランス，スイスなどのヨーロッパ諸国に最大の中心があり，アメリカ合衆国北東部，西海岸がこれに次ぐ集積を示している．アジアでは日本や中国など北東アジアに多く分布しているが，日本の関東と関西，中国の北京，上海など，多極化した状況にある.

　また，2003年時点の世界の研究開発投資上位700社について，母国別内訳を見ると，アメリカ合衆国が第1位 (42%)，日本が第2位 (22%)，以下イギリス，ドイツ，フランスの順になっていた．業種別内訳では，21.7% を IT ハードウェアが占め，自動車 (18.0%)，製薬・バイオ (17.5%)，電子・電機 (10.4%) が続いていた.

　なお UNCTAD の報告書では，グローバルな立地において最も魅力のある国として中国やインドがあげられるとともに，インテルやモトローラなどの事例紹介において，中国やインドが重視されていることが示されている[10].

　次に，グローバルな研究開発機能の立地展開について，多国籍企業の母国や業種の違いを見てみよう．OECD (2008a) によると，多国籍企業の研究開発投資のフローは，アメリカ合衆国，EU (15カ国)，日本の3地域間で最大規模となっており，特にアメリカから EU に約170億US ドル，EU からアメリカに約190億ドルと，両者の双方向の流動が大きくなっている．これに対し，アメリカや EU から日本にそれぞれ約18億ドル，約39億ドルが流入

---

　9)　海外研究所に関するデータは，Who Owns Whom database (Dun & Bradstreet) によるもので，図1-4 では2,603 の研究所が取り上げられている.

　10)　インテルの中国研究センターは，1998年に北京に設置され，2005年時点で75人の研究員を，またインドのバンガロールのデザインセンターは800人以上を雇用している．モトローラの中国とインドの研究所は，ともに1990年に設置され，2004年時点でそれぞれの従業員数は1,300, 1,350 (日本は130人) を数える.

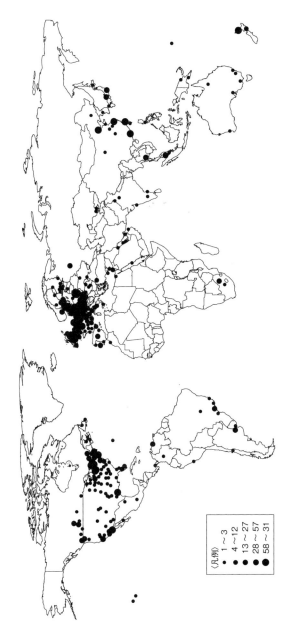

図 1-4 海外研究所の分布状況 (2004 年)

出所:UNCTAD (2005) p. 128 より引用.

している一方で，日本からアメリカへは約11億ドル，EUへは約7億ドルの投資にとどまり，投資規模の非対称性に留意する必要がある．続いて，海外子会社の研究開発支出を基に先進国間の投資関係を見ると，ドイツやイギリスからアメリカへの投資が6〜7割を占めていたのに対し，日本からアメリカ，フランスからアメリカへはそれぞれ47%，35%と相対的に低く，日本からはアジア諸国，フランスからは日本やドイツへの投資が多くなっていた．アメリカからはドイツ，イギリス，アジア諸国への投資が主で，日本に対しては8%にとどまっていた．

多国籍企業の製造拠点については，進出先国内のどのような地域が選択されるか，母国による差異が重要な論点となっていた（McConnell 1983，松原1989など）．研究開発拠点については，そうした観点からの分析は手薄であり，検討すべき課題である．

業種別では，ITハードウェアについてはアメリカ，台湾，韓国が，自動車についてはEUと日本が，製薬・バイオについては，EU，アメリカ，スイスが，電子・電機については日本，韓国，台湾が，それぞれ研究開発活動における中心的な地域とされていた．

また，ドイツ，スイス，スウェーデン，オランダ系企業を対象としたCantwell and Janne（1999）では，業種による国際競争力の高低と多国籍企業による研究開発機能の内容との関連が指摘されていた．すなわち，競争優位がある業種の場合は，研究開発活動の多角化を目的とした進出が，反対に競争力が低い業種の場合は，母国と同様の研究が多くなるとされていた．

## 3.4 研究開発機能のグローバル化とその要因

研究開発機能は，なぜグローバルに展開されるようになってきたのだろうか．Reddy（2000）によると，多国籍企業による研究開発機能の海外進出は，1970年代以降に本格化するが，当時は市場拡大目的の進出が中心であった．1980年代になると，グローバル競争の激化により，世界中に研究資源を求めるための海外進出が推進された．1990年代になると，先進国内で不足し始めた高度人材を求める上でも研究開発機能のグローバル化が必要となった．特

第1章　研究開発組織の空間的分業論　　31

表1−4　欧米多国籍企業による研究開発拠点の立地決定要因

| 順位 | 進出の動機 | |
|---|---|---|
| | 先進国 | 新興国 |
| 1 | R & D 人材の質 | 市場の成長可能性 |
| 2 | 知的財産権保護の質 | R & D 人材の質 |
| 3 | 大学研究者の専門知識 | 費用（減税） |
| 4 | 大学との共同研究の容易さ | 大学研究者の専門知識 |
| 5 | 研究関係から生じた知的財産の権利交渉の容易さ | 企業内の営業支援 |
| 6 | 成長可能性や企業の営業支援の必要性 | 大学との共同研究の容易さ |

出所：Thursby and Thursby（2006）p. 5 より筆者作成.

に新興国に関しては，市場の拡大とともに，高度人材の不足を補い，先進諸国と比較して人件費が低く抑えられることなどから，多国籍企業の研究開発拠点として注目される度合いが高まってきた.

　こうした研究開発機能のグローバル化に関する主要な研究論文を集成したZedtwitz *et al.*（2008）によると，研究開発機能のグローバル化に関する研究は 1970 年代に始まったとされ，当時は多国籍企業の母国から研究開発センターが分離される現象の報告と説明要因，技術移転と現地市場への製品適用が研究テーマとされた. 1980 年代には，研究開発活動のマネジメントに関するより洗練された分析が増加し，1990 年代には，多国籍企業はネットワーク組織として特徴付けられ，拠点間のリンケージ特性などに関心が向けられた. 2000 年代以降は，イノベーションマネジメントや新興国の台頭など，地域的課題が注目され，研究の拡がりがみられるようになったとされている.

　ところで表 1-4 は，欧米多国籍企業 200 社を対象に，研究開発拠点の立地決定要因として上位にあげられた項目を示したものである[11]. 先進国と新興国ともに，研究開発人材の質や大学研究者の専門知識，大学との共同研究の容易さなど，共通する点も見られるものの，先進国では知的財産権保護の質，新興国では市場の成長可能性や企業内の営業支援，といった相違点にも注目

---

11)　企業の業種は 15 業種にわたり，138 の海外研究所と 86 の国内研究所が対象となっ
た. 海外研究所に関しては，先進国に立地しているものと新興国に立地しているもの
を分類し，立地を決定した要因を調査した（Thursby and Thursby 2006）.

32　第Ⅰ部　研究開発機能の分析理論と化学産業における動向

する必要がある. 新興国においては, コスト面での優位性は高いものの, 技術流出の懸念があることが示唆されており, 日系企業を対象に分析を行った若杉・伊藤 (2011) においても, ホスト国における知的財産権保護の水準の高さが, 企業内の技術移転を促進するという結果が示されていた.

## 3.5　日系多国籍企業による研究開発機能のグローバル化

以上, グローバルな研究開発拠点の立地を中心に, 英米圏での研究成果を見てきた. 最後に, 日系多国籍企業による海外研究開発拠点の立地の特徴を見ておくことにしよう.

根本 (1990) は, 1985 年時点の 35 社 48 の海外研究所を取り上げ, 41 カ所がアメリカ合衆国にあり, その 4 割以上がカリフォルニア州に集中していること, 自動車と電機・電子関連が 6 割を占め, 目的は新製品・新技術の開発及び技術情報の収集が中心で, 数十人規模の技術開発型研究所が多いことを指摘している. また中原 (1998) は, 1989 年時点で 73 社 125 拠点を数えたとし, その 6 割が北米, 3 割がヨーロッパに分布し, 欧州のうちイギリスに 14 拠点, ドイツに 10 拠点, フランスに 8 拠点が設置されていたこと, 業種別では電機が 36 拠点で最も多く, 以下化学, 輸送用機械, 一般機械の順であったことを明らかにしている.

これらに対し, 若杉・伊藤 (2011) は, 1990 年代後半以降の日本企業の海外における研究開発活動について, 経済産業省の『海外事業活動基本調査結果概要』の個票データを用いて, 詳細な検討を行っている. それによると, 日本企業の海外での研究開発支出額は, 1996 年の 2057 億円から 2000 年に 3816 億円に急増し, その後も 3700 億円程度で推移していること, ただし, 海外での研究開発支出比率は 3 ～ 4％程度で, アメリカの多国籍企業の 13％と比べると低い水準にとどまっているとしている. 業種別では医薬品, 自動車・同付属品, 通信機械が上位にあり, 2005 年時点でそれぞれ全体の支出額の 22％, 13％, 12％を占めていた. また地域別では, 1995 年と 2000 年時点ではアメリカとヨーロッパが全体の 9 割近くを占めていたのに対し, 2005 年ではアメリカが 38％に低下し, ヨーロッパは 33％と変わらないものの, ア

ジアの比率が 18% へと上昇している．さらに 1998 年時点で 677 あった海外研究所の国別内訳を見ると，アメリカが 141 と最大ではあるが，中国 100，タイ 55，マレーシア 51，シンガポール 45，インドネシア 43，台湾 39 と，アジア地域の存在感が見てとれる．

　彼らはまたアンケート調査を行っているが，回答企業 5,417 社のうち，海外での研究開発活動実施企業は 209 社（4%）で一部の企業に限られていること，しかも研究開発活動の実施形態に関しては，その約 3 分の 2 が工場・事業場としており，研究所は約 2 割にとどまっている．立地選択理由については，市場への近接性と企業・産業の集積地をあげる回答がほとんどであった．海外における研究開発活動の動機については，現地生産・販売のサポートが全体の 4 割を占め最も高かったが，地域的な差異も見られた．すなわち，中国や ASEAN では，「研究開発費用の低さ」が相対的に高くなっていたのに対し，欧米諸国では「グローバルな研究ネットワークの構築」が高くなっていた．研究開発機能に関しても地域差が見られ，全体として開発研究が高い中で，欧米や中国では基礎研究，韓国では応用研究，ASEAN では開発研究が相対的に高くなっていた．本社の研究開発活動との関係については，本社の研究開発部門との一体的運用が全体的に高いものの，特に中国，ASEAN でその値が高く，反対に欧米では独立と回答した割合が高くなっていた．

　さらに，日本の製造業企業の親会社と海外子会社を対象にした質問票調査とインタビュー調査により，研究開発環境と研究開発戦略との関係など，より詳しい実態把握が岩田（2007）でなされている．そこでは当該地域や業種の研究開発環境が他の国と比べて優位であるかどうかが，現地市場対応か世界市場対応かといった研究開発拠点の戦略的位置付けを左右すると指摘されている（213 頁）．

　このように，日系多国籍企業の海外における研究開発活動に関する既存研究を整理すると，多国籍化の進展度合いに応じて研究開発拠点の立地や内容も変化してきていることがわかる．また，東アジアと日本との製品開発における分業[12]関係を分析した中川ほか（2011）では，従来までの研究開発機能のグローバル化に関する議論に対して，国内外における研究開発機能の分業関係は，国内研究開発機能の動態的な進化によって維持されてきた点に言及

34 第Ⅰ部 研究開発機能の分析理論と化学産業における動向

している．つまり，研究開発機能の海外展開は，国内における変化と一体的に結びついているということである．ただし，国内外の研究開発機能を取り上げ，両者の関係を取り上げた研究は，極めて手薄な状況にあったとされる（上野ほか 2008）．これらを踏まえ，本書では，国内外の分業関係の静態的な観察にとどまるのではなく，分業関係の変化に対する動態的な分析を行う．

## 4. 研究開発の空間的分業論

### 4.1 知識フローと空間的分業

ここまで，研究開発に関わる知識フローと組織，立地に関する既存文献の整理を行ってきた．最後に，知識フローと空間的分業との関係について論じ，研究開発の空間的分業論を検討する．

ある場所から場所へ，知識がどのように移動し，それがどのように結合するかは，地理学においてイノベーションを分析する上で，最も注目すべき現象の一つである．こうした知識フローについて，多国籍企業のグローバルな分業や，それに伴う新たな立地展開との関連が注目されてきている（Malecki 2010，鎌倉・松原 2012 など）．特に，それぞれの立地地域における企業内外の知識フロー（図1-5）を円滑化する重要性が，国際経営学において指摘されている（浅川 2011，Meyer *et al.* 2011）．より具体的には，Meyer *et al.* (2011) が "multiple embeddedness" の重要性を強調している．これは，多国籍企業レベルで多様な母国の強みを利用していくことと，子会社レベルで企業内のネットワークと，立地地域への埋め込みにバランスを取ることの必要性を意味している．特に，研究資源や固有の制度を持った立地地域の文脈への着目は，これまで不十分であったとされる（McCann and Mudambi 2005）．

---

12) ここでの分業の定義は，「本国の技術力維持を前提」とし，その上で「本国で人的資源が不足しており，それを現地人材でカバーすること」及び「顧客や製造現場に近いところで技術開発」を行うことを目的とする研究開発活動の分担関係を意味している（中川ほか 2011）．

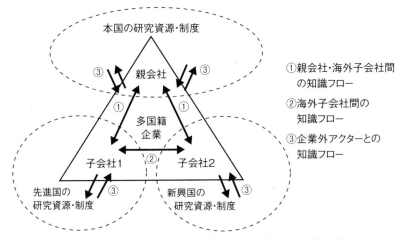

**図 1-5　多国籍企業の組織内外における知識フローの概念図**
出所：Meyer et al.(2011) p. 240 を参考に筆者作成.

　経営学に対して，立地地域の文脈へより関心を持つ地理学において，特定の大企業を分析対象とする研究は，「企業の地理学」と呼ばれる潮流の下でなされてきた（富樫 1990, 北川 2005, 近藤 2007, 合田 2009 など）．合田（2009）は，「企業の地理学」を，大きく複数事業所企業（Multi-plant Enterprise）研究と生産システム（Production System）研究に分けている[13]．彼によると，企業内空間的分業の研究は，事業所間の階層構造や物流面での関係性，さらにその前提となる事業所の位置付けについて分析するため，複数事業所企業研究と生産システム研究の両方に跨る研究領域であるとされる．

　ただし，こうした企業内空間的分業論においては，Massey（1984）に代表されるように，事業所間の階層構造による地域格差の議論が中心となるため，従来，国内製造業における生産体制の製品・工程間の分業が取り上げられてきた（末吉 1999, 友澤 1999 など）．つまり，研究開発機能については，基本的に大都市や本社所在地の事業所に集中しているものとされ，「研究開発機能

---

13)　複数事業所企業研究は，複数の事業所を有する大企業を対象に，(a) 事業所の再編や，(b) 事業所間の分業構造を分析する．一方，生産システム研究については，大企業を内製か，外注依存かによって区分し，企業の内製傾向が強い場合は，(c) 企業内部での分業・連関構造，外注傾向が強い場合は，(d) 企業間の分業関係や連関構造を分析の対象としている（合田 2009, 3 頁）．

の空間的分業」というとらえ方は，あまりなされてこなかった.

　しかしながら，研究開発活動は長期性・不確実性を有し，偶然性に依存し，高度人材を必要とするため（河野 2009），生産活動とは多くの異なる側面を持つ．また，企業における研究開発活動が国内外で拡大，多様化していくにつれて，国内外の拠点間で，単純な階層構造だけでは説明しがたい分業関係が形成されている（中川ほか 2011，畠山 2011 など）.

　こうした「研究開発機能の空間的分業」という現象を，地理学で行われてきた空間的分業論の延長として分析するにあたっては，生産体制ではなく，研究開発活動において重要となる知識に注目し，その空間的なフローを分析することが有効である．例えば Zeller（2004）は，スイスの製薬大企業を取り上げ，サンフランシスコのベイエリアやボストン，サンディエゴといった地域的なイノベーションのアリーナにおいて，知識基盤へアクセスを高める過程を詳細に分析している．この研究の中では，本国での研究開発活動との分業関係についても言及しており，寡占的なライバル企業が，特定の地域に集中して知識基盤となる研究機関へのアクセスをめぐって競合し，さらにそれを複数の地域において展開することで，本国での研究開発活動を補っているという分業関係が描かれている点が興味深い.

　以上のように，主に経営学からの研究では，立地地域の文脈に対する分析が不足しており，地理学からの研究では，複数の事業所を持つ大企業に注目し，企業内外で行われる研究開発活動の分業について明らかにした研究はあまりみられなかったといえる.

## 4.2　研究開発機能の空間変容における段階性と空間的分業論

　これまでの既存研究の整理から，研究開発機能の空間的分業論を展開するには，製造業大企業の組織と立地を踏まえ，それぞれの組織と立地の間の知識フローに着目した分析が必要であると考えられる．そこで，多国籍企業における行動空間の変容をモデル化した Håkanson（1979）を参考に，研究開発の空間的分業について，筆者が新たにモデル化を試みた（図 1-6）.

　まず①は，単一拠点において研究開発活動が行われる創業段階を指してい

①国内単一拠点での研究開発 ②国内複数拠点での研究開発

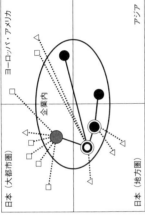

③開発機能のグローバル化 ④研究機能のグローバル化

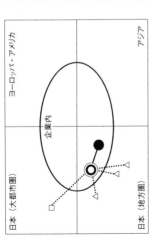
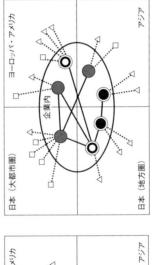

図1-6 研究開発機能の空間変容

出所：筆者作成.

る．多くの企業は，創業時から工場と併設した形で研究開発機能を有しており，組織的にも工場の中に研究課があるなど，研究開発機能は生産機能と切り離しがたいものであると考えられる．この段階では，複数拠点を考慮する必要はないが，企業によっては，他の企業や大学・研究機関との分業が行われる．また，創業地は，企業にとって重要な意味を持つ場合も多い．そのため，研究所の立地として理論的にはあまり優れていない場所であっても，複数拠点で研究開発機能を展開する際に中心であり続ける可能性が高く，その後の空間的分業関係に影響を及ぼす．さらに，最初の拠点が都市圏に立地しているか，地方圏にあるかによっても，次の段階での分業の内容が変わってくる．知識フローについては，中心となる単一拠点がハブとなり，比較的単純な構造でやり取りがなされる．

　次の②は，生産能力の増強や他事業の成長によって生産拠点が増加した段階である．既存の製品やその関連製品の開発は，①の段階の創業拠点が担うものの，一部の生産拠点には開発機能が付与され，企業内での拠点間分業が開始された段階である．ただし，生産拠点の分散に伴って開発機能が分散していくと，企業内拠点間・企業外組織との知識フローが複雑になり，研究開発機能全体を統括できず，業務の重複が生じることもあるだろう．そのため，機能が分散しすぎると一部集約するなど，小規模な変化が繰り返されることが想定される．また，創業拠点が地方圏に立地している場合，他の企業や研究機関との知識フローを円滑にするため，研究機関などの集まる都市部への独立した研究拠点が設けられることも一般的である．特に日本では，1960〜1965 年頃に起こった第一次中研ブームや，1980 年代半ばから後半の頃に独立した研究拠点の新設が顕著であった[14]．

---

　14)　1960 年代半ば頃，海外企業からの技術導入とその応用だけでなく，独自の技術の確立をすべきであるという機運が高まった．折しも高度成長期であったことから投資が促され，中央研究所など，基礎研究を独立して遂行する組織が設立された．このような研究所は，研究開発機能を独立した組織に統合し，企業内での同機能の地位を向上させるとともに，対外的な企業のステータスシンボルでもあった．一方，1980 年代半ばから後半になると，より具体的な事業・研究目的を標榜した研究所が新設される動きがあった（産業タイムズ社 1988）．ただし，この頃は日本経済が低成長期にあったため，単なる象徴としてではなく，中央研究所よりも具体的な技術戦略に基づいた拠点が設置された．

③については，研究開発機能のグローバル化が始まった段階であり，特に
製品の開発機能が海外で担われる段階を示している．この段階では，図中の
ヨーロッパ・アメリカに立地する拠点のように，既存の海外生産拠点に，現
地の顧客または消費者に対応するための開発機能が付加されるという形態で
の進出が多いと想定される．特に，文化，制度，言語などの異なる海外にお
いては，新たに拠点を設置し，現地採用者を活用するなどして，現地の企業
外組織との知識フローの円滑化を図る必要が生じるだろう．ただし，より基
礎的・将来的な研究機能については，研究開発人材の集中する国内のみで担
われ，海外の研究機関や企業との知識フローは，国内の研究開発拠点に所属
する研究者の出張ベースで築かれると考えられる．

最後の④は，研究機能についても，グローバルに展開される段階である．
まず，先ほどのヨーロッパ・アメリカに立地する拠点のように，開発機能を
持つ生産拠点に，さらに研究に関する機能が付加される可能性がある．また，
人的資源が豊富で，比較的人件費を抑えられ，市場の成長が見込まれるアジ
アについては，最初から研究機能のみを担う拠点が設置されることもあるだ
ろう．この場合には，国内の研究拠点と比較して人員規模が小さいため，現
地の拠点で研究のシーズを得て，国内の研究拠点において本格的な研究を行
うという分業が行われる．そのため，国内の大都市圏などに立地する先端
的・将来的な研究を担う研究所との関係が強くなると考えられる．さらに，
M & A によって新たに取得した企業の旧研究拠点が，ある事業分野または
地域における研究機能を担うという状況も考えられる．

このように，企業における研究開発活動の領域が拡大し，組織的にも多様
な関係性を構築する必要が生じると，知識フローも複雑さを増す．国内外に
おける研究開発機能の分業について，こうした段階性が実際にみられ，どの
ような変化が起こってきたかについては，第Ⅱ部の事例企業の分析で示して
いく．事例企業の分析に移る前に，次章からは，事例企業の動向の前提とな
る化学産業の歴史や特徴についてまとめておく．

# 第 2 章

# 世界の化学産業の概要と研究開発の動向

## 1. 化学産業の概要

### 1.1 化学産業の特徴

　化学産業は，原料となる石油や天然ガスなどの物質に化学反応を起こさせたり，物質同士を配合したり加工することなどによって，付加価値のある新たな物質に転換する産業分野の総称である．こうした化学的な知識を応用して作られる製品は，医薬品や洗剤などの消費者向けのものを除き，日常の生活の中で目にする機会は少ない．しかしながら，自動車産業や電機・電子産業をはじめとして，多くの産業に素材を供給する産業であり，他の産業を陰で支えるような役割を果たしている．

　さらに，化学産業は，資本集約的な装置型の産業であるため，その設備は容易には移動しがたい．また，生産される製品の用途が多種多様で，最終製品へと集約していく自動車産業などの加工組み立て型産業とは対照的に，川下に向けて企業・事業数が拡大していくという工程特性を成している．

　これらの特徴に加え，伊丹（1991）は，化学産業の生産と製品の特徴について，①連産性，②原料の代替性，③異なるタイプの物質による競合性，④生産の段階的連鎖性，の4点を指摘している．まず①の連産性は，石油化学のナフサ分解工程に代表されるように，ナフサを熱で分解するという一つの反応によって，軽い成分であるエチレンからより重い成分であるキシレンなどの複数の製品が生み出されるという特徴である．こうした連産性があるため，同時に生成される製品をいかに処理するかが重要となる．

次の②原料の代替性とは，同じ物質を違う原料で生産することが可能な場合があるということを示している．代表的なものとして，エチレンの原料は，日本やヨーロッパではナフサが主流であるが，アメリカでは天然ガス（LPG）を起源とするエタンを原料とする場合が多いなどといった違いがある．また，現代の有機化学工業においては，石油原料を用いて生産される製品が大半であるものの，合成樹脂などの原料となるベンゼン，トルエン，キシレン，ナフタレン，フェノールなどは，石炭を起源とするタールや液化油から生産することも可能である．

③の異なるタイプの物質による競合性とは，異なる化学物質や形状の違う物質が，化学製品として競合する場合があるという特徴である．例としては，SBR ゴム（スチレン・ブタジエンム）や NBR ゴム（ニトリルゴム）といった異なる系統の合成ゴムが，同じ用途において用いられているといったことがあげられる．

最後の④生産の段階的連鎖性については，次節で詳述するが，ある最終的な化学製品を生産するまでに，その前段階でいくつかの製品が中間財として生産されるという特徴である．例えば，フィルムを生産するためには，まずナフサを分解し，そこで得られたエチレンからポリエチレンへ重合し，さらにそれを加工しなければならない．

## 1.2 化学製品の種類

化学産業には，原料からの生産段階と付加価値の異なる多様な製品群が存在している．これを大きく分けると，生産段階が早く，付加価値の低い順に，①基礎化学品，②汎用化学品，③最終化学品・機能性化学品，に分けられる．

まず，①基礎化学品は，主に石油原料を使用するエチレン，ベンゼンなどの石油化学系基礎製品や，苛性ソーダ，アンモニアなどを指す．こうした製品は，主に中間投入財であり，他の化学製品の原料となる．基礎化学品は，付加価格があまり高くないため，他社との差別化が困難であり，生産コストの低減が課題となる．こうした背景から，規模の経済性を獲得する大規模な設備投資が必要となり，新興国や石油資源の豊富な中東，近年ではオイル・

ガスシェールの開発が進むアメリカなども立地優位性を持っている.

次の②汎用化学品は，ポリエチレンやポリプロピレンなどの合成樹脂，合成ゴム，合成繊維など，20世紀の化学的な発見の中で生まれた，基礎化学品に対して新たな価値を付加した製品群のことを指す．これらの化学製品も，多くは他の化学製品の中間投入財であり，より川下の製品の原料となる．汎用化学品は，非常に広い範囲の製品に利用されるが，基礎化学品よりも技術開発によって製品として差別化する余地がある．ただし，既存製品の付加価値を高めることが主な製品開発の方向性であり，多くの汎用化学品は，基礎化学品と同じように，コストの抑制可能な国や地域にある程度集約していく方向性にある.

最後の③最終化学品・機能性化学品は，化学産業以外への中間投入財となる素材系と，一般用の医薬品や殺虫剤など，最終製品として使用される消費財系の2つに分けられる．機能性化学品は，主に前者の素材系の最終化学品に含まれ，ユーザー産業や市場の需要や要望に沿い，特定の機能を持つように開発された化学製品のことを指す．例としては，半導体や液晶ディスプレイのための電子材料，医療用の樹脂，自動車や航空機などに用いられる炭素繊維などがあげられる．特にこうした機能性化学品は，他の製品群と比較して付加価値の高い分野である.


## 2. 化学産業の歴史と立地

前節で述べた化学製品の特徴を留意した上で，化学産業の歴史的な変遷と地理的な拡大の過程について整理する.


### 2.1 19世紀から第一次世界大戦終戦（～1918年）

19世紀半ばまでの化学産業は，繊維やガラス，肥料などに使用されるソーダなどのアルカリ，なめしや染色などに用いられる硫酸や硝酸など，塩や鉱物を原料とする無機化学が中心であった．こうした無機化学製品は，産業革

44　第Ⅰ部　研究開発機能の分析理論と化学産業における動向

命によって綿織物工業の発展が目覚ましかったイギリスにおいて，ほぼ全て
生産されていた[1]．しかしながら，これらは工業製品というより鉱産物とし
ての要素の強いものであり，今日に至る科学技術を基盤とした化学製品と呼
べるものではなかった[2]．

　近代の化学産業は，1850年代に繊維産業の盛んなイギリスで勃興したとさ
れる．これは，イギリスの化学者であるウィリアム・パーキンが，1856年
に合成染料のモーブを発見したことを契機に，染料をはじめとする有機化学
の技術が急速に進展したためであった．当時の有機化学工業は，ほぼ全てが
石炭起源であったため，豊富な石炭資源と，染料のユーザーとなる強力な繊
維産業を有していたイギリスは，1870年代まで化学産業の覇権を握った．

　ただし，イギリスの覇権は長くは続かず，1880年代までにはドイツが化学
産業の中心となっていった．ドイツの化学産業が短期間でイギリスに追いつ
き，さらには生産額や技術面で追い抜いた理由としては，ドイツ企業が生産，
マーケティング，マネジメントなどの分野に早くから投資をし，多様な製品
を効率的に生産できるようになったことや，研究開発へ多額の投資を行い，
それを支える研究開発人材の教育体制が確立されていたことなどがあげられ
ている（Murmann and Landau 1998, pp. 29-30）．またドイツでは，1860年代初
頭にヘキスト，バイエル，BASFなどの多くの化学企業が誕生しており[3]，
競争環境が厳しかったことも，化学産業の発展要因であった．

　1900年代初頭においてもドイツが世界の化学産業の中心であり，1906年

---

　1)　織物の漂白工程おいて重要となった塩素漂白の技術（1785年発明）や，ソーダの製
　法（1787年発明）は，それぞれフランス人のベルトレとルブランによって発明された．
　しかしながら，1789年から始まったフランス革命の混乱や，繊維産業におけるイギリ
　スの優位性もあり，前者の応用と後者の工業的な生産は，主にイギリスでなされた（荒
　井ほか 1981）．なお，フランスの化学産業については，作道（1995）が詳しい．
　2)　ドイツ・イギリスの記述については，参考文献が示されていない場合，Murmann
　and Landau（1998），Arora and Rosenberg（1998）を参照している．またBASFの沿
　革については，BASF（2011）による．
　3)　ヘキストはフランクフルト（Frankfurt），バイエルはケルン近郊のブッパータール
　（Wuppertal）及びレバークーゼン（Leverkusen），BASFはマンハイム対岸のルート
　ヴィヒスハーフェン（Ludwigshafen）において生産活動を開始した．いずれもルール
　地域及びライン川流域やその周辺都市であり，ルール炭田の石炭が原料及び燃料とし
　て重要な役割を果たした．

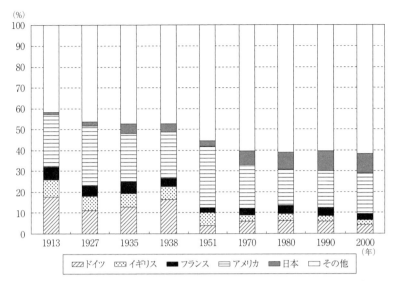

**図 2-1　化学産業における生産額の国別シェアの推移（1913 ～ 2000 年）**
出所：Murmann（2003）p. 6 より筆者作成．

には，化学者のフリッツ・ハーバーと，BASF の技術者であったカール・ボッシュによって，後の化学産業において極めて重要な技術となるアンモニアの合成方法（ハーバー・ボッシュ法）が開発された[4]．同じ頃のアメリカでは，肥料や爆薬に用いられる無機化学製品の大規模生産を行い始めていた[5]．1913 年の化学産業における生産額の国別シェアを見てみると，アメリカの割合が最も大きくなっていることがわかる（図 2-1）．ただし，有機化学品の技術面について，アメリカはドイツに依存していた．

しかしながら，1914 年に第一次世界大戦が勃発すると，ドイツ企業はイギリスやアメリカへの輸出が不可能になり，両国における全ての特許や生産設

---

4) アンモニアの工場は，1913 年にルートヴィヒスハーフェンから北に 3km 離れたオッパウ（Oppau）に建設された．しかしながら同年に第一次世界大戦が勃発し，ドイツの中心部であった同地域は空襲が懸念された．そのため，1917 年にドイツ東部のロイナ（Leuna）に新たなアンモニア工場がつくられた．
5) アメリカの無機化学製品の生産は，国土が広大であるために，いくつかの特定の地域に集中しており，なかでもニュー・イングランド，フィラデルフィア地区，ナイアガラ・フォールズ及びデトロイト近郊のワイアンドットが重要な地域であった（Haber 1971）．

46　第 I 部　研究開発機能の分析理論と化学産業における動向

備も失った．こうして，イギリスやアメリカの化学企業は，ドイツ企業の失
効した特許技術や接収した生産設備を利用することが可能となり，さらに研
究開発にも投資を行い始めたことで，ドイツの化学産業における独占的な地
位は崩れた．とりわけ，アメリカの化学産業は，第一次世界大戦中に劇的な
成長を遂げた．先ほどの生産額の国別シェアを見てみても，1927 年にはアメ
リカのシェアが極めて高くなっていることがわかる．

## 2.2　戦間期から第二次世界大戦終戦（1919 ～ 1945 年）

　第一次世界大戦前まで世界の化学産業を席捲していたドイツの化学企業は，
戦時中の工場や特許などの喪失により，戦後は極めて厳しい状況に置かれた．
こうした状況を打開するため，ドイツでは，1925 年にヘキスト，バイエル，
BASF など，ドイツの大手染料企業 6 社が合併し，ＩＧファルベン（イーゲー）が設立さ
れた．またイギリスでも，1926 年にアルカリ，染料，火薬などを製造する 4
社が合併し，ICI（Imperial Chemical Industries）が設立された．

　小規模な企業が乱立していたアメリカの化学産業においても，合併によっ
て複数の大企業が誕生した．なかでもデュポン[6]は，第一次世界大戦中に得
た巨利を研究開発に投じ，1930 年代には，合成ゴムや合成繊維ナイロンなど，
後に汎用化学品として多様な用途で用いられる数々の新しい化学製品の開発
に成功した．

　また同時期に，アメリカでは，豊富な天然ガス資源を背景に，天然ガスか
ら生産されるエタンをエチレンの原料とした石油化学産業が勃興しはじめた．
特に，専門のケミカルエンジニアリング企業が，大規模な石油精製技術，連
続性のある生産プロセスといった化学工学の技術を蓄積していった．その一
方で，イギリスやドイツをはじめとしたヨーロッパの化学産業においては，
依然として石油よりも石炭が原料として使用され続けた．

　1920 年代から 1930 年代における化学産業の生産額のシェアを見てみると，
第一次世界大戦後，落ち込んでいたドイツのシェアは，IG ファルベンによ

---

　6）　1802 年に創業し，火薬や爆弾などの生産で財を成した．1920 年代以降は，化学分
　　　野に注力した．

第2章 世界の化学産業の概要と研究開発の動向 47

るドイツ化学産業の独占体制の下で急速に回復した[7].

## 2.3 戦後から二度の石油危機（1946 ～ 1979 年）

第二次世界大戦終了後，ドイツでは，世界最大の化学企業となっていた IG
ファルベンが，ナチスドイツと深く関わっていたこともあり，国内における
主要な化学工業設備の多くが，空襲による甚大な被害を受けた[8]．また，輸
送手段や資源が不足し，1950 年には染料製造においてイギリスがドイツの生
産量を上回った．また終戦後，IG ファルベンは，1952 年に実質上ヘキスト，
バイエル，BASF へと 3 分割された[9]．1950 年代以降になると，朝鮮戦争に
よる特需を契機に生産が拡大し，分割された 3 社を中心として，ドイツの化
学産業は復興を遂げた．その一方で，イギリスの化学産業は，ICI に代表さ
れるような過剰な人員や効率の低下に苦しみ，歴史的にアメリカ市場への本
格的な参入が難しかったことから，戦後に生じたドイツへの優位を維持でき
なかった（松田 2015）.

ただし，1950 年代以降における化学産業の中心は，高分子化学や石油化学
に移行しており，これらの分野は，アメリカの企業がいち早く工業化を行っ
ていた．そのため，ルール地域周辺に基盤を持ち，アンモニアの製造など，
石炭に由来する化学に強みを持ってきたドイツの化学産業は，アメリカに技
術的な遅れを余儀なくされた（山崎 2009）[10]．前項の図 2-1 を参照してみて

---

7) IG ファルベンは合成ゴム Buna の開発に成功し，1936 年に東ドイツのシュコパウ
（Schkopau）に最初の工場を建設するなど，事業の多角化と拡大を進めた．Buna の開
発には BASF のルートヴィヒスハーフェンにおける研究所が大きな役割を果たしたが，
IG ファルベンの中央ゴム研究所は 1935 年から 1939 年の間にバイエルの本拠地である
レバークーゼンに建設された（Abelshauser *et al.* 2004, p. 280）.
8) BASF は IG ファルベンの中でも中心的な役割を果たしていたため，第二次世界大
戦の末期には，旧 BASF のルートヴィヒスハーフェンとオッパウが激しい空襲の被害
に遭った．さらに，東ドイツに立地していたロイナやシュコパウの設備は，旧ソビエ
ト軍に占領され，社会主義下における国家の所有物とされた.
9) 機能としては 9 分割であったが，実質的には 3 社に分割されたとされている（工藤
1999）.
10) BASF は，ルートヴィヒスハーフェンやその周囲地域へ機能を集中させていたが，
石油化学工業の隆盛を受け，1964 年にはベルギーのアントワープ（Antwerp）に大規

も，1951年における化学産業生産額においては，アメリカが圧倒的なシェアを誇っていた．

これらの欧米諸国に加え，戦後は日本においても化学産業の成長が見られ，特に石油化学製品の国産化に対する機運が高まった．石油化学製品を生産するにあたっては，主に欧米企業からの技術導入が行われた（石油化学工業協会2008）．1970年になると，化学産業における生産額の国別シェアにおいて，日本がドイツやイギリスを上回っている（Murmann 2003）．

このように，第二次世界大戦後から1960年代にかけて高成長を見せてきた石油化学や高分子化学の技術も，1970年代には成熟化の時期を迎えた．特に1970年代の2度の石油危機以降は，世界的に化学企業の収益低下が目立ち，バイオテクノロジーや機能性化学，医薬品など，新規分野への参入が相次いだ．

## 2.4 石油危機後から2000年代（1980〜2015年）

1980年代になると，石油危機で構造不況を迎えた欧米諸国と日本[11]の化学産業において，過剰設備の処理が行われた．これに対し，サウジアラビアを中心とした中東の産油国や，韓国，中国，台湾，シンガポールなどの東アジア諸国における石油化学工業が成長し，欧米諸国や日本を除いたその他の国々におけるエチレンの生産能力は，1980年から1990年の10年間で約2.7倍に増加した（大東 2014，185頁）．

一方，1980年代後半から1990年代頃には，「株主至上主義」の経営手法が流行し，先進国の化学企業において，収益性の低い事業分野の縮小・再編の機運が高まった．こうした事業再編が進められる中で，イギリスのICIやドイツのヘキストなど[12]，長い歴史を持つ巨大化学企業が消滅していくという

---

模な生産拠点を建設した．またバイエルについても，1967年にアントワープに進出し，プラスチックなどの生産を開始した．

11) 当時の石油化学工業の再編成とコンビナートの全国的な立地変動については，富樫（1986）が詳細な分析を行っており，複数拠点体制から高度成長期に拡大していた単一地域への集中化と，市場分割型立地から製品分担体制への移行が見られたことが指摘されている．

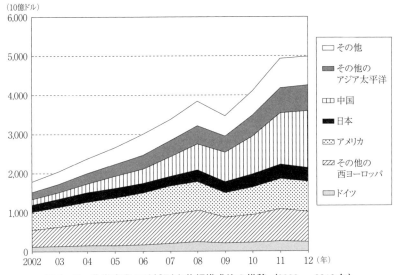

**図 2-2　化学産業の地域別出荷額構成比の推移（2002 ～ 2012 年）**
出所：「Guide to the Business of Chemistry 2013」より筆者作成．

事態も生じた．一方，日本の化学産業においても，三井や三菱など，旧財閥系企業グループ内での事業会社の合併が行われた（石油化学工業協会 2008）．しかしながら，1980 年代から 1990 年代にかけては，化学産業における国別生産額のシェアにあまり大きな動きが見られなかった．

その後の 2000 年代以降における化学産業の国・地域別出荷額の推移を見てみると（図 2-2），約 10 年の間に世界全体の化学品出荷額は急速に拡大し，特に日本以外のアジアにおいて成長が著しく，なかでも中国が最も大きな割合を占めるようになっていることがわかる．

このような化学産業の急速な成長と，地理的な拡大を背景に，世界の化学企業による勢力図も変化してきている．化学製品を生産する企業の中で，化

---

12）ICI は 1993 年にバイオ部門を分社化し，フッ素事業などの売却を行った．最終的に残った塗料事業も，2007 年にオランダのアクゾノーベル社に買収され，2008 年に同社の傘下に入ったことで，ICI は完全に消滅した．ヘキストは，収益性の低い化学事業を次々と売却し，1999 年にフランスの化学会社ローヌプーランと合併してアベンティスとなった．その後，アベンティスとして残った事業も売却され，2004 年に消滅した（田島 2011，166 頁）．

50 第Ⅰ部 研究開発機能の分析理論と化学産業における動向

**表 2 - 1 化学部門売上高の世界ランキング (2014 年)**

| 順位 | 企業名 (国籍) | 化学部門<br>売上高<br>(100万ドル) | 化学部門<br>割合 (%) | 化学部門<br>営業利益率<br>(%) |
|---|---|---|---|---|
| 1 | BASF (ドイツ) | 78,698 | 79.6 | 10.0 |
| 2 | Dow Chemical (アメリカ) | 58,167 | 100.0 | 10.2 |
| 3 | Sinopec (中国) | 57,953 | 12.8 | -0.6 |
| 4 | SABIC (サウジアラビア) | 43,341 | 86.4 | 27.8 |
| 5 | Exon Mobil (アメリカ) | 38,178 | 9.7 | 14.9 |
| 6 | 台塑グループ (台湾) | 37,059 | 60.4 | 4.3 |
| 7 | Lyondell Basell (オランダ) | 34,839 | 76.4 | ― |
| 8 | Du Pont (アメリカ) | 29,945 | 86.2 | 20.7 |
| 9 | Ineos (スイス) | 29,652 | 100.0 | 9.3 |
| 10 | Bayer (ドイツ) | 28,120 | 50.1 | 16.8 |
| 11 | 三菱ケミカル HD (日本) | 26,342 | 76.2 | 3.3 |
| 18 | 住友化学 (日本) | 17,833 | 79.3 | 5.8 |
| 19 | 三井化学 (日本) | 17,201 | 100.0 | 2.6 |
| 21 | 東レ (日本) | 17,006 | 89.4 | 7.2 |
| 31 | 信越化学工業 (日本) | 11,874 | 100.0 | 14.8 |
| 36 | 旭化成 (日本) | 10,628 | 55.4 | 7.0 |
| 42 | DIC (日本) | 8,218 | 100.0 | 5.3 |
| 44 | 東ソー (日本) | 7,657 | 100.0 | 6.3 |

出所：C & EN (2015 年 7 月 27 日号) より筆者作成.

学部門の売上を比較した 2014 年のランキングにおいて，3 位に中国の Sinopec，4 位にサウジアラビアの SABIC など，先進国の化学企業と合弁事業を行って成長してきた新興国の企業が上位に入ってきている（表2-1）．これらの企業は，主に基礎化学品の大量生産を行っているが，特に SABIC については，2007 年にアメリカの GE プラスチックスを買収するなど，新たな事業分野への拡大を進め，利益を拡大している．

　こうした状況から，欧米や日本などの先進国の企業は，事業の選択と集中や製品の高付加価値化が急務となっている．各地域における化学産業の概況は，次節でより詳しく述べる．

第2章 世界の化学産業の概要と研究開発の動向 51

## 3. 世界の化学産業の概要

### 3.1 ヨーロッパにおける化学産業の概要

まず，ヨーロッパ（EU28カ国）の2013年における化学産業の売上高は5270億ユーロであり，国別に見るとドイツが全体の28％を占めており，それに次ぐフランスの倍に近い規模となっている．以下，イタリア，オランダが10％，スペイン，ベルギー，イギリスが7％と続いている．

次に，2013年のヨーロッパにおける製品分野別売上高を見てみると，石油化学製品が27％を占め，最も多くなっているが，より付加価値の高いスペシャリティケミカル製品[13]も26％とほとんど差がない．スペシャリティケミカルの54.1％は，他産業に提供される素材が占めている．消費者向けのコンシューマーケミカルが11.7％であることから，産業内や産業間での取引が中心であることがわかる．

さらに，NUTS-2レベル[14]の地域で，化学産業への従業者数が製造業内の5％以上を占めている地域を抽出した（図2-3）．抽出されたのは48地域であり，国別に見てみると，イギリスが11地域と最も多く，ドイツとベルギーが9地域，フランスが5地域となっていた[15]．

表2-2で示す上位10の地域を見てみると，ドイツが半数以上の6地域を占め，イギリスとベルギーが2地域となっていた．2位以下と大きく差をつけて，化学産業従業者割合が29.6％と最も高かったのは，ドイツのラインヘッセン・プファルツ（Rheinhessen-Pfalz）地域であった．この地域内のルートヴィヒスハーフェン市には，世界最大の化学企業であるBASFの本社事業所

---

13) ここでの分類によるスペシャリティケミカルには，染料，肥料，塗料，他産業に提供される素材などが含まれており，本章の前半で示した機能性化学品とほぼ同じであると考えて差し支えない．

14) NUTS（フランス語でnomenclature d'unités territoriales statistiques）はEUで統計のために用いられる地域統計分類単位であり，NUTS-2はEUを276地域（NUTS 2013）に分類している．

15) オランダについては，NUTS-2地域での同様のデータが存在していなかったため，この分析には反映されていない．

52　第Ⅰ部　研究開発機能の分析理論と化学産業における動向

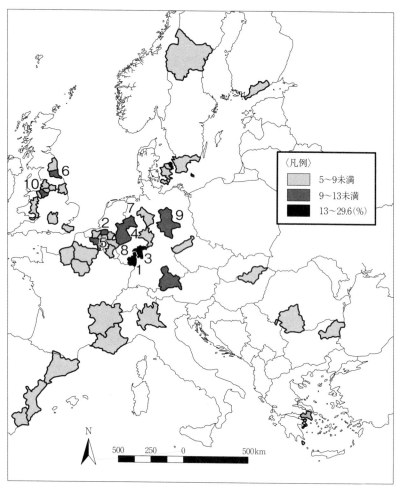

**図 2-3　ヨーロッパにおける製造業内化学産業従事者割合の上位地域
（5％以上，NUTS-2：2013 年）**

注：オランダについては，NUTS-2 地域での同様のデータが存在していなかったため，この分析には反映されていない．図中の数字は，表 2-2 の数字と対応している．
出所：Eurostat より筆者作成．

第2章 世界の化学産業の概要と研究開発の動向 53

表2-2 ヨーロッパにおける製造業内化学産業従事者割合の上位10地域
（NUTS-2：2013年）

| ①の降順 | NUTS-2 | 国 | ①化学産業の割合（対製造業全体・%） | ②化学産業の事業所数 | ③化学産業の従業者数（人） |
|---|---|---|---|---|---|
| 1 | Rheinhessen-Pfalz | ドイツ | 29.6 | 284 | 48,995 |
| 2 | Prov. Antwerpen | ベルギー | 16.9 | 118 | 18,031 |
| 3 | Darmstadt | ドイツ | 15.0 | 663 | 36,734 |
| 4 | Düsseldorf | ドイツ | 12.6 | 709 | 45,217 |
| 5 | Région de Bruxelles-Capitale | ベルギー | 11.9 | 41 | 3,269 |
| 6 | Tees Valley and Durham | イギリス | 11.0 | 75 | 5,254 |
| 7 | Münster | ドイツ | 10.9 | 278 | 19,730 |
| 8 | Köln | ドイツ | 10.8 | 481 | 28,686 |
| 9 | Sachsen-Anhalt | ドイツ | 10.4 | 390 | 15,968 |
| 10 | Merseyside | イギリス | 10.1 | 104 | 4,611 |

出所：Eurostat より筆者作成.

が立地している[16].

　その他の地域について，まずドイツを中心に見ていくと，3位のダルムシュタット（Darmstadt）地域に位置するフランクフルト市には，かつてドイツを代表する化学企業であったヘキストの本社事業所跡地が，Industriepark Hoechst として活用され，複数の企業が立地するケミカルパークとなっている[17]．ケミカルパークはドイツ国内に37カ所設置されており（図2-4），それぞれ北海，地中海，東欧からの石油・天然ガスのパイプラインで結ばれて

---

16) ルートヴィヒスハーフェンの事業所では，約33,000人の従業員を雇用しており，同社の世界最大の生産拠点であるとともに，研究開発人員についても約5,300人が集中している（BASF in Ludwigshafen Report 2012）.

17) ケミカルパークは，専門のサイトオペレーターが化学産業に必要なインフラを供給し，企業がそれらの費用をシェアして効率化を図るというシステムで運用されている化学工業団地のことを指す．1990年代後半にこうしたシステムが導入された．ただし，従来から一企業を中心に運営され，所有者とオペレーターが同一である BASF やバイエルの主要拠点もケミカルパークの一種としてあげられているが，他のパークとは大きく性質が異なり，例外的である（Chemiepark Knapsack Cologne での聞き取り調査による）.

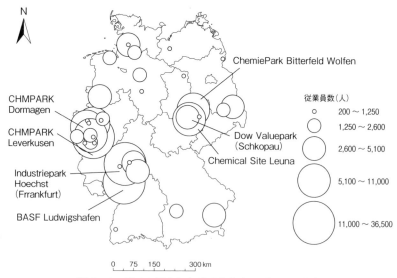

図2-4 ドイツ国内におけるケミカルパークの分布
出所:「Investment in German Chemical Industry 2011」より筆者作成.

いる.上位にあがっているその他のドイツ内の地域も,ライン=ルール(Rhein=Ruhr)地域や,旧東ドイツのザクセン・アンハルト(Sachsen-Anhalt)地域など,大きなケミカルパークの立地している地域と概ね一致している.

次に,ベルギーの地域を見てみると,2位のアントワープ州が,事業所数が少ないのに対し,従業者数は多くなっている.アントワープ州に位置するアントワープ港は,世界の主だった化学企業のプラントが立地しており,ヨーロッパ最大の石油化学クラスターである.

アントワープ港と,本分析ではデータの都合上踏まえられていないオランダのロッテルダム(Rotterdam)港,前述のドイツのライン=ルール地域には,代表的な化学クラスターが集まっており,これらの地域はARRR(Antwerp, Rotterdam, Rhine=Ruhr)メガクラスターと呼ばれ,ヨーロッパにおける化学産業の核心地とされている(EPCA 2007).

イギリスの2地域について見てみると,表2-2で6位のティーズ・バレーアンドダラム(Tees Valley and Durham)は,イングランド北東部の北海沿岸に位置している.同地域内のビリンガム(Billingham)では,かつてイギリス

で最も大きな化学企業であった ICI の主導のもと，第一次世界大戦後の 1920
年代から化学製品の生産が行われてきた[18]．ICI の解体後は，複数の化学企
業が立地する地域となっているが，北に隣接しているノーサンバランドアン
ドタインアンドウェアー（Northumberland and Tyne and Wear：ヨーロッパにお
ける製造業内化学産業従事者割合が 40 位の NUTS-2 地域，以下順位のみ表記）地域
と合わせ，生産量においてイギリス最大の化学クラスターである北東イング
ランドプロセス産業クラスターを形成している．同クラスターは，西ヨーロ
ッパでも，化学製品の生産量において 2 番目の規模を誇っている[19]．また，
10 位であったマージーサイド（Merseyside）は，イングランド北西部に位置
するリヴァプール（Liverpool）市を中心とした州であり，その周辺に位置す
るチェシャー（Cheshire: 11 位）州やグレーター・マンチェスター（Greater
Manchester: 20 位）とともに，歴史的に化学産業の盛んな地域である．

　また，国別の化学産業売上高では 2 位に位置していたフランスについては，
上位 10 位以内の NUTS-2 地域は抽出されなかった．しかしながら，首都パ
リを含むイル＝ド＝フランス（Ile de France: 21 位）地域圏は，化学産業に従
事する人数では全体の 1 位であり，南東部のローヌ＝アルプ（Rhône-Alpes:
48 位）地域圏も，従業員数では 10 位に位置していた．特に後者のローヌ＝
アルプ地域圏は，化学製品の生産量においてもフランス国内最大の地域であ
り，中心都市であるリヨン（Lyon）市に，化学産業に特化した「競争力の極」
も設定されているなど，化学産業の集中した地域である（岡部 2014）．

　最後に，各国における研究開発支出と研究開発人員数を見てみると（表
2-3），まずドイツが，どちらの値においても突出している点が目立っている．
また，概ね売上高の順位と類似しているものの，オランダやベルギーが売上
高と比較して上位となっており，より化学産業における研究開発活動の盛ん
な国であるといえる．

　このデータに関しては，NUTS-2 レベルのものは得られなかったが，参考

---

18) 第一次世界大戦中に，国営のアンモニア工場の用地として取得された敷地が，1920
　　年に ICI の前身となる企業の一つであるブラナー・モンドに売却された（Haber 1971）.
　　1926 年以降は，ICI の中核的な工場として化学製品の生産を行ってきた.
19) The Chemical and Process Industry in Tees Valley の資料による.

表2-3 ヨーロッパ（EU28カ国）における化学産業の
研究開発支出と人員数（2013年）

| 順位 | 国名 | 研究開発支出<br>(100万ユーロ) | 研究開発人員数（人） | うち研究者数(人) |
|---|---|---|---|---|
| 1 | ドイツ | 3,297 | 24,292 | 7,902 |
| 2 | フランス | 833 | 9,428 | 4,199 |
| 3 | オランダ | 555 | 5,426 | 2,663 |
| 4 | ベルギー | 350 | 2,396 | 1,202 |
| 5 | イタリア | 339 | 4,833 | 1,939 |
| 6 | イギリス | 327 | 4,212 | 2,242 |
| 7 | スペイン | 242 | 4,708 | 2,079 |
| 8 | デンマーク | 239 | 1,809 | 830 |
| 9 | オーストリア | 215 | 1,628 | 682 |
| 10 | フィンランド | 129 | 1,231 | 678 |

出所：Eurostatより筆者作成．

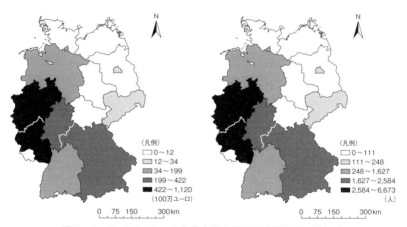

図2-5 ドイツにおける化学産業の州別研究開発費（左）と
研究開発人員数（右）（2012年）

出所：「FuE-Datenreport 2013」より筆者作成．

としてドイツにおける化学産業の州別研究開発費と研究開発人員数の分布を見てみると（図2-5），前述したケミカルパークの集中する西部のラインラント・プファルツ（Rheinland-Pfalz）州や，ノルトライン・ウェストファーレン（Nordrhein-Westfalen）州に集中していた．その一方で，同じくケミカルパークの集中していた旧東ドイツのザクセン・アンハルト（Sachsen-Anhalt）州については，研究開発費・人員ともに少なく，西への偏りが見られた．

## 3.2 アメリカにおける化学産業の概要

次に，第二次世界大戦後，世界最大の化学産業国となってきたアメリカの化学産業について概観する．アメリカでは，巨大な国内市場，天然ガスや石油をはじめとした豊富な資源といった複数の要素が，化学産業の成長に寄与してきた（Arora and Rosenberg 1998）．

また近年では，アメリカ南部の地下深くに多く存在するシェール層の原油や天然ガスが注目されている．これらのオイル・ガスシェールを採掘する技術が向上したことから，アメリカでは石油開発が盛んに行われており，2000年代半ば以降，原油の生産量が増大している[20]．こうした背景から，原料コストの低減を見込めることもあり，多くの主要な化学企業が，アメリカで今後新たな投資を行うことを表明している（American Chemistry Council 2013）．

アメリカにおける化学産業の出荷額[21] の分布を州別に見てみると（図 2-6），まず南部のテキサス（Texas）州の出荷額が，他の州と比較して圧倒的に多いことがわかる．テキサス州は，1901 年にスピンドルトップ（Spindletop）油田[22] が発見されて以降，石油化学の発展とともに，長らく化学産業の成長を経験してきた．近年では，オイル・ガスシェールの開発でも活況を呈している．

テキサス州の東側に隣接したルイジアナ（Louisiana）州も，テキサス州に次いで 2 番目に化学産業の出荷額が多くなっていた．同州も，メキシコ湾岸沿いの石油開発との関係から，化学産業が発展してきた地域である．テキサス州南東部とルイジアナ州の一帯は，かつて Porter（1998）がアメリカのクラスターをあげる際に，化学クラスターとして示した地域でもある．

一方，化学産業の出荷額における特化係数を調べてみると，最も高い値はデラウェア（Delaware）州の 2.61 であった（図 2-7）．同州は，化学産業における出荷額の規模では全体で 25 番目とあまり大きくないものの，同州のウ

---

20) アメリカは，2013 年にサウジアラビアを抜き，世界第一の原油生産国となっている（Energy Information Administration の公開データによる）．

21) 州別のデータについては，化学産業の中に医薬品が含まれている．

22) テキサス州ボーモント市の南に位置する油田で，現代の石油産業発祥の地とされる．https://tshaonline.org/handbook/online/articles/dos03（2015 年 11 月 29 日最終閲覧）．

58　第Ⅰ部　研究開発機能の分析理論と化学産業における動向

図2-6　アメリカにおける化学産業の州別出荷額（2013年）
注：アラスカ州，ハワイ州，ワシントンDC（コロンビア特別区），バーモント州，ワシントン州については，化学産業における出荷額のデータが開示されていなかった．
出所：「Annual Survey of Manufactures 2013」より筆者作成．

ィルミントン（Wilmington）市には，アメリカ最大の化学企業であるデュポンの本社が立地しており，化学産業は同州最大の産業となっている[23]．

　またウェストバージニア（West Virginia）州の特化係数も2.56と非常に高くなっていた．同州は，アパラチア山脈から採掘できる石炭が豊富であり，電気料金が安価であることから，化学産業が歴史的に発展してきた．また，全米でも最大級の天然ガス田と考えられているマーセラス（Marcellus）シェールがあることから，天然ガスの産出量においてもアメリカ有数の地域であ

---

[23]　デラウェア州ウェブサイト（産業の概観）http://global.delaware.gov/invest/key-industries/chemical-manufacturing.shtml（2015年11月28日最終閲覧）．

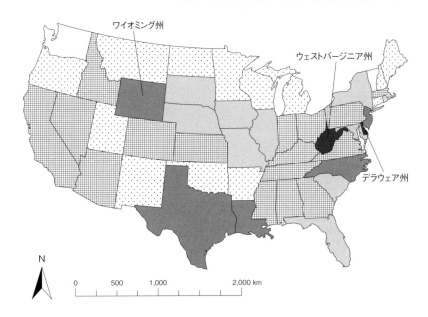

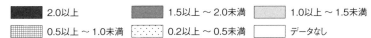

**図2-7 アメリカにおける化学産業の州別出荷額の特化係数（2013年）**

注：特化係数は，各州の製造品出荷額に占める化学産業の割合を，全体の製造品出荷額に占める化学産業の割合で除して算出した．なお，アラスカ州，ハワイ州，ワシントンDC（コロンビア特別区），バーモント州，ワシントン州については，化学産業の出荷額のデータが示されていなかったため，全体の製造品出荷額にも含めていない．
出所：「Annual Survey of Manufactures 2013」より筆者作成．

る．そのため，ダウケミカル，GE プラスチックス，デュポンなどの大規模な事業所が立地しているほか，ポリマー・アライアンスゾーンやケミカル・アライアンス・ゾーンが州内に設けられており，化学産業が州の製造業において最も重要な位置付けとなっている[24]．

---

24) ワイオミング（Wyoming）州も，化学産業の特化係数が1.59と6番目に大きくなっていた．同州は，石炭，石油，天然ガスの産出量が全米有数の地域であり，特に石

60    第Ⅰ部　研究開発機能の分析理論と化学産業における動向

## 3.3　アジアにおける化学産業の概要

　最後に，近年成長の著しいアジアについて概観する．まず，2012年と2013年における，アジア主要国のエチレンの生産量を見てみると（表2-4），中国が圧倒的に多く，次いで韓国，日本という順番になっていることがわかる．また2012年から2013年にかけての伸び率に注目してみると，大型の石油化学プラントが稼働した影響で，シンガポールが36%と大きくなっている．

　次に，第7章の事例に関係する中国，韓国，台湾，シンガポール，タイの石油化学産業について，各国における成り立ちと現況を述べる[25]．まず中国では，1962年に蘭州化工のエチレン生産設備が完成し，1969年に第1号機が操業を開始した．現在ではアメリカに次ぐ世界第2位の石油精製能力を持ち，全国で215カ所以上の製油所が稼働している[26]．立地地域についても，沿岸地区だけでなく，内陸部へも展開している．ただし，ナフサを原料とするエチレンについては，アメリカのシェールガス開発，産油国である中東での生産増によってコスト面での対抗が難しくなっているため，新規の増設計画はあまり積極的に行われていない．その一方で，石炭を原料としたエチレンプラント[27]が，石炭の豊富な内陸部を中心に新たに増設されている．これに対し，ナフサを原料とする沿岸部の石油化学工業団地については，川上から川下まで含めた大規模な構想・計画が示され，7団地が競争力強化のための拠点として制定されている[28]．

---

　　炭の産出量が全米で最も多い州の一つである．ただし，化学製品の出荷額については，38番目と下位に位置しており，他の製造業に主だったものが見られないために特化係数が高くなっていたと考えられる．

25)　以下の記述は，他に引用がない場合，重化学工業通信社・化学チーム（2013）を参照している．

26)　中国の化学企業は，中国石油（CNPC）と中国石化（Sinopec）に二分され，北西部に立地する系列企業が前者に，南東部に立地する系列企業が後者に所属している．

27)　石炭からメタノールを製造し，さらにメタノールからエチレン，プロピレンなどを製造するCTO（Coal to Olefin）や，購入メタノールを原料としてエチレン，プロピレンなどを製造するMTO（Methanol to Olefin）といった製造法がある（経済産業省2014, 14頁）．

28)　北から大連市・長興島，河北省・曹妃甸，江蘇省・連雲港，上海市・漕涇，浙江省・寧波，福建省・古雷，広東省・恵州の7カ所が指定され，2020年またはそれ以降にかけて，環境問題を考慮した石油化学工業団地の構築が目指されている（化学工業

表2-4　アジアの主要国におけるエチレン生産量

| | 生産 | | 伸び率 | 生産能力 |
|---|---|---|---|---|
| | 2012 | 2013 | （%） | 2013 年末 |
| 中国 | 1,439 | 1,547 | 8 | 1,940 |
| 韓国 | 805 | 832 | 3 | 835 |
| 日本 | 615 | 670 | 9 | 721 |
| 台湾 | 348 | 393 | 13 | 442 |
| タイ | 409 | 412 | 1 | 444 |
| シンガポール | 245 | 334 | 36 | 380 |
| マレーシア | 157 | 154 | -2 | 177 |
| インドネシア | 43 | 45 | 5 | 59 |
| インド | 374 | 399 | 7 | 416 |
| 合計 | 4,435 | 4,786 | 8 | 5,414 |

出所：化学工業日報社（2014）3 頁より筆者作成.

　また韓国では，1966 年に初めてポリ塩化ビニルの生産が始められ，石油化学産業が勃興した．韓国でのエチレンの生産は，1972 年に南東部のウルサン（蔚山）市で旧大韓石油が，1979 年に南西部のヨス（麗水）市で政府系の韓国綜合化学がエチレンプラントを建設したことによって始められた．1991 年には，忠清南道の瑞山市大山地区に三星綜合化学のエチレンセンターが完成し，現在は大山，蔚山・温山（オンサン），麗水・麗川（ヨチョン）が，韓国の 3 大石油化学コンプレックスとなっている．韓国の石油化学産業は，内需に対して設備が過剰であるため，国内における新設の余地は少ない．そのため，韓国の化学企業は，汎用化学品分野は海外へ投資する一方で，国内では，電子情報，エネルギー，ヘルスケアに関連する素材など，付加価値の高い川中から川下分野の比率を高める戦略をとっている（化学工業日報社 2014, 6 頁）．

　台湾では，1968 年に公営企業（当時）の中国石油（CPC・2007 年より台湾中油）が，南部の高雄市に第 1 エチレンプラントを建設したことによってエチレン生産が始まった．その後，1970 年代に新たなエチレンプラントが次々と設けられ，石油化学産業が大きく発展した．2000 年に，民間企業の台塑グループが雲林県の麦寮郷でエチレンプラントを新設したことによって，台湾中油との 2 社体制となっている．現在も，高雄市と麦寮郷周辺に石油化学工業

日報社 2014, 47 頁）．

が集積しているが，近年，台湾国内で環境規制が厳格化され，新規投資計画が思うように進まないケースも出てきている[29]．

　続いてシンガポールでは，1970年代から日本の住友化学などの支援を受け，1984年からジュロン島[30]のメルバウ地区においてエチレンプラントが稼働した．シンガポールの石油化学産業は，ジュロン島に集積しており，特にメルバウ地区と対岸のセラヤ地区には，住友化学の子会社または関連会社が多く立地している．また，メルバウ地区の西に位置するサクラ地区では，三井化学が同社のコア事業であるフェノールチェーンを構築している．サクラ地区には，旭化成プラスチックス，クラレアジアパシフィックなど，日本企業の生産拠点が立地しているほか，デュポンやイーストマン・ケミカル，シェブロンといったアメリカ系の企業も多く立地している．2001年には，サクラ地区の北に位置するチャワン地区で，アメリカのエクソンモービルが新たな石油化学コンプレックスを建設した．このように，シンガポールの石油化学産業は，外資系企業の投資によって支えられてきた．しかしながら，ジュロン島内の電力や蒸気といったユーティリティや，人件費などのコストも上昇してきている．そのため，シンガポール政府は，既にジュロン島に進出している企業の支援と，スペシャリティケミカルなどの新たな投資誘致につなげる「ジュロン島バージョン2.0」[31]という戦略を打ち出し，競争力の維持・強化に努めている（化学工業日報社 2014, 106頁）．

　最後にタイでは，1980年代に石油化学産業の基盤整備が始まった．1989年には，同国初の石油化学コンプレックスが，臨海部に位置するラヨーン県の東部マプタープット地区で稼働を開始した．インドシナ半島とマレー半島に囲まれたタイランド湾でエタンガスが産出されることから，同地区が選ばれた．この計画には，タイ石油公社（PTT）やサイアムセメントといた現地

---

29) 高雄市のエチレンプラントは2015年までに閉鎖が求められており，台湾中油は新たに合弁会社を設立して彰化県に新規プラントを建設する予定であったが，環境規制の厳格化や調査の長期化などによって凍結されている．

30) シンガポールの南西部に位置する人工の島で，1990年代に埋め立てが開始され，1998年にメルバウ，セラヤ，サクラ，チャワン地区など7島をつなぐ工事が完了した．

31) 具体的には，地下貯蔵施設「ジュロン・ロック・キャバーン」を完成させたほか，海上輸送の効率化を目的としたバージングターミナルを稼働させた．

企業のほか，三井グループなどの外資企業も参画した．また第2期の石油化学コンプレックスも，同じく臨海部のマプタープット地区で，1995年から操業を開始した．さらに2009～2011年にかけて，同じマプタープット地区で第3期の大型投資が行われ，大型のエチレンや誘導品の設備が完成・稼働した．このように，タイの石油化学産業は，エタンガスとの関係でマプタープット地区に集中しており，事例企業である宇部興産や，三井化学のサイアムケミカルとの合弁会社などの生産拠点も立地している．同地区では，2015年にラヨン・アドバンスト・インスティチュート・オブ・サイエンス&テクノロジー（RAIST）というタイで初めての科学系に特化した大学を立ち上げ，人材育成にも力を入れつつある（化学工業日報社 2014, 81頁）．さらにタイ全体は，自動車産業の一大集積地となっていることから，自動車部品向けPPコンパウンド拠点の新増設も目立っており，川下分野に対する，日系をはじめとした外資系化学企業の投資が盛んに行われている．

## 4. 世界の化学産業における研究開発の動向

### 4.1 化学産業の研究開発機能における地理的な変化

次に，世界の化学産業における研究開発活動の地理的変化について概観する．化学産業における研究開発活動や技術の確立においては，ドイツをはじめとしたヨーロッパ，アメリカが歴史的に中核を成し，日本も徐々に存在感を示してきた[32]．

1980年代以降における国別の研究開発支出の動向を見てみると（図2-8），アメリカは2000年代初頭に一度落ち込むものの，その後は上昇傾向にあり，日本も緩やかな上昇傾向を示しているのに対し，ドイツはほぼ横ばいとなっていた．化学産業における研究開発人員数を比較してみると（図2-9），各国

---

32) 2000年代における製薬を除いた化学特許の国別シェアを見ても，アメリカが約30％を占め，日本とドイツがそれぞれ約20％を占めており，これらの3国で全体の60％から70％を占めている（The chemical industry in Germany 2011）.

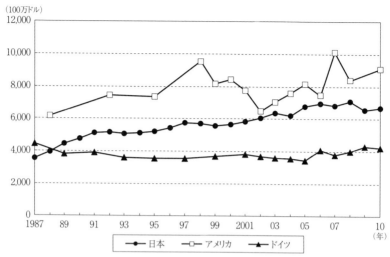

**図2-8 化学産業における研究開発支出の国別推移
(日本・アメリカ・ドイツ)**

注：それぞれの国内において内資・外資の別に関係なく，企業によって支出された化学産業への研究開発投資額を示している．以下の研究開発人員数も同様である．
出所：OECD. Statextracts より筆者作成．

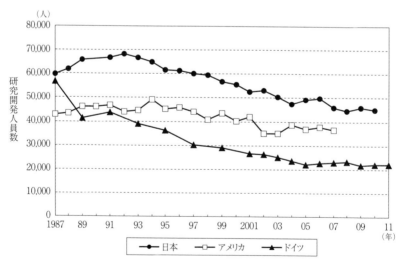

**図2-9 化学産業における研究開発人員数の国別推移
(日本・アメリカ・ドイツ)**

出所：OECD. Statextracts より筆者作成．

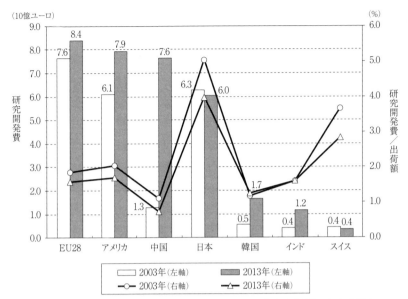

**図 2-10　化学産業における国・地域別研究開発費と出荷額に占める割合**
出所:「The 2014 Cefic European Facts & Figures」より筆者作成.

において概ね減少傾向にあり，とりわけドイツの減少幅が大きくなっていた．

一方で，2003年と2013年における主要国・地域の化学産業における研究開発費及び出荷額に占める割合を見てみると（図2-10），まず金額では，EU全体が最も多く，次いでアメリカ，中国，日本という順番となっている．研究開発費の出荷額に占める割合については，2003年から2013年の間に若干の低下が見られるものの，日本が圧倒的に高い割合を示しており，スイスも比較的高い．両国は，生産コストでの競争力は高くないため，研究開発投資によって産業の強化が図られていることがわかる．また，2003年と2013年の金額を比較してみると，中国の伸びが著しいことがわかる．こうした変化は，中国企業による支出だけでなく，多国籍企業が，中国において研究所を設置する動きと関係していると考えられる．

表2-5は，2012年における化学部門売上高上位50社のうち，石油精製が中心でない，総合（Diversified），スペシャリティ（Specialty）に分類される企業24社を示している．これを見てみると，11位の三菱ケミカルグループを

66　第Ⅰ部　研究開発機能の分析理論と化学産業における動向

### 表2-5　化学企業の売上高ランキング（総合・スペシャリティ）

| 順位 | 企業名（国籍） | 企業タイプ | 化学部門売上高（100万ドル） | 研究開発費（100万ドル） |
|---|---|---|---|---|
| 1 | BASF（ドイツ） | 総合 | 78,698 | 2,439 |
| 2 | Dow Chemical（アメリカ） | 総合 | 58,167 | 1,647 |
| 8 | Du Pont（アメリカ） | 総合 | 29,945 | — |
| 10 | Bayer（ドイツ） | 総合 | 28,120 | 1,574 |
| 11 | 三菱ケミカルHD（日本） | 総合 | 26,342 | — |
| 13 | LG Chem（韓国） | 総合 | 21,456 | — |
| 16 | Akzo Nobel（オランダ） | 総合 | 19,011 | 483 |
| 19 | 三井化学（日本） | 総合 | 17,201 | 307 |
| 20 | Evonik Inndustries（ドイツ） | 総合 | 17,177 | 549 |
| 21 | 東レ（日本） | 総合 | 17,006 | — |
| 24 | PPG Industries（アメリカ） | 総合 | 14,250 | 492 |
| 25 | Solvay（ベルギー） | スペシャリティ | 14,134 | 328 |
| 28 | DSM（オランダ） | スペシャリティ | 12,344 | 430 |
| 31 | 信越化学工業（日本） | 総合 | 11,874 | 446 |
| 32 | Huntsman Corp.（アメリカ） | 総合 | 11,578 | 158 |
| 35 | Lanxess（ドイツ） | 総合 | 10,646 | 213 |
| 36 | 旭化成（日本） | 総合 | 10,628 | — |
| 39 | Eastman Chemical（アメリカ） | 総合 | 9,527 | 227 |
| 42 | DIC（日本） | スペシャリティ | 8,218 | 104 |
| 43 | Arkema（フランス） | 総合 | 7,915 | 206 |
| 44 | 東ソー（日本） | 総合 | 7,657 | 122 |
| 45 | Hanwha Chemical（韓国） | 総合 | 7,655 | — |
| 49 | Ecolab（アメリカ） | スペシャリティ | 7,215 | — |
| 50 | Johnson Matthey（イギリス） | スペシャリティ | 7,203 | 280 |

注：網掛けは日本企業.
出所：C&EN（2015年7月27日号）より筆者作成.

　はじめ，上位24社のうち，日本企業の数が7社と最も多くなっていること
がわかる．その一方で，最上位に位置するドイツのBASFが売上高の面にお
いて突出しているほか，2位のダウケミカル（Dow Chemical）も，三菱ケミカ
ルグループと比較して2倍以上の売上があり，大きな差があることがわかる．
　またこれらの企業における研究開発費を比較してみると，20億ドル規模の
支出を行っている企業はBASFに限定される．日本企業に目を向けてみると，
化学部門のみでは示されていない場合もあるが[33]，5億ドル前後か，それよ

---

33)　企業全体としては公開されている場合が多いが，このランキングにおいては化学事
　業のみの売上や研究開発費を抽出しているため，そのような分類がなされていない企
　業は非公開となっている.

り下回っている[34].

## 4.2 主要企業による研究開発機能のグローバル化

　次に各企業における海外での研究開発活動について概観する．ここでは例として，ドイツを母国とする BASF とバイエル，アメリカのダウケミカルとデュポン，日本の住友化学と三井化学，さらにベルギーに本社を置く Solvay 社とオランダの DSM 社における海外研究開発拠点の設置状況を見てみる（表 2-6）．
　まずアメリカにおいては，ヨーロッパ企業が複数の拠点を設置している一方で，日本の 2 社の拠点は住友化学の企業買収による拠点に限られていた．アメリカに立地している拠点は，生産拠点に付設されている製品開発機能を担っているものが多いほか，ドイツのバイエルについては，現地で治験をする必要性から，ヘルスケア部門の研究拠点を複数置いていた．またヨーロッパにおいては，ドイツやフランスを中心に欧米企業の拠点が比較的多く設けられていた．アメリカのデュポンについても，スイスにヨーロッパ地域における中心的な研究開発拠点を設置し，本国以外の重要な拠点として位置付けている．一方，日本企業による設置数は少なく，いずれも企業買収によって獲得した拠点となっていた．
　次にアジアの状況については，多くの欧米企業が日本に拠点を設置していた．BASF やデュポンについては，特に日本の電気機械産業を視野においた研究所を設置しており，顧客企業と密な関係性を持つような拠点が多くなっていた．また中国には，ここで取り上げた 8 社の企業全てが拠点を設置していた．これらの中国における拠点の多くは上海市に集中しており，多くの拠点が 2000 年代後半以降に新設されたものであった．さらに韓国，インド，シンガポールなどにも複数の拠点が見られた．

---

34) 日本企業内での位置付けにおいても，これらの企業における研究開発費は上位 50 社に入る．しかしながら，世界企業における研究開発費で 2012 年度トップのトヨタ自動車（約 87 億ドル）などの自動車関連企業や，パナソニック（約 58 億ドル）やソニー（約 48 億ドル）などといった電気機械企業と比較すると支出規模は大きくない．

68　第Ⅰ部　研究開発機能の分析理論と化学産業における動向

### 表2-6　主要化学企業における研究開発拠点の設置状況（2013年）

| 国 | BASF | バイエル | ダウ | デュポン* | 住友化学 | 三井化学 | Solvay | DSM |
|---|---|---|---|---|---|---|---|---|
| アメリカ | 8 | 9 | 18 | 3 | 1 | | 6 | 9 |
| ブラジル | 2 | | 4 | 1 | 1 | | 1 | |
| プエルトリコ | | | 1 | | | | | |
| ドイツ | 6 | 5 | 5 | | | | 2 | 3 |
| フランス | | 2 | 2 | | 1 | | 4 | 1 |
| イギリス | | | 3 | | 1 | | 2 | 1 |
| イタリア | 1 | | 1 | | | 1 | 1 | 1 |
| スペイン | | | 1 | | | | 1 | 1 |
| オランダ | | 1 | 1 | | | | | 3 |
| ベルギー | 1 | 1 | | | | | 2 | |
| デンマーク | 1 | | | | | | | |
| オーストリア | | | | | | | | 1 |
| スイス | 1 | | 1 | 1 | | | | 2 |
| 日本 | 9 | | 3 | | 5 | 9 | 3 | |
| 中国 | 4 | 2 | 1 | 1 | 1 | 1 | 2 | 3 |
| 台湾 | 1 | | 1 | 1 | | | | |
| 韓国 | 4 | | 1 | | 1 | | 1 | |
| インド | 1 | 1 | 1 | 1 | 1 | | 1 | 1 |
| フィリピン | 1 | | | | | | | |
| シンガポール | 1 | | 1 | | 1 | 2 | | |
| マレーシア | | | | | 1 | | | |
| インドネシア | | | 1 | | | | | |
| オーストラリア | 1 | 1 | | | | | 2 | |
| タンザニア | | | | | 1 | | | |

注：網掛け部分は，各社の本社が設置されている国を指している。
　　*デュポンについては，技術サービスなどを担う Business R&D 拠点を，ここに示したものに加え140拠点ほ
　　ど有しているが，多くはアメリカに立地し，ドイツやフランスなどのヨーロッパ，ブラジルやチリなどの南米，
　　インドや中国など特定の国にも集中している。
出所：各社ウェブサイト，アニュアルレポートより筆者作成。

　以上のように，一部の事例ではあるものの，多国籍化学企業による研究開
発機能のグローバル化は，生産機能との関係，地域拠点の確立，企業買収に
よる既存拠点の活用，主要顧客との密接な関係などによって特徴付けられて
いる。

## 4.3　BASF における研究開発機能のグローバル化

　BASF は，石油やガスの生産から高付加価値の化学品まで一貫して生産を
行う世界最大の総合化学企業であり，基礎化学品や石油・ガスなどの売上高

第 2 章　世界の化学産業の概要と研究開発の動向　69

も比較的高いのが特徴的である．また同じドイツ系のバイエルや他の大手化学企業と比較して，売上に対する研究開発費の割合の高い医薬品部門を持っていない点が大きく異なる[35]．

BASF の 2014 年における研究開発機能の状況は，全体で 112,000 人程度の従業員のうち，10,650 人が研究開発に携わっており，世界中の約 70 カ所において 3,000 のプロジェクトが行われているとされる[36]．そのうち 17 カ所が，同社における重要な拠点として位置付けられている（表 2-7）．まずヨーロッパにはドイツ国内を中心として 7 カ所があげられている．なかでもルートヴィヒスハーフェンは 33,000 人の従業員を抱えており，同社の最大の生産拠点であるとともに，研究開発人員についても約 5,300 人が集中している[37]．他のヨーロッパ内の主要拠点については，買収によって獲得したものが多くなっている．

さらに海外においては，アメリカに 4 カ所，ブラジルに 2 カ所，中国，インド，シンガポール，オーストラリアのそれぞれ 1 カ所の拠点が重要な拠点として位置付けられている．これらの特徴として，アメリカの拠点はノースカロライナ州の研究学園都市であるリサーチトライアングルに立地する R ＆ D センターを除き，買収拠点であるのに対し，2000 年代に新設されたアジア太平洋地域の拠点は，BASF の現地子会社が新たに設置したものであるという点が指摘できる．

同社は 2020 年に向け，アジア地域において研究開発機能を拡大していくことを表明している（図 2-11）[38]．具体的には，前述した中国上海の浦東の拠点は 2012 年に大規模な増資が行われ，地域統括本社と複数事業における研究開発機能を担う BASF Innovation Campus Asia Pacific として，ドイツ国外では最大の拠点となる 2,500 人規模の事業所になった．そのうち約 450 人

---

35)　BASF は 2001 年に医薬品部門をアメリカの製薬会社 Abbott Laboratories に売却している．

36)　BASF ウェブサイト http://www.basf.com/group/corporate/en/innovations/facts-figures/r-d-network（2013 年 11 月 25 日最終閲覧）．

37)　BASF in Ludwigshafen Report 2012 による．また重要な研究開発拠点にあげられてはいないが，リンブルガーホーフ（Limburgerhof）の農業研究所にも約 1,500 人が勤務している．

38)　BASF Factbook 2013 による．

70

**表 2-7 BASF における主要な研究開発拠点の概要**

| | 名前 | 国 | 都市・地域 | 設立年 | 機能・備考 |
|---|---|---|---|---|---|
| 1 | BASF Ludwigshafen | ドイツ | ルートヴィヒスハーフェン | 1865 | 本社所在地であり、研究機能の中心。異なる分野の研究者を集めた新たな研究棟が2015年に完成予定。 |
| 2 | BASF Coatings GmbH | ドイツ | ミュンスター | 1903 | 1965年にGlasurit社を買収。自動車などのコーティング関係の研究開発拠点。同分野におけるBASF最大の製造拠点。 |
| 3 | BASF Polyurethanes GmbH | ドイツ | レムフェルデ | 1962 | ポリウレタン事業の本社であり製造拠点。1999年に研究所を新設。2014年までに大幅な生産機能の拡張を予定。 |
| 4 | BASF Construction Polymers GmbH | ドイツ | トロストベルク | 1968 | 同地を拠点としたSKW社が起源。2001年にSKW社と合併したDegussaを2006年に買収。 |
| 5 | BASF Personal Care and Nutrition GmbH | ドイツ | デュッセルドルフ | 1999 | 旧ヘンケルの子会社から再編されたCognisを2010年に買収。 |
| 6 | Plant biotechnological research | ドイツ | ベルリン | ― | プラントバイオテクノロジーにおける研究。 |
| 7 | Basel Research Center | スイス | バーゼル | ― | プラスチック、塗装、紙、日用品、有機エレクトロニクス製品向け先端素材の研究拠点。Baseは2009年に買収したスイスのCibaの本社地域。 |
| 8 | BASF Corporation/ R & D Center | アメリカ | リサーチトライアングルパーク（ノースカロライナ） | 1998 | 農業関連の研究。2012年に3300万USドルの増資。 |
| 9 | BASF Catalysts LLC | アメリカ | イスリン（ニュージャージー） | ― | 2006年に買収したEngelhard本拠地。触媒科学の研究拠点。 |
| 10 | BASF Corporation Wyandotte Site | アメリカ | ワイアンドット（ミシガン） | ― | Wyandotte Chemicals Corporationを買収（1960〜1980年代の間）。 |
| 11 | BASF Corporation | アメリカ | タリータウン（ニューヨーク） | ― | 買収したCibaグループ企業Ciba Specialty Chemicalsの拠点。 |
| 12 | BASF Global Research Center Singapore | シンガポール | シンガポール | 2006 | ナノテクノロジーの研究拠点。 |
| 13 | Construction Technology Center | インド | ムンバイ | 2012 | 特殊混和材やセメントなどに関する開発や試験。 |
| 14 | Mining R & D Center | オーストラリア | パース | 2011 | Australian Minerals Research Centre内に設置されている鉱物の研究所。 |
| 15 | Innovation Campus Asia Pacific | 中国 | 浦東（上海） | 2012 | 2012年に大幅に拡張。アジア太平洋地域の中心的な研究開発拠点。 |
| 16 | Basf S/A - Guará | ブラジル | グアラティンゲタ | 1955 | |
| 17 | Basf Poliuretanos | ブラジル | デルマシ | ― | |

出所：BASF各地域のウェブサイト、Factbookより筆者作成。

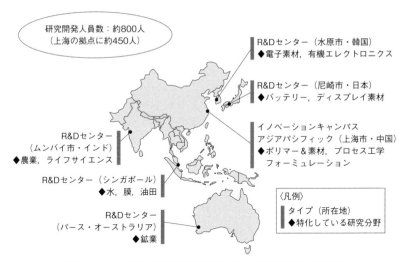

**図 2-11　BASF のアジア地域における研究開発拠点の分布**
出所：「BASF アニュアルレポート 2014」より筆者作成．

が，研究開発に携わっている[39]．また 2014 年には，Electronic Materials R & D Center Asia Pacific をソウル近郊の水原市にある成均館（ソンギュンァン）大学自然科学キャンパス内に設置し，40 人規模の研究センターとなることが予定されている[40]．さらにインドに新たなライフサイエンス拠点を設置することも検討されている．同社は 2013 年時点において約 800 人の研究開発人員をアジア太平洋地域において雇用しているが，2020 年までには世界の研究開発人員の 25％となる 3,500 人まで拡大するとしている[41]．現地において拡大した人員の教育は，同社のグローバル人材開発プラットフォームとしてシンガポールに新設した研修施設において行われるとされる[42]．

---

39) BASF プレスリリース（2012 年 11 月 6 日）．また既存拠点内であるが，2013 年には日本の尼崎の拠点においてもバッテリー素材の研究開発拠点が設置された（BASF プレスリリース 2013 年 2 月 27 日）．
40) 同大学は電気機械産業において大きな存在感を示すサムスンが経営に参入していることもあり，大学内に立地しながら顧客志向のイノベーションが行われることが期待されている（BASF プレスリリース 2013 年 11 月 7 日）．
41) 同上．
42) 同社は人材開発に力を入れている点で評価されており，2013 年には Universum 社による有名大学の大学生 20 万人への調査により，2013 年度「世界で最も魅力的な企

72    第Ⅰ部　研究開発機能の分析理論と化学産業における動向

　一方，同社のアジアへの積極展開は，ドイツ及びヨーロッパにおける雇用を脅かしつつある．国内や他のヨーロッパ諸国における複数の拠点がアジアシフトによる雇用減にさらされているほか[43]，最大拠点であるルートヴィヒスハーフェンについては，2000年代半ばに従業員数を10％削減しており[44]，2015年まで同拠点への投資と雇用水準を維持する覚書が交わされているものの[45]，1980年代と比較して約1万人従業員数が減少している[46]．

　以上のように，大規模な欧米系多国籍化学企業は，M＆Aで取得した拠点を世界中に有しており，さらに成長の見込めるアジア太平洋地域への研究開発投資を2000年代後半以降加速させている．さらに，こうした多国籍企業による行動の変化は，本国や中核的な拠点の立地する地域における，産業構造の変化に影響を与えてきたと考えられる．

---

　業」のトップ50社に選ばれている（BASFプレスリリース2013年9月23日）．
43)　2017年までに，染料部門の再編の一環として150人規模であるスコットランドの工場を閉鎖するほか，フランス，オランダの生産拠点も再編が行われる予定である．また食品などへの添加物の部門についても，スイスのバーゼルにおいて350人を削減することが表明されている（*Wall Street Journal*, 2013年10月23日）．
44)　同時に投資レベルは維持する協定が結ばれた（*New York Times*, 2004年11月24日）．
45)　Speciality Chemicals Magazine Online（2012年12月）．
46)　1990年代においては，45,000人程度が雇用されていたとされる（Minshull 1990, p. 116）．

# 第 3 章

## 日本の化学産業における研究開発の概要

## 1. 製造業全体の研究開発と化学産業

　図 3-1 は，製造業全体における民間企業の研究者数，研究開発支出データの推移を示している．これを見ると，研究者数は 2000 年代後半まで概ね増加して 45 万人程度となり，2014 年度が 48 万人を超えて最大となっている．また，研究開発支出に関しては，バブル経済の崩壊後に一時減少した以外は概ね増加を続けて 14 兆円に達し，2008 年のリーマンショック後にやや落ち込んで 12 兆円程度で推移していたが，2015 年度にはリーマンショック前の水準まで戻りつつある．

　これを業種ごとに見ていくと，その多くを占めるのは化学工業[1]，医薬品工業，電気機械器具工業，輸送用機械器具工業であった[2]．そこでこれらの4 業種ごとに研究者数と支出の推移を見たものが図 3-2a，図 3-2b である．まず研究者数については，電気機械が大幅に増加してきたが，2000 年代後半に減少に転じている．化学と医薬品も漸増または横ばいであったのに対し，輸送用機械は漸増を続けていた．また研究開発支出に関しては，電気機械が1980 年代末に，輸送用機械が 2000 年代前半に，医薬品工業が 2000 年代後半に，それぞれ顕著な伸びを見せるのに対して，化学工業は 1990 年代初めから漸減し，その後，2015 年度にやや増加しているものの，あまり大きくは変化していない．こうした業種による研究開発活動の変動は，業績に左右され

---

　1)　本節では産業分類の名称に合わせ，化学産業ではなく化学工業としている．
　2)　例えば 2015 年度については，製造業全体の研究者数の 70.1％，研究開発支出の 74.4％をこれらの業種で占めている．

74　第Ⅰ部　研究開発機能の分析理論と化学産業における動向

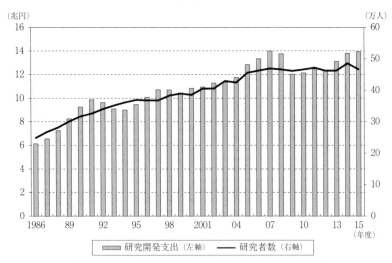

**図 3-1　製造業全体の研究者数と研究開発支出の推移**
出所：科学技術研究調査各年版より筆者作成.

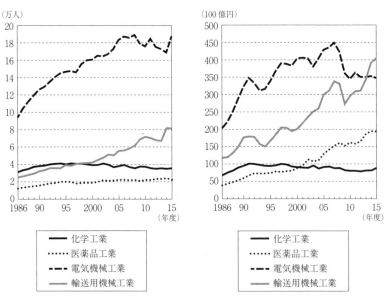

図 3-2a　業種別研究者数の推移　　図 3-2b　業種別研究開発支出の推移
出所：科学技術研究調査各年版より筆者作成.　　出所：科学技術研究調査各年版より筆者作成.

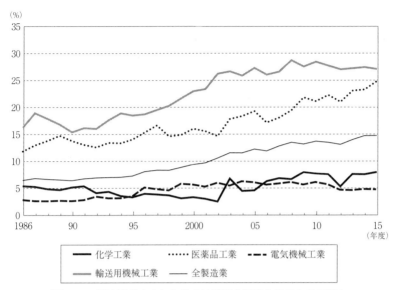

図3-3 研究開発支出における社外研究開発支出の占める割合
出所：科学技術研究調査各年版より筆者作成．

るものの，既存事業の強化を推進した時期や事業構造の転換が目指された時期が，業種によって異なることも影響している．

なお化学工業の研究開発支出については，1980年代に大幅な上昇を見せたとする指摘があり（経済産業省 2010），他の産業に比べ先行した後，1990年代以降はその水準が保たれていると考えることができる．これには，化学企業が基礎やコモディティからスペシャリティ，さらにバイオテクノロジーに至る幅広さを持ち，サブセクターや企業によって研究開発戦略が大きく異なること（Cesaroni et al. 2004）も関係しているといえる．

また図3-3は，研究開発支出全体における社外研究開発支出の割合を示しているが[3]，これを見ると，輸送用機械工業と医薬品工業は製造業全体の平均を上回っているのに対し，化学工業と電気機械工業は製造平均を下回っ

---

3) 社内研究開発支出は，自己資金，外部から受け入れた資金を問わず社内での支出であり，委託研究開発（共同研究を含む）などのため外部（自社の海外拠点を含む）へ支出したものは含まれない．また社外研究開発支出は，社外（外部）に委託した研究

ていた．これは輸送用機械や医薬品がより社外に対してオープンな研究開発活動を行う傾向にあるのに対し，化学や電気機械は自前主義の研究開発を行う傾向にあることを示している．特に前二者は，社外研究開発支出の割合を上昇させている．これはより効率的・多角的な研究開発活動を目指し，「企業の境界」をめぐる組織上の改革が行われてきたことを示唆している．

　次に，日本国内における研究開発活動の地域的変化を見るために，都道府県別の科学研究者と技術者の分布変化を検討する[4]．まず製造業全体について見てみると，神奈川県を中心とした首都圏に最大の集積が形成され，これに愛知県を中心とした東海圏が続き，大阪府と兵庫県を中心とした近畿圏も含め，日本における研究開発の3大圏域となっていることがわかる（図3-4）．ただし，3圏域の位置付けは変化してきており，首都圏と近畿圏への集中度は低下し，1990年には東海圏が近畿圏を逆転している．この他では，岡山県から山口県にかけての瀬戸内地域や筑波研究学園都市のある茨城県が科学研究者・技術者の多い地域となっている．

　続いて科学研究者と技術者の分布変化を業種別に見てみると，まず化学工業では，首都圏と近畿圏に2大集積が形成されているが，それぞれの圏域内の分布変化には差異がある（図3-5a）．首都圏では神奈川県や千葉県の割合が低下し，筑波研究学園都市のある茨城県を中心として北関東の割合が上昇しているのに対し，近畿圏では大阪府と兵庫県を頂点とした構造が維持されている．また，京都府，滋賀県から三重県，愛知県，静岡県にかけての地域，日本海側の富山県，山口県を中心とした瀬戸内地域で科学研究者・技術者の割合が高くなっていることがわかる．これに対し電気機械工業では，神奈川県を中心とした首都圏に最大の集積が形成され，かつては大阪府を中心とした近畿圏との差が大きかったものの，東京都と神奈川県での減少により両者の差は近年縮まってきている（図3-5b）．その他の県では，愛知県や長野県で割合がやや高くなっているが，化学工業と比べるとそうした地域は多くはな

---

　　開発（共同研究開発を含む）などのため支出した研究開発費を指す（総務省統計局科学技術研究調査による）．
　4）　使用したデータは抽出詳細分析によるものであり，従業地ではなく常住地のものである点に留意が必要である．

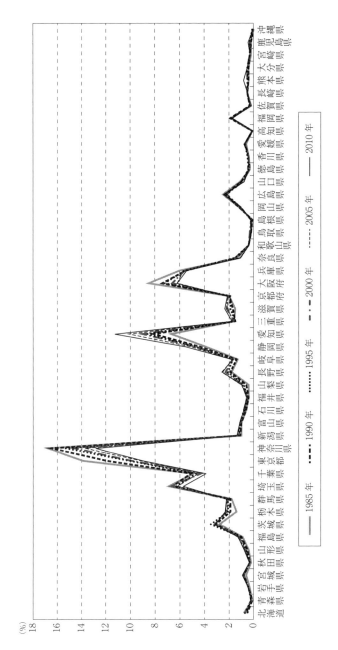

図 3-4 都道府県別科学研究者・技術者の分布:製造業全体 (1985〜2010 年)

出所:国勢調査各年版より筆者作成.

78　第Ⅰ部　研究開発機能の分析理論と化学産業における動向

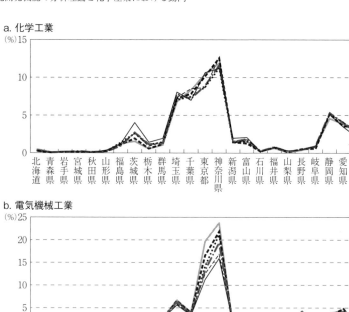

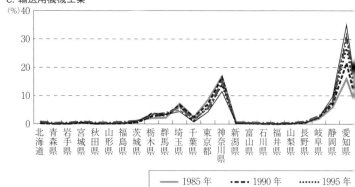

図3-5　都道府県別科学

出所：国勢調査各年版より筆者作成．

第3章 日本の化学産業における研究開発の概要

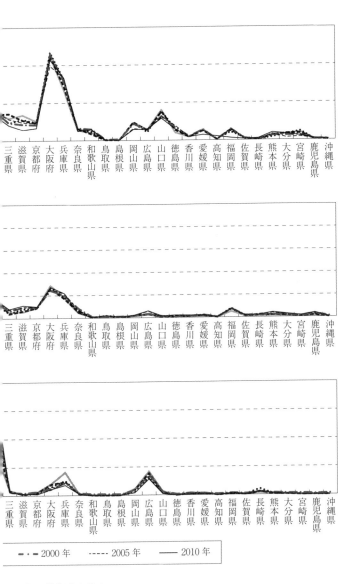

研究者・技術者の分布

い．輸送用機械工業についても，自動車企業の本拠地のある愛知県への集中度が徐々に増し，神奈川県，広島県，埼玉県から北関東でも割合の高い地域が見られる以外は，電気機械と同様に地域的拡がりは見られなかった（図3-5c）．

このような科学研究者・技術者の分布に見られる研究開発活動の地域的変動の背景には，生産・研究拠点の集約や事業分野の選択と集中が影響していると考えられるが，これに関しては個別企業の詳細な動向から読み取る必要がある．

## 2．化学企業による研究所の立地変化

日本の化学企業は小規模な企業が多く，分業が細かいため研究開発活動について規模の経済を発揮できなかったほか，欧米先行企業と比較して技術蓄積がなく，工場ではなく研究所で行われるような基礎研究が重視されなかった点などが問題視されてきた（伊丹 1991）．一方で近年では得意技術の深耕や社内研究開発からの新事業開発などで，欧米とは異なる形での進展を見せてきたと再評価されている（田島 2008）．

また日系化学企業における事業戦略に注目する研究も出てきており（橘川・平野 2011），そこでは化学産業[5]が収益を獲得できるタイプとして，①特定の機能品に特化する特定機能化学，②特定の汎用品の海外展開を行うグローバル汎用化学，③エチレン製造設備を要しつつ，多様な機能品を製造する総合機能化学，④エチレン製造設備を中心に汎用品を海外展開するグローバル総合化学の４つをあげている．

そこで以下では，表3-1に示すような時期区分に沿い，化学産業の発展段階を踏まえながら，研究所の立地変化についてより詳細に述べる．

---

5）　以下での化学産業・企業とは，断りのない限り，製薬企業を除いた無機・有機化学製品，合成繊維を主に製造する工業・企業のこととする．

第3章　日本の化学産業における研究開発の概要　81

表3-1　化学企業における研究開発の動向と立地

| 時期区分 | 年代 | 研究開発の動向 | 立地の特徴 |
|---|---|---|---|
| (a) 草創期 | ～戦前 | 欧米先進技術へのキャッチアップ | 生産機能と研究開発機能の未分離 |
| (b) 拡大期 | 戦後～1970年 | 独自技術の探求 | 中央研究所の新設，工場外・都市部への立地 |
| (c) 立地再編期 | 1970～1990年代 | 多角化の模索，先端分野への進出 | 研究学園都市の台頭，研究開発機能の分散 |
| (d) グローバル化期 | 2000～2010年代 | オープン化，コア技術の見直し・融合，グローバル市場への対応 | 国内における機能の集約，アジアを中心とした技術サポート拠点の設置 |

出所：筆者作成.

## 2.1　草創期（～戦前）

　日本の化学産業の萌芽は，第一次世界大戦前にも見られるが，本格的に展開され始めたのは1920年代後半からのことであった．当時は石炭化学や電気化学を中心に技術が展開され，レーヨン工業の発展も顕著であった．その後の戦時体制下においては，軍の要請による研究が中心となった．当時の研究や工業化の成功は戦後の有機化学工業，石油化学工業の礎になったとされる一方で，欧米企業による先端的な技術情報と隔絶されたため，技術的には停滞を余儀なくされた．戦後の技術的なキャッチアップは，占領軍が日本国内に持ち込んだ製品や，GHQによって都立図書館に開設されたリーディングルームの技術文献が大きな役割を果たしたとされている（日本化学工業協会1998）.

　当時の研究開発活動の中心は生産技術の確立であったことから，研究機能と生産機能は分離しておらず，研究活動は組織的にも立地としても工場内が中心であった．

## 2.2　拡大期（戦後～1970年）

　戦後復興期を経ると，1960年代からは石油化学工業が主体となった．石油化学事業への進出に際しては，多くの企業が欧米諸国からの技術導入を行った．しかしながら，技術導入による事業進出は高額のロイヤリティが発生し，

貿易自由化の中で他社との差別化も困難であることから，国際競争力の向上を図って自社技術の開発が進められるようになった．このような背景から各社において研究開発体制の強化が行われ，中央研究所の建設ブームも起こった（日本化学工業協会 1998）．特に化学産業は，食品，電気機械工業とともにブームを牽引した（沢井 2006）．

中央研究所は組織として独立していただけではなく，立地としても従来の工場内とは異なり，大都市圏の郊外など独立した研究環境が重視される傾向があった．

## 2.3 立地再編期 (1970 ～ 1990 年代)

戦後，立地及び設備の拡大期を迎えた素材型の化学産業であったが，1970年代以降，石油危機などの影響で構造不況に陥り，1980年代に特定産業構造改善臨時措置法（産構法）に基づいた過剰設備の処理が行われた．この際，複数センター体制から1センターへの基礎製品，汎用樹脂の集約，中心センターへの誘導品の集約というように，高度成長期に拡張していた新しい設備への生産の集約が進み，企業内市場分割型立地体系から製品分担体制へと変化した．具体的には，瀬戸内地域における先発コンビナートの縮小と大都市圏コンビナートへの集約化が進行した（富樫 1986）．

また1990年代の石油化学工業の立地再編を分析した杉浦（2001）は，グローバル化の進展と欧米での激しい産業再編などを背景とした主要企業の合併，誘導品部門の事業統合・事業提携などが進んだが，過剰な設備の廃棄や集約にあたって，工場の最適配置を維持することを前提とした合併・提携が行われたことを指摘している．結果として，高度成長期に形成された輸送費の観点からの東西立地の原則が1990年代も保たれた．当時の大規模な合併としては，1994年の三菱化学（三菱油化と三菱化成）や，1997年の三井化学（三井東圧化学と三井石油化学）などがあげられる．以上のような企業の合併・事業提携などによる合理化は，合併・事業提携先との研究テーマの重複の解消など，研究開発機能の再編にも関係してきた．

その一方で，1980年代は製造業全体でエレクトロニクス，新素材，バイオ

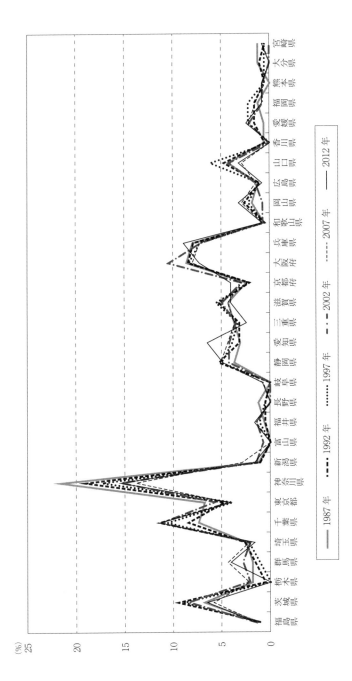

図 3-6 主要化学企業における研究所立地点の変化（1987〜2012年）

出所：『石油化学工業の歩み』各年版より筆者作成.

テクノロジーなどの先端技術に対する期待が高まり，企業における基礎研究
の必要性が重視されるようになった．特に1980年代後半には基礎研究所の
設立ブームが生じ，生産拠点から分離した独立研究所の設置が相次いだ．特
に国立研究所が集積する筑波研究学園都市への立地は顕著であり，多くの化
学企業が研究所を新設した（産業タイムズ社 1988）．

　化学企業の研究開発拠点の立地については，富樫（1990）が全体として首
都圏に集中する傾向にあると指摘しているものの，1990年代以降の立地動向，
また研究開発組織の再編についてはあまり明らかにされていない．そこで
1980年代後半以降の研究所の立地，研究開発機能の配置について分析してい
く[6]．

　図3-6は，石油化学工業協会による『化学工業のあゆみ』1987年度版から
2012年度版を基に，主要企業の研究拠点の分布状況を都道府県ごとに割合で
示したものである．主要企業約70社における研究所の立地点の数に基づい
ているため，同一敷地内に複数の研究所が立地している場合も1地点としてい
いる．

　まず1987年を見てみると，神奈川県に20％以上集中しているのに対し，
他県は10％以下であった．特に複数の研究拠点を持つ場合，神奈川県に1カ
所は拠点を設けている企業が多くなっていた．1987年から1992年にかけて
の変化を見てみると，茨城県の割合が大幅に上昇しているのがわかる．これ
は前述したように筑波における研究所の新設ラッシュが主要因である．1992
年から1997年はあまり大きな変化が見られないが，1990年代にかけて神奈
川県の割合が20％以上から15％程度に低下する一方で，千葉県，愛知県，
大阪府などの割合が相対的に上昇している．

---

　6）　民間研究所の立地を把握するにあたっては，先行研究において主に①『全国試験研
　　究機関名鑑』（科学技術庁監修），②工業立地動向調査（経済産業省），が用いられて
　　いる．①は民間企業の研究所のデータをストックベースでまとめているものだが，ア
　　ンケート調査によるものであるため，企業によって開示情報には差がある．②は，
　　1,000 m² 以上の用地を新規に取得したものに限られる．以上の理由により，本書では
　　他の資料を用いて分析を行った．

## 2.4 グローバル化期（2000 ～ 2010 年代）

まず，前出の図 3-6 から，2000 年代以降の国内における研究所立地の特徴を見ておく．最も割合の高かった神奈川県が 15％に低下しているのに対し，愛知県や兵庫県，岡山県などで伸びが見られた．千葉県も 10％以上まで上昇するが，その後はあまり変化がなかった．また，1980 年代に筑波への研究所の新設によって割合を上昇させた茨城県や，石油化学コンビナートで知られる山口県で，割合を低下させてきている点も注目に値する．

図 3-7 は主要化学企業について，各社ウェブサイトにおいて研究所として示されていた拠点を収集し，地図化したものである．首都圏と近畿圏に研究所の集積が見られる点は，これまでの分析結果と同様である．また，東京湾，伊勢湾，大阪湾，瀬戸内海沿岸といった石油化学企業の生産拠点が立地する地域にも，研究所が多く立地している．

一方 2000 年代に入ると，国内のみならず，海外においても研究開発機能を付与される拠点，買収によって同機能を獲得した拠点が増加し始める．表 3-2 は日本企業の海外法人のうち，研究開発活動を行っていると考えられる拠点の数を地域別に示したものである[7]．

これを見ると，まず 1987 年度の化学企業の進出状況に関しては，アメリカ合衆国に進出している企業がやや多いものの，件数として非常に少ない．1995 年度の進出状況について見てみると，ヨーロッパ諸国への進出件数が増加している．これは特に花王が西ドイツのゴールドウェル社を 1989 年に買収したことにより，ヨーロッパ内での拠点数を大幅に増加させたことが大きい．ただし，ゴールドウェル社の事業は消費者向けのヘア製品に関するものであり，本書の関心である素材型の化学産業の動向はあまり反映されていないだろう．しかしながら，本書の第 7 章でも取り上げる DIC（旧大日本インキ化学）が 1995 年にドイツのベルリンで基礎研究を，1996 年に中国の青島で

---

7）研究開発拠点の抽出方法は，上野ほか（2008）に基づき行った．この基準では，進出の目的として「開発」を選択しているものを含んでおり，「開発」の詳細には研究開発の他に商品の企画も含まれているため，一般的な研究開発よりもやや広い範囲の現地法人が抽出されている可能性がある．

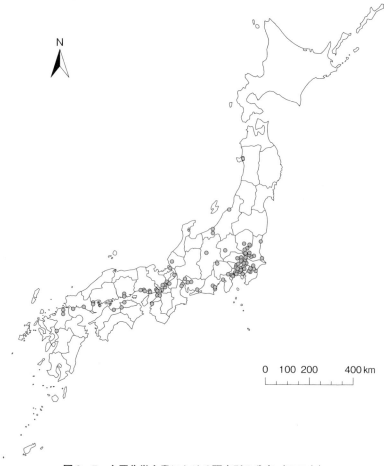

**図3-7 主要化学企業における研究所の分布（2012年）**
出所：各社ウェブサイトより筆者作成．

汎用樹脂の研究開発を行う現地法人をそれぞれ設立していた．

最後に2008年度の進出状況を見てみると，アメリカ合衆国が最も多く，2007年には三菱レイヨンと日東電工による機能膜製品などの研究開発拠点がカリフォルニア州に新設されている．また最も顕著な変化は，中国現地法人の増加である．さらに中国以外のアジア諸国に関しても，1996年にはマレーシアに住友化学のアジアパシフィックR＆Dセンターが立地するなど，研

表3-2　化学企業における地域別海外進出状況
（研究開発機能を持つ拠点）

| 国・地域 | 1987 年 | 1995 年 | 2008 年 |
|---|---|---|---|
| アメリカ | 5 | 9 | 16 |
| カナダ | 0 | 3 | 0 |
| イギリス | 0 | 2 | 2 |
| イタリア | 1 | 2 | 1 |
| ドイツ | 0 | 8 | 3 |
| フランス | 0 | 11 | 3 |
| その他欧州 | 0 | 11 | 2 |
| 韓国 | 0 | 1 | 3 |
| 台湾 | 1 | 5 | 2 |
| タイ | 0 | 3 | 3 |
| 中国 | 0 | 7 | 19 |
| マレーシア | 0 | 3 | 4 |
| その他アジア | 3 | 11 | 8 |
| 中南米 | 0 | 1 | 2 |
| オセアニア | 0 | 4 | 1 |
| アフリカ | 0 | 1 | 0 |

注：事業内容に「研究」または「開発」の記載がある現地法人を
抽出した.
出所：東洋経済新報社『海外進出企業総覧』各年版より筆者作成.

究開発機能の進出が見られる．この点は，新興国に関して，中国やインドに
研究開発投資が集中している欧米企業と，その他の国にも投資が分散してい
る日本企業との差異であると指摘されている（佐々木 2006）.

　以上，日本の化学企業における研究開発機能について，他の業種と比較し
ながら，研究開発支出や研究者の分布，研究所の立地変化のマクロ的な特徴
を見てきた．研究所の役割や変化，地域的な特徴などについてはデータ化す
ることが難しく，十分な分析はできていない．これらの問題点を踏まえ，次
章以降では，事例企業についてより詳細な分析を行っていく.

## 3.　事例企業の概要

　次章以降では，第Ⅱ部として，事例分析の対象とする日系化学企業 9 社に
ついて，研究開発機能の空間的分業の形成過程と，その形成要因について明

88　第Ⅰ部　研究開発機能の分析理論と化学産業における動向

## 表3-3　事例企業9社の概要

### ①財閥系総合化学

| 企業名 | 住友化学 | | 三井化学 | | 三菱化学 | |
|---|---|---|---|---|---|---|
| 売上高<br>(2013年度・億円) | 18,250 | | 15,660 | | 21,596 | |
| 事業分野別<br>売上高の割合<br>(2013年度・%) | 基礎化学 | 16 | 基礎化学品 | 35 | 基礎化学品 | 35 |
| | 石油化学 | 44 | 石化 | 24 | ポリマー | 25 |
| | 情報電子化学 | 20 | ウレタン | 11 | 情報電子 | 6 |
| | 健康・農業関連事業 | 18 | 機能樹脂 | 11 | 情報化学・電池 | 10 |
| | その他 | 2 | 機能化学 | 12 | 炭素 | 10 |
| | | | フィルム・シート | 5 | ヘルスケア | 5 |
| | | | その他 | 2 | その他 | 9 |
| 海外売上比率<br>(2013年度) | 57.6% | | 44.6% | | 約40% | |
| 研究開発費<br>／売上高<br>(2013年度) | 3.7% | | 2.1% | | 1.6% | |
| 創業地 | 新居浜 | | 大牟田・岩国 | | 黒崎・四日市 | |

### ②繊維系化学

| 企業名 | 帝人 | | 東レ | | クラレ | |
|---|---|---|---|---|---|---|
| 売上高<br>(2013年度・億円) | 7,844 | | 18,378 | | 4,405 | |
| 事業分野別<br>売上高の割合<br>(2013年度・%) | 高機能繊維複合材料 | 15 | 繊維 | 41 | ビニルアセテート | 36 |
| | 電子材料・化成品 | 23 | プラスチック・ケミカル | 26 | イソプレン | 10 |
| | ヘルスケア | 18 | 情報通信材料・機器 | 13 | 機能材料 | 10 |
| | 製品 | 32 | 炭素繊維複合材料 | 6 | 繊維 | 9 |
| | その他 | 11 | 環境エンジニアリング | 10 | トレーディング | 22 |
| | | | ライフサイエンス | 3 | その他 | 13 |
| | | | その他 | 1 | | |
| 海外売上比率<br>(2013年度) | 約40% | | 50.0% | | 55.0% | |
| 研究開発費<br>／売上高<br>(2013年度) | 4.1% | | 3.0% | | 3.9% | |
| 創業地 | 米沢 | | 大津 | | 倉敷 | |

### ③機能性化学

| 企業名 | 電気化学 | | 昭和電工 | | ＪＳＲ | |
|---|---|---|---|---|---|---|
| 売上高<br>(2013年度・億円) | 3,768 | | 8,481 | | 3,943 | |
| 事業分野別<br>売上高の割合<br>(2013年度・%) | エラストマー機能樹脂 | 44 | 石油化学 | 32 | エラストマー | 51 |
| | インフラ・無機材料 | 13 | 化学品 | 15 | 合成樹脂 | 15 |
| | 電子・先端プロダクツ | 11 | エレクトロニクス | 15 | 半導体 | 13 |
| | 生活・環境プロダクツ | 21 | 無機 | 8 | ディスプレイ材料 | 16 |
| | その他 | 11 | アルミニウム | 10 | 戦略事業その他 | 5 |
| | | | その他 | 20 | | |
| 海外売上比率<br>(2013年度) | 約30% | | — | | 約50% | |
| 研究開発費<br>／売上高<br>(2013年度) | 2.9% | | 2.4% | | 5.3% | |
| 創業地 | 大牟田 | | 清海 | | 四日市 | |

出所：各社の有価証券報告書より筆者作成.

らかにする．これらの事例企業に対して，研究開発組織の歴史的変遷，研究
開発拠点の立地変化についての資料分析，データの利用可能であった一部の
企業については特許分析を行い，さらに各社の研究開発部門に対する聞き取
り調査を行った（表3-3）.

　事例企業は，①旧財閥系総合化学企業，②繊維系化学企業，③機能性化学
企業に分類している．こうした分類を行った理由は，事例企業は化学企業で
あるという点は共通しているものの，創業の経緯や事業構造，多角化の方向
性などにおいて異なる部分も多く，類似した特徴を持つ企業群の中での比較
を行うことで，より明確に空間的な分業体制が形成された要因に対する説明
を得られると考えたためである．

　まず①に関しては，売上高は国内で有数であるが，世界的な総合化学企業
としては中規模であるとされている企業群である．いずれも石油化学事業に
早くから進出し，1970年代以降を中心に多角化を進めてきた．さらに，バブ
ル崩壊後は事業の選択と集中を行ったほか，住友を除き大型合併を経験し，
事業所の再編も行われた．こうした特徴を踏まえ，企業の組織再編と立地履
歴という観点から，研究開発機能の空間的分業について事例の分析を行う．

　次の②については，祖業である繊維事業の衰退により，化学関連事業への
多角化を推し進めてきたという経緯を持つ企業群である．それぞれ技術的な
系譜は繊維事業からなり，近年では欧米の競合企業が少ないことから，繊維
事業に関しても強みを見せている．各企業には，特徴的な経営者が存在して
おり，事業の方向性だけでなく，研究開発機能の分業体制に多大な影響を及
ぼしていた．そこで経営者と企業文化といった企業の組織に関わる観点を軸
に，事例を分析する．

　最後の③は，設立の経緯は異なるものの，既存の技術蓄積を生かしながら，
グローバルに高シェアを持つ製品の開発に注力してきた企業群である．これ
らの企業は，創業時や初期からの事業で培ってきた技術蓄積を活かしながら，
顧客企業との親密な関係を築き，新規分野を開拓してきた．こうした技術蓄
積と研究開発機能の空間的分業との関係に着目し，技術軌道という概念を用
いて，各社の事例を分析していく．

# 第Ⅱ部

## 企業における研究開発活動とグローバル化

# 第 4 章

# 旧財閥系総合化学企業の組織再編と研究開発

## 1. 化学産業の組織再編

　化学産業においては，事業や企業の買収・合併による大規模な組織再編，及びそれに伴う立地再編が進められてきた．1990 年代以降，欧米企業を中心とした組織再編による合理化が展開され，日本においても同様の動きが見られた（石油化学工業協会 2008）．組織構造や，その中での研究開発組織のありようは，企業によるイノベーションの分析において重要な観点となる（Dougherty 1992, Shefer and Frenkel 2005 など）．またこうした再編には，中国に代表される新興地域への進出を企図した，企業競争力の強化といった側面も強い．本国での市場規模の縮小を免れない日本の化学企業は，化学産業における国際的な空間的分業の変化に直面しているといえる．

　複数の事業を持つ企業の研究開発組織は，①製品の事業部または本体から分社化されたカンパニーに属し，事業やカンパニーごとに分割された組織（縦のつながり・「縦串」を重視した組織），②事業部から独立した，本社（コーポレート）直轄の組織（いくつかの事業に跨る横のつながり・「横串」を重視した組織）とに大きく分けられる．どのような組織形態をとるかは，企業によって異なるが，そうした差異が研究開発機能の立地や空間的分業にどのような影響を与えているかを明らかにする必要がある．その際，立地分析にあたっては，企業組織の再編と研究開発機能の立地履歴[1]との関係に注目したい．また，

---

　1)　ここでの立地履歴は，松原（2009）において指摘されている「組織の慣性」や「立地の慣性」といった観点を踏まえ，過去の組織や立地の形態に影響されてきたものとして現在の空間的分業をとらえる意図で用いている．すなわち，過去の事実や経緯だ

94　第Ⅱ部　企業における研究開発活動とグローバル化

空間的分業の検討にあたっては，生産機能とは異なる研究開発機能の特性を考慮して，知識フロー[2]に焦点を合わせたい．

　具体的な分析では，旧財閥系総合化学企業 3 社の住友化学，三井化学，三菱化学を対象とする．これらの 3 社は，戦前の石炭化学から戦後の石油化学への進出，その後の多角化や業界再編を経てきた，日本の化学産業における代表的な企業である．また，日本企業の中では規模も大きく，多角的な研究開発活動を展開してきた企業群である．その一方で，欧米の大手化学企業と比較すると，事業や研究開発の規模が小さい．そのため今日では，事業構造の転換とグローバル化を迫られており，こうした点においても，分析に適した事例であるといえる．


# 2. 旧財閥系総合化学企業 3 社の立地履歴


## 2.1　旧財閥系総合化学企業 3 社の変遷


### 2.1.1　創業からの事業展開と戦後復興[3]

　日本の近代化学産業は，合成アンモニアの工業化が基礎であった（日本化

---

けでなく，現在における履歴効果も含めた立地の概念として定義している．研究開発機能における立地履歴の解明にあたっては，社史や新聞記事の分析に加え，聞き取り調査が重要となる．本章執筆にあたっては，2012 年 5 月から 10 月にかけて，また 2013 年 10 月に調査を行った．

2)　本章のように，特許の共同出願や引用を知識フローとしてとらえ，発明者の個人データを基に組織間や拠点間の関係性を分析した研究としては，水野（2001）や Nerkar and Paruchuri（2005）があげられる．このような特許を用いた手法では，研究開発プロセスにおいて特許を出願する段階の知識フローに限定される．また，事業分野によって特許出願の性格が異なるほか，企業によって発明者所在地の正確さが異なるため，単純な比較は難しい．このような制約はあるものの，特許は企業における研究開発活動の成果指標として一般的に用いられており，分析対象として適切であるといえる．特許データを地理学研究で用いる意義について，より詳しくは水野（2001, 22-23 頁）を参照．

3)　以下の記述は，引用がない場合，住友化学は住友化学工業株式会社（1981），住友化学工業株式会社（1997），三井化学は三井石油化学工業株式会社社史編纂室（1988），

学工業協会 1998, 6-7 頁). このような背景から, 住友化学の前身となる住友肥料製造所は愛媛県の旧新居浜郡で 1913 年, 三井化学の前身となる東洋高圧工業は福岡県の大牟田市で 1933 年, 三菱化学の前身となる日本タール工業は福岡県の旧八幡市で 1934 年に, それぞれ操業を開始した. また後に東洋高圧工業と合併する三井化学工業は, 1941 年に三井鉱山三池染料鉱業所から化学部門が分離され, コークス, コールタール, フェノールなどの事業を引き継いで設立された.

戦時期に入ると, それぞれの財閥ごとに組織的な変化があった. 住友化学工業 (1934 年に商号変更. 以下, 住友化学) に関しては, 1944 年に日本染料製造を合併し, 染料, 医薬品部門に進出した. また三菱財閥内では, 日本化成工業と商号変更された事業会社が旭硝子と合併し, 1944 年に三菱化成工業となった. しかしながら, 終戦後は財閥解体の影響を受け, 特に三菱化成工業は, 繊維事業の新光レイヨンと硝子部門の旭硝子が再び分離し, 化学部門は日本化成工業 (1952 年に三菱化成工業となる. 以下, 三菱化成) として再発足した.

戦後の復興期に関しては, 化学繊維と化学肥料の生産が化学工業の軸となったが, 旧財閥の各社は, 後者について特に重要な役割を果たした. また1940 年代末から 1950 年代前半には, 塩化ビニル樹脂などの, 有機合成分野へ業容の拡大を進めていった.

## 2.1.2 石油化学の国産化と生産の拡大

戦後の高度経済成長期になると, 石油化学工業における国産化の機運が高まり, 各旧財閥において, 石油化学事業が開始された. まず旧三井財閥中心の共同出資により, 1955 年に三井石油化学工業が設立され, 山口県岩国市にエチレンプラントを設置した. 続いて旧三菱財閥内では, アメリカのシェルグループとの提携によって三菱油化が設立され, 三重県四日市市において,

---

三井東圧化学株式会社社史編纂委員会 (1994), 三菱化学は三菱化成工業株式会社 (1981), 三菱油化株式会社 30 周年記念事業委員会 (1988) に依っている. それぞれの前身企業についても同様である.

石油化学事業が開始された. また他の旧2財閥より少し遅れ, 住友化学も, 1958年に新居浜市で石油化学事業を開始した. 旧住友財閥のみ, 一業一社の原則から, 事業会社が新設されなかった点が特徴的である[4].

その後, 石油化学工業は拡大を続け, 大規模なコンビナートが各地に新設されるとともに, 設備も大型化していった. 1964年には, 旧三菱財閥内の三菱化成も, 倉敷市水島の拠点 (以下, 水島) においてエチレン生産を始めた. さらに1967年には, 住友化学と三井石油化学が千葉県市原市と袖ケ浦市の拠点で, 1971年には三菱油化が茨城県神栖市の拠点 (以下, 鹿島) において, それぞれエチレンの生産を拡大した.

また, 組織の拡大も進められ, 三井化学工業は1962年に三池合成工業と, 1968年には東洋高圧工業とそれぞれ合併し, 三井東圧化学が設立された[5].

### 2.1.3 石油危機による戦略転換と組織再編

石油化学事業を中心に拡大を続けてきた旧財閥3社であったが, 1970年代における2度の石油危機を経ると, 経営環境は一変した. 1970年代後半から1980年代にかけては, 過剰設備の合理化・効率化が掲げられ, 業界再編の必要性が生じた[6].

こうした汎用製品の一部地域への集約と大規模化を行う一方で, 高付加価値製品を生み出すことが課題となり, ファインケミカルへの指向が明確にな

---

4) 住友の一業一社の原則については,「このような経営体質は, 三井, 三菱の両グループとは対照的に, 石油化学企業化に際して住友グループが企業を新設せず, 住友化学自身が石油化学に進出したという点に端的に示されている. その背景には, 戦前の住友財閥以来の『一業一社』という不文律があった.」(工藤 2011, 220頁) と言及されている.

5) 合併前の三井化学工業, 東洋高圧工業はそれぞれ研究開発の歴史があり, 両社の間に研究開発の進め方における違いがあった. 具体的には, 旧三井化学工業は有機合成化学を中心としたファインケミカル事業が中心であったことから, 研究開発は分散管理型であった. これに対し旧東洋高圧工業は, 高圧下での触媒を使用した反応技術を主体としていたため, 研究開発は集中管理型であった. これらの統合を図るため, 1983年に新規製品の開発を主体とする全社的な指針が設定された (三井東圧化学株式会社社史編纂委員会 1994, 724頁).

6) 当時の石油化学工業の再編成とコンビナートの全国的な立地変動については, 82頁を参照.

った．1970 年代初頭には，住友化学において農・医薬部門の拡充が行われた
ほか，三菱化成は 1971 年に三菱化成生命科学研究所を設立し，生命科学を
積極的に活用した研究開発に重点が置かれた．また同年には，三菱油化が三
菱油化薬品，三井東圧化学が三井製薬を設立するなど，ライフサイエンスの
活用や，医薬品などへの積極的な参入が見られた．これらの動きを背景とし
て，1980 年以降，事例企業を含んだ化学企業における研究開発投資が急増し
ていった（日本化学工業協会 1998，214 頁）．

　しかしながら，バブル崩壊後の 1990 年代になると，他産業と同様に，化
学企業においても大幅な収益の悪化が見られた．また同時期には，市場のグ
ローバル化も本格化し，事業構造の転換や統合が進められた[7]．さらに，特
定分野に注力してきた「機能性化学企業」との収益の差が顕著に見られ始め
たことから，総合化学企業として先端分野を中心に行ってきた，多角的な研
究開発投資は，見直しを余儀なくされた（島本 2009）．

　このような背景から，事例企業において，2 つの大型合併があった．まず
1994 年に，三菱化成と三菱油化が合併し，三菱化学が設立された．さらに
1997 年には，三井東圧化学と三井石油化学工業が合併し，三井化学が発足し
た．住友化学については，2000 年代初頭に三井化学との合併交渉が進められ
たものの，実現には至らなかった．

## 2.1.4　事業の再構築と異なる戦略的展開

　2000 年代になると，石油原料の豊富な中国や中東の企業が台頭してきたこ
とから，世界的な競争が激化し，さらなる事業構造の転換が迫られた．各社
の動向をまとめてみると，まず住友化学については，石油化学品の割合が，
他の 2 社と比較して大きいことが特徴的である（表 4-1）．とりわけ，1980 年
代に進出したシンガポールと，2010 年代に新たに進出したサウジアラビアに
大規模な石化プラントがあり，農薬事業においてもグローバルに事業を展開

---

　7）　例として，三井化学は 1995 年に宇部興産とポリプロピレン事業を統合し，グラン
　　　ドポリマーを設立して重複していた機能の整理が図られ，研究開発機能の合理化も行
　　　われた（『日経産業新聞』1995 年 4 月 2 日）．

98　第Ⅱ部　企業における研究開発活動とグローバル化

**表 4 - 1　事例企業 3 社の概要**

| | 住友化学 | | 三井化学 | | 三菱化学 | |
|---|---|---|---|---|---|---|
| 連結売上高<br>(2011 年度・億円) | 19,479 | | 14,540 | | 20,809 | |
| 事業別売上高<br>構成比（％） | 基礎化学品<br>石油化学<br>情報電子化学<br>健康・農業関連事業<br>医薬品<br>その他 | 15<br>35<br>15<br>14<br>20<br>1 | 基礎化学品<br>石油化学<br>ウレタン<br>機能性樹脂<br>加工品<br>機能化学品<br>その他 | 33<br>32<br>9<br>8<br>9<br>8<br>1 | 基礎化学品<br>ポリマー<br>情報電子<br>機能化学・電池<br>炭素<br>ヘルスケア<br>その他 | 36<br>22<br>6<br>8<br>13<br>5<br>10 |
| 海外売上比率<br>(2011 年度) | 51.8% | | 41.7% | | 31.0% | |
| R & D 費／売上高<br>(2011 年度) | 6.3% | | 2.3% | | 1.8% | |
| 創業地 | 新居浜 | | 大牟田（東洋高圧工業）<br>岩国（三井石油化学） | | 黒崎（三菱化成）<br>四日市（三菱油化） | |
| 研究開発投資額の<br>多い製品 | フィルム材料，電池，農<br>薬 | | フィルム材料，機能樹脂，<br>機能化学品 | | 情報電子材料，機能化<br>学品，電池 | |
| 研究開発組織 | 事業別 | | 機能別 | | 機能別 | |

注：住友化学における連結売上高の構成比については医薬品事業も割合が大きく，R & D 費／売上高も他の 2 社
　と比較して高くなっているが，これは連結子会社である大日本住友製薬によるものである．同社は 2005 年に大
　日本製薬が住友製薬を吸収合併して誕生した企業であり，医薬品事業は研究投資額が突出して高いなど性質も異
　なることから，他の 2 社との比較に重点を置くため，本章では分析の対象としていない．ゆえに研究開発投資額
　の多い製品にも含んでいない．
出所：各社有価証券報告書及び聞き取り調査より筆者作成．

　　していることから，海外売上比率が高くなっている．その一方で，2015 年に
は千葉工場で行っていたエチレンの生産設備を停止し，自社単独での国内エ
チレン生産から撤退した．
　　研究開発の方針としては，「創造的ハイブリッドケミストリー」という戦
略を掲げている．ここでは，触媒設計，精密加工，有・高分子材料機能設計，
無機材料機能設計，デバイス設計，生体メカニズム解析をコア技術とし，こ
れらの技術の深化や基盤技術の充実と，社内外の異分野技術の融合を目標と
している．
　　次に三井化学を見てみると，2010 年代においても，石油化学や基礎化学品
の割合が高くなっている．これは，石化事業を中心とし，比較的業績の良か

った三井石油化学が，厳しい経営環境に置かれた三井東圧化学を救済するような形で合併したという背景がある．その一方で元来，機能化学品に対しての強みについて，あまり目立つものがなかったと指摘されている（橘川・平野 2011，230頁）．

三井化学では，触媒科学[8]に重点を置きながら，農業やヘルスケアといった重点分野の開発テーマに研究開発資源を集中させている．ただし，2000年代後半から2010年代初頭までの業績は振るわず，2013年度を境に原料安などを受けて業績は回復してきているものの，今後どの事業で強みを発揮していくかを定める正念場を迎えている．

最後に，三菱化学についての大きな変化として，2005年にグループ内の化学関連事業会社が合併し，三菱ケミカルホールディングスを結成したことがある．同ホールディングスには，事業会社として，同社と田辺三菱製薬，三菱樹脂，三菱レイヨンが傘下となっており，グループ内での協力関係も見られる[9]．

事業構造を見てみると，基礎化学品や炭素，ポリマーなどの素材分野とともに，情報電子素材や機能化学品などの高付加価値分野の事業の割合も比較的高くなっている．機能製品に関しては，DVD素材や医薬品などが強みを持っているが，採算の悪化している石油化学事業の影響は大きく，全体の収益性はあまり高くない．そのため，汎用製品の生産については事業の整理，縮小を一段と進めており，2012年には鹿島事業所におけるエチレンプラントの一つを停止している．一方で，企業買収を進めるなど[10]，高収益分野への積極的な投資によって事業の多角化を推進している．

---

8) 三井化学では，石油化学を中心とした化学製品への応用範囲の広い触媒科学を重視しており，同分野に関する国際シンポジウムを開催しているほか，「三井化学触媒科学賞」を制定するなど，積極的な取り組みを行っている．

9) 三菱化学科学技術研究所での聞き取り調査による．さらに2017年4月には，三菱化学，三菱樹脂，三菱レイヨンが統合し，三菱ケミカルという統合会社になった．三菱ケミカルは，三菱ケミカルホールディングスの傘下に入っている．本章では，統合前の事業会社であった三菱化学のみを取り上げている．

10) 直近の事例をあげると，ベルギー Tessenderlo Group の樹脂コンパウンド事業（三菱化学ニュースリリース2013年2月27日）や，2013年4月における北米 Comtrex, LLC 社の塩ビコンパウンド事業（三菱化学ニュースリリース2013年4月22日）の買収などがある．

100　第Ⅱ部　企業における研究開発活動とグローバル化

　以上のように，住友化学，三井化学，三菱化学の３社は，戦前から業容を
拡大してきた．また，複数拠点において研究開発活動を行いながら，高付加
価値化を志向するなど，類似した軌跡を辿りながらも，近年においては，そ
れぞれ異なる事業構造，グローバル化の方向性を示している．1990年代に大
規模な合併を行った三井化学，三菱化学両社に対し，住友化学は大きな組織
的な変化を経験していない点も特徴的であった．研究開発組織についても，
住友化学の研究開発組織が事業別に独立している傾向が強いのに対し，三井
化学と三菱化学については，事業部内の研究開発組織を含めた，研究開発機
能としての統括組織を設置している．こうした背景を踏まえ，３社における
研究開発機能の空間的分業を見ていく．

## 2.2　事例企業3社における研究開発の立地履歴

### 2.2.1　住友化学 [11]

　住友化学の前身となる住友肥料製造所は，1934年に創業拠点である新居浜
市の拠点（以下，新居浜）に研究課を設置し，組織的な研究開発活動を開始し
た．戦時中の1944年には，日本染料製造株式会社と合併し，同社の大阪市
春日出における生産及び研究設備（以下，春日出）を引き継いだため，新居浜
では肥料，春日出では染料関係といった各拠点で製品ごとの分業が行われ始
めた．さらに1950年代以降の石油化学事業への進出，業容の拡大と多角化
の推進に伴い，1965年には高槻市に中央研究所（以下，高槻）を新設した．
高槻は同社において初めて，生産拠点を併設しない独立した研究所であった．
また1970年代になると，利益率の高い製薬・農薬部門の拡充から宝塚市に
研究所（以下，宝塚）を設置し，その規模を徐々に拡大させていった．
　一方，２度の石油危機を経た1982年になると，袖ケ浦市のプラントにお
ける研究部が研究所（以下，袖ケ浦）に昇格し，1983年に新居浜でエチレン
プラントが停止したこともあり，石油化学部門の研究所として確立された．

---

11)　注3に同じ．また以下，市町村を付さない地名は，工場・事業所・研究開発拠点を
　　指す．

さらに1989年にはつくば市に新素材分野の研究所（以下，筑波）を新設し，関西地方の既存研究所から，一部の機能を集約した．これによって，西日本に集中していた研究開発機能が一部東日本へシフトしていった．一方，高槻では，機能の縮小が進められていたが，周辺の都市化の影響もあり，同研究所は2003年に閉鎖された．

2012年時点における住友化学の主な研究開発拠点は，新居浜，春日出，宝塚，袖ケ浦，筑波であり，それぞれに事業部門の研究所とコーポレートの研究所が分散した立地となっている（図4-1a）．基礎化学品研究所や情報電子化学品などは，複数の事業所に跨っている点が特徴的である．また各拠点の研究員数に大きな偏りがなく，主要拠点ごとに200人から500人程度の人員が分散している．全社的に研究開発機能を統括する組織がないこともあり，研究所間の人材の異動はあまり頻繁ではないとされている[12]．

## 2.2.2 三井化学

三井化学の研究開発活動は，前身企業の一つである東洋高圧工業の創業地，大牟田市の事業所（以下，大牟田）で始められた．一方，同じく前身企業の一つである三井化学工業については，旧財閥内の三井鉱山から引き継いだ東京都目黒区の研究所（以下，目黒）で研究活動を開始した．1950年代半ばになると，石油化学事業への進出を契機に設立された，三井石油化学工業の岩国市における事業所（以下，岩国）に研究課が設置され，同事業関連の研究開発活動が担われるようになった．東洋高圧工業についても，1960年代初頭に神奈川県の茅ヶ崎市や大船駅付近における各生産拠点に新たな研究所（以下，それぞれ茅ヶ崎，大船）を設置し，多角化を目指した研究開発活動が推進された．

1970年代の石油危機を経ると，袖ケ浦市[13]や市原市など，千葉県を中心

---

12) 住友化学本社への聞き取り調査による．

13) この研究拠点は，事業多角化の基盤となる新規事業分野における研究開発の戦略拠点として設けられた．より具体的には，基礎研究から商業生産までを一貫して行うことを目的とし，オプトエレクトロニクス，電子材料，先端複合材，バイオテクノロジーなどの高度先端技術分野を幅広く対象とする「超石油化学の拠点」と位置付けられ

102　第Ⅱ部　企業における研究開発活動とグローバル化

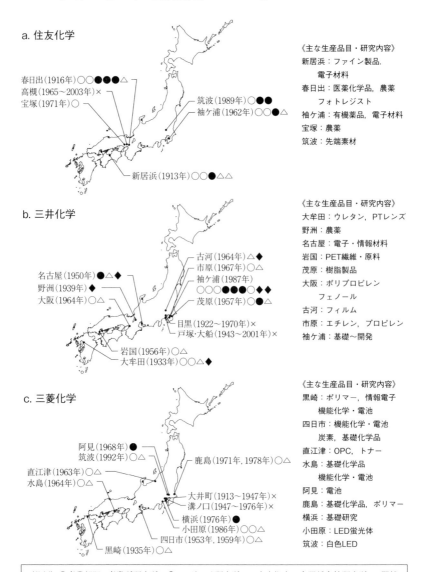

図4-1　事例企業3社における研究開発機能の立地履歴と現状

注：（　）内は拠点開設～閉鎖年．2つの記載がある場合は，合併前の前身企業がそれぞれ拠点を開設した年次を示している．事業部門・事業所研究所は，事業所の生産品目に関する研究及び事業部に所属する研究部門を設置している拠点を，コーポレート研究所は，全社的な研究を行う拠点を指している．
出典：各社資料，社史，新聞記事，聞き取り調査より筆者作成．

とした首都圏地域に新たな研究拠点（以下，それぞれ袖ケ浦，市原）が設置された．石油化学事業に関しては，既存の中核拠点であった岩国から一部機能が袖ケ浦へ集約されるなど，拠点間の分業関係に大きな変化が見られ始めた．

さらに，三井東圧化学と三井石油化学工業が合併した1997年以降，分社化，閉鎖，人員の削減などによる機能の集約が段階的に行われた．三井東圧化学の中核拠点であった大船は閉鎖されるとともに，西日本の大牟田や岩国などの研究機能も縮小され，それぞれ袖ケ浦に集約された[14]．

2012年時点における，三井化学の研究開発拠点では，袖ケ浦が最大であり，研究及び開発機能，さらに連結子会社の研究開発機能も立地する1,000人規模の研究センターとなっている（図4-1b）．市原，茂原市の拠点（以下，茂原）にもそれぞれ研究所や開発センターが設けられており，千葉県内に集中しているといえる．また，大牟田に開発機能や連結子会社の研究開発人員が配置されているほか，名古屋市の拠点（以下，名古屋）には，全社組織である新材料開発センターが設置されている．これらの研究機能全体を統括する組織として，2011年にR & D戦略室が本社に設けられ，企業内の組織間を「横串」にしようという動きが見られる．

---

た（『日経産業新聞』1987年10月15日）．

14) 両社の研究拠点を合わせると，1998年時には北海道砂川市，千葉県茂原市，同市原市，名古屋市，大阪府高石市，山口県和木町，同下関市，福岡県大牟田市の8工場と，横浜市，袖ケ浦市の10カ所に分散していた．これらの研究拠点について，二段階に分けて5カ所に集約する方針が示された（『日経産業新聞』1998年9月29日）．まず2001年までの第1段階では，1,456人いた研究開発部門の人員を，1,350人まで削減する計画がなされた．また2000年に下関と砂川の工場が分社化されてそれぞれの研究所は閉鎖し，2001年には三井東圧化学の中心的な研究拠点であった大船の総合研究所を閉鎖して袖ケ浦に集約した（三井化学経営概況2000年5月22日）．次の第2段階では，名古屋，市原における研究人員の袖ケ浦への集約が図られていたが，設備などの関係上（三井化学本社での聞き取り調査による），両拠点とも残された．計画が終了した2003年時には，生産技術研究所に属する大牟田，岩国，高石の3拠点と，名古屋の拠点が存続していた．さらに，袖ケ浦を中心とした市原と茂原の3拠点は，三井リサーチトライアングルとされ，同社の研究開発における中核拠点と位置付けられた（三井化学第3回研究開発説明会資料2003年4月24日）．

## 2.2.3 三菱化学

　研究開発活動に関しては，前身企業の創業地である北九州市黒崎の拠点（以下，黒崎）での開発のほか，三菱財閥の鉱業研究所を前身とする，東京都の大井町研究所の一部で研究活動が進められた．大井町研究所は，1947 年に川崎市の溝ノ口に移転している．また，1950 年代に石油化学事業を担う三菱油化が設立されると，同社の研究活動は三菱化成の溝ノ口研究所（以下，溝ノ口）の一部で始められた．三菱油化の研究機能は，徐々に創業地で生産拠点である四日市市（以下，四日市）に移され，また 1968 年に茨城県の阿見町に中央研究所（以下，阿見）を設置したため，三菱化成から独立した．一方，三菱化成については，1976 年に溝ノ口が閉鎖され，横浜市に新たな研究所（以下，横浜）が設置された．

　1994 年の合併時を見てみると，三菱化成は横浜，三菱油化は四日市と阿見が中核的な拠点となっていたが，人員の削減が進められるとともに，横浜[15]を中心とした人員の再配置が進められた[16]．その際，拠点間の役割が見直されたが，拠点数の削減は行われなかった[17]．

　2012 年時点においては，まず黒崎，四日市，水島，鹿島の各事業所に開発研究所が設置されており，それぞれの生産品目に関連する研究開発活動が行われている（図 4-1c）．また，事業部の技術開発部が，新潟県上越市，神奈川県小田原市，茨城県牛久市の各工場（以下，それぞれ直江津，小田原，筑波）に設置されており，それぞれ生産品目と連動した製品の開発が担われている．

　また全社的な探索研究に関しては，株式会社三菱化学科学技術研究センターで担われており，同社の阿見では主に電池に関する研究が，横浜では新規事業分野の研究とホールディングス内の事業会社から受託した研究が行われている．これら全ての研究組織が，2012 年に本社に新設された経営戦略部

---

15) 住宅地である横浜市青葉区鴨志田町に立地しており，保全緑地が 29％以上必要な環境であることもあり，敷地に余裕はない（三菱化学科学技術研究所での聞き取り調査による）．同地には，三菱化学ホールディングス傘下の田辺三菱製薬の研究所も立地している．

16) 『日経産業新聞』（1997 年 7 月 29 日・1998 年 4 月 20 日）．

17) 三菱化学科学技術研究所での聞き取り調査による．

門・RD 戦略室と連携しながら研究活動を行っているが，事業部門の研究開発機能との連携にはさらなる強化が求められている[18].


## 3. 研究開発拠点間の知識フローと空間的分業


### 3.1 研究開発拠点間の知識フロー


#### 3.1.1 国内拠点間の知識フロー

　以下では，拠点の位置付けや拠点間の関係性を示すため，国内の拠点間及び組織内外での知識フローを分析する．具体的には，2005 年～ 2012 年における特許公報を用いて，拠点ごとの出願特許数を分析した[19]．各社を出願人とする出願特許は，発明者の所属機関によって分類し，集計している（表 4-2）.

　共願関係の分析にあたっては，社会ネットワーク分析のソフトウェアである UCINET を用い，Netdraw でネットワークの可視化を行った．ここでの「ノード数」は，各社の多重ネットワークの規模を表す．「平均次数」は，総次数（各ノードが有するリンクの総数）を全てのノードの数で除した値であり，1 ノード当たりのリンクの数を示す．また「次数中心性」は，各ノードがもつリンクの数によって，ノードの中心性を表している.

　3 社を比較してみると（表4-3），それぞれネットワークの規模と次数は類似している．しかし，他と比べパートナー数の少ない住友化学は，リンクの強さが低く，企業内の各拠点における独立性が高い.

---

18) 三菱化学科学技術研究所での聞き取り調査による．2017 年現在は，統合会社である三菱ケミカルの研究所として整理され，横浜研究所・黒崎研究所・四日市研究所（旧三菱化学），大竹研究所・豊橋研究所（旧三菱レイヨン），長浜研究所・鶴見研究所（旧三菱樹脂）の 7 研究所が主な研究拠点となっている.

19) 2005 年以前のデータも存在するが，ここでは現状の把握に目的を限定し，直近 5 年前後のデータを分析の対象としている．なお，データの取得を行った 2012 年 9 月末日までに特許権の成立した特許公報を用いている.

106 第Ⅱ部 企業における研究開発活動とグローバル化

表4-2 事例企業3社における出願特許件数の分類

| 発明者の所属 | 住友化学 | | 三井化学 | | 三菱化学 | |
|---|---|---|---|---|---|---|
| 社内単一事業所 | 597 | (75) | 292 | (55) | 350 | (53) |
| 社内複数事業所 | 36 | (5) | 68 | (13) | 53 | (8) |
| 社内事業所とグループ会社 | 21 | (3) | 11 | (2) | 22 | (3) |
| 外部機関との連携 | 87 | (11) | 59 | (11) | 74 | (11) |
| 外部機関のみ | 33 | (4) | 4 | (1) | 108 | (16) |
| グループ会社のみ | 14 | (2) | 80 | (15) | 7 | (1) |
| その他（グループ会社と外部機関との連携など） | 5 | (1) | 18 | (3) | 52 | (8) |
| 合計 | 793 | (100) | 532 | (100) | 666 | (100) |

注：（ ）内は全体に占める割合（％）を示している．
出所：特許公報各年版より筆者作成．

表4-3 事例企業3社における特許共願関係のネットワーク記述統計量

| | | 住友化学 | 三井化学 | 三菱化学 |
|---|---|---|---|---|
| ノード数 | | 92 | 97 | 95 |
| 次数 | | 224 | 236 | 248 |
| 　重み付き次数 | | 387 | 470 | 462 |
| 平均次数 | | 2.43 | 2.43 | 2.61 |
| 　重み付き平均次数 | | 4.21 | 4.85 | 4.86 |
| 企業内拠点の次数中心性 | | 10 | 11.9 | 11.38 |
| 　重み付き次数中心性 | | 19 | 32.0 | 24.69 |
| 重み付き次数中心性の高い拠点 | ① | 筑波 （16％） | 袖ケ浦（31％） | 横浜 （25％） |
| （総次数に占める割合） | ② | 新居浜（15％） | 本社 （22％） | 四日市（13％） |
| | ③ | 袖ケ浦（10％） | 高石 （13％） | 本社 （7％） |
| | ④ | 本社 （8％） | 大牟田（13％） | 香川 （6％） |
| | ⑤ | 春日出 （6％） | 市原 （10％） | 筑波 （5％） |

注：リンクの「重み」は，各リンクのつながりの強さを示しており，ここでは共願の件数が指標となっている．
出所：特許公報各年版より筆者作成．

　以上の結果を踏まえ，各企業についてより詳細な分析を行うとともに，可視化したネットワークを見てみる．住友化学については（図4-2a），全体の特許数に対して，複数の事業所間での共願は5％と少なくなっていた．単一事業所ごとの出願数は新居浜が最大となっていたが，春日出，袖ケ浦，筑波にも同程度に分散していることがわかる．先に示した表4-2に戻ると，共願関

係のネットワークについても，これらの拠点と本社の次数中心性が上位とな
っていることがわかる．

より具体的な関係性を見てみると，ともに石油化学事業を担っている，新
居浜と袖ケ浦の関係が最も強かった[20]．その他の拠点間に関しては，共願特
許数が5件以下であった．社外研究機関との共願関係についても見てみると，
主要拠点がそれぞれ企業や大学，公設試験研究機関などと共願関係を結んで
おり，全体として拠点ごとの分業が明確であることがわかる．

次に三井化学の特許出願状況を見てみると，社内の複数の事業所間での共
願の場合や，グループ会社に所属する発明者のみで出願されている特許の割
合が比較的大きくなっていた．図4-2bを見ると，単一事業所のみに関して
は，袖ケ浦に大きく集中しており，共願関係の次数中心性についても，袖ケ
浦への圧倒的な集中が見られる．一方で，市原を含む千葉県内だけでなく，
大牟田や岩国と，千葉県内の拠点との間でのリンクのつながりも強く，共願
関係が多く見られた[21]．これについては，大牟田が創業拠点，岩国が合併前
の中心的な研究拠点であったことが理由であると考えられる．

以上のように，袖ケ浦が極めて高い中心性を持っているものの，かつて中
心的な研究拠点であった大牟田や岩国などとの共願関係も比較的見られた．
しかしながら，企業外組織との共願については，共願パートナーの地理的な
分布に関係なく，袖ケ浦の中心性の高さが目立っていた．

---

20) 袖ケ浦と新居浜のリンクについて詳細に見てみると，市原の石油化学品研究所に所
属する発明者と，新居浜の生産技術センターに所属する発明者による共願が多くなっ
ていた．その中でメタクリル酸メチルの製造方法に関する特許について例をあげると，
生産拠点としては新居浜が該当する基礎化学品部門に属する．一方，技術的には石油
精製時の$C_4$留分を酸化して製造する手法が日本では進んでおり，石油化学との関連も
深い製品である．そのため，石油化学事業の人員との協力により，新居浜で製造技術
が確立されたと考えられる．

21) 例として，袖ケ浦と大牟田の共願特許にみられた生分解性ポリマーの開発は，三井
東圧化学時代から始められており，大牟田で1996年にパイロットプラントが稼働した．
その後，三井石油化学との合併により，PET樹脂の固相重合法を組み合わせ，両社の
技術間におけるシナジー効果が期待されるとともに，戦略的事業の一つとして位置付
けられた（あすみ研究所資料2005年1月30日）．このように，合併前の技術蓄積や既
存設備が利用されていることから，それぞれの技術分野に基づく分業が一部残ってい
ると考えられる．

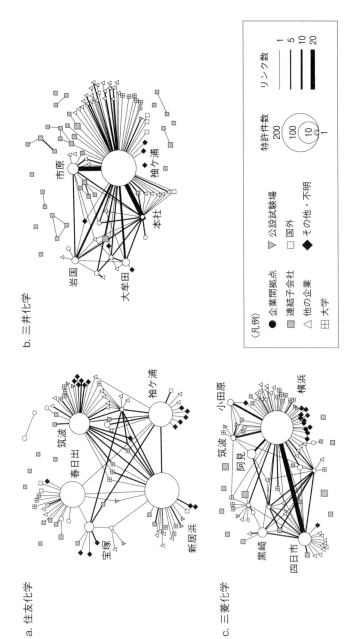

**図4-2 事例企業3社における拠点・組織別特許出願数と共願関係**

注：各ノードの大きさは、各拠点、組織にとって単独で（発明者が1名、または複数の発明者が1組織のみに所属している場合）出願された特許の数に比例している。1組織の発明者が1名、組織によって単独で（発明者が1名、組1拠点。
出所：特許公報各年版より筆者作成。

第4章　旧財閥系総合化学企業の組織再編と研究開発　109

　最後に，三菱化学については，社内の複数事業所で共願している特許の割
合が他社に比べて高く，発明者の所属が大学のみの特許も多かった．図 4-2c
を見てみると，単一事業所に関しては，横浜が圧倒的に大きくなっていた．
また黒崎や四日市，阿見などといった合併前の旧三菱化成，旧三菱油化の中
心的な拠点も，比較的大きくなっていた．社内の拠点間における共願関係を
見てみると，横浜だけでなく，四日市の次数中心性も高い点が指摘でき，社
外研究機関との共願についても同様であった[22]．四日市は，顧客ニーズを得
るための拠点として位置付けられており，カスタマーラボや試験プラントが
設置されている[23]．

　このように，横浜が核となる一方で，合併前の中心的な拠点であった四日
市も，企業を中心としたパートナーとの独自のネットワークを，依然として
築いていることがわかる．

## 3.1.2　国内拠点間の空間的分業

　次に，主要拠点において，発明者の所属が社内の単一拠点のみであった特
許に注目し，それぞれの拠点において，どのような技術分野が担われている
のかを明示することにより，空間的分業の内容を見ていく．分析にあたって
は，各特許が分類されている国際特許分類（IPC）のクラスを集計し，各主
要拠点が担う技術分野を特定した．

　まず，住友化学については（表 4-4a），ほぼ全ての拠点において C07 の有
機化学や C08 の有機高分子化合物など，化学系の分類が共通していた．他の

---

22)　横浜と四日市での共願特許の内容を見てみると，植物を原料としたバイオプラスチ
　　ック関連のものが複数見られる．三菱化学の「GS Pla®」は，生分解性のポリマーであ
　　り，脱化石資源への事業構造転換に向けた，新規事業分野における製品の一つである．
　　「GS Pla®」は，化学合成で得られる 2 種のモノマーを原料として，まず生分解性プラ
　　スチックの市場を形成し，段階的に植物原料化していく戦略をとっている（宮奥ほか
　　2012）．現状の基盤となるプロセス技術の開発は，四日市を中心に担われている．一方，
　　微生物育種技術による独自菌株の開発は，横浜の三菱化学技術研究センター・バイオ
　　技術研究所を中心に進められている．このように，生産技術の醸成と新規技術の開拓
　　が，共に製品の強みとなっているため，両拠点での共願が見られると考えられる．
23)　三菱化学四日市事業所での聞き取り調査による．

特徴として，新居浜に関しては，B01 の工業用装置などを含む分類が最も多くなっていた．これは，同事業所が生産技術において中心的な役割を果たしていることを示している．また G02 の光学についての特許も多く，光学機能性フィルムなど情報電子部門の技術も担われていることがわかる．同部門関連の特許分類は，春日出でも上位となっていたが，同拠点においては，化学関連の分類が多くを占めていた．先端素材の研究を担う筑波では，電池に関する技術を含む H01 に分類される特許が，農薬関連の研究を担う宝塚では，農業関連の A セクションに分類される特許が多く見られた．全体としては，各拠点で技術分野による分業が最も明確であったといえる．

　次に，三井化学については（表 4-4b），上位の分類の多くが各拠点で C の化学セクションに含まれる分類で共通していた．例外としては，大牟田において，G02 の光学関連の特許が多くなっていた点があげられる．大牟田では，同社が世界戦略を推進する「世界トップ事業」と位置付けているメガネレンズモノマー事業の研究が行われている．袖ケ浦の拠点でも同様であったが，同拠点においては幅広いセクションに含まれる特許が出願されていた．同拠点内には複数の研究所が集中しており，技術範囲としても多様である点が，他社の中心的な拠点と比較しても顕著であった．

　最後に，三菱化学については（表 4-4c），三井化学の袖ケ浦と同様に，横浜に研究開発機能を集約しているものの，横浜では半導体装置に関係する G03 の分類や，前述した H01 などが多くなっており，同社にとってより将来的な技術分野が中心であった．横浜と同じく，基礎的な研究が担われている阿見は，H01 の電池関連分野に特化していることがわかる．同分類については，黒崎でも上位になっており，同社が主要部材である正極材，負極材，電解液，セパレータの全てを有するリチウムイオン二次電池における分業関係がみられる．その一方で，生産拠点を有する四日市や黒崎などでは，C08 の有機高分子化合物が最上位となっており，三井化学と比較すると，生産拠点と独立研究拠点において，技術面における空間的分業がより明確に見られた．

第4章　旧財閥系総合化学企業の組織再編と研究開発　　111

## 表4-4　主要拠点における出願特許の国際特許分類

### a．住友化学

|    | 新居浜 | 回数 | 春日出 | 回数 | 袖ケ浦 | 回数 | 筑波 | 回数 | 宝塚 | 回数 |
|----|------|------|------|------|------|------|------|------|------|------|
| 1  | B01  | 54   | C07  | 58   | C08  | 64   | H01  | 73   | A01  | 31   |
| 2  | G02  | 44   | C08  | 40   | B32  | 30   | C08  | 37   | C07  | 10   |
| 3  | C07  | 43   | G03  | 38   | B29  | 29   | H05  | 35   |      |      |
| 4  | C01  | 24   | G02  | 26   | B65  | 13   | C09  | 23   |      |      |
| 5  | C08  | 19   | H01  | 19   | C07  | 9    | B32  | 13   |      |      |
| 6  | B32  | 17   | C12  | 14   | B05  | 7    | G02  | 12   |      |      |
| 7  | B29  | 16   | B01  | 11   | G02  | 5    |      |      |      |      |
| 8  | G01  | 14   | C09  | 10   |      |      |      |      |      |      |
| 9  | B28  | 13   |      |      |      |      |      |      |      |      |
| 10 | F21  | 8    |      |      |      |      |      |      |      |      |
| 11 | C04  | 7    |      |      |      |      |      |      |      |      |
| 12 | C09  | 5    |      |      |      |      |      |      |      |      |

### b．三井化学

|    | 袖ケ浦 | 回数 | 大牟田 | 回数 | 市原 | 回数 | 岩国 | 回数 |
|----|------|------|------|------|------|------|------|------|
| 1  | C08  | 100  | C08  | 18   | C08  | 33   | C08  | 10   |
| 2  | C09  | 51   | G02  | 17   | B32  | 7    | C07  | 6    |
| 3  | H01  | 45   | C07  | 8    | B60  | 5    | B01  | 5    |
| 4  | G02  | 30   |      |      |      |      |      |      |
| 5  | B32  | 27   |      |      |      |      |      |      |
| 6  | H05  | 22   |      |      |      |      |      |      |
| 7  | G03  | 12   |      |      |      |      |      |      |
| 8  | D04  | 11   |      |      |      |      |      |      |
| 9  | B01  | 10   |      |      |      |      |      |      |
| 10 | C01  | 10   |      |      |      |      |      |      |
| 11 | A61  | 9    |      |      |      |      |      |      |
| 12 | B65  | 9    |      |      |      |      |      |      |
| 13 | B29  | 6    |      |      |      |      |      |      |
| 14 | D01  | 5    |      |      |      |      |      |      |

### c．三菱化学

|    | 横浜 | 回数 | 四日市 | 回数 | 黒崎 | 回数 | 阿見 | 回数 |
|----|------|------|------|------|------|------|------|------|
| 1  | G03  | 66   | C08  | 44   | C08  | 17   | H01  | 29   |
| 2  | H01  | 55   | B32  | 8    | H01  | 15   | C01  | 5    |
| 3  | C09  | 54   | B01  | 5    |      |      |      |      |
| 4  | C08  | 30   | B29  | 5    |      |      |      |      |
| 5  | G02  | 29   | C09  | 5    |      |      |      |      |
| 6  | C07  | 25   |      |      |      |      |      |      |
| 7  | H05  | 16   |      |      |      |      |      |      |
| 8  | B01  | 11   |      |      |      |      |      |      |
| 9  | A61  | 7    |      |      |      |      |      |      |
| 10 | G11  | 6    |      |      |      |      |      |      |
| 11 | B41  | 5    |      |      |      |      |      |      |
| 12 | G01  | 5    |      |      |      |      |      |      |

出所：特許公報各年版より筆者作成．

112　第Ⅱ部　企業における研究開発活動とグローバル化

(表 4-4)

**IPC 分類**

| セクション | クラス | 内容 |
|---|---|---|
| A：生活必需品 | A01 | 農業，林業，畜産，狩猟，捕獲，漁業 |
| | A61 | 医学または獣医学，衛生学 |
| B：処理操作，運輸 | B01 | 物理的または化学的方法または装置一般 |
| | B05 | 霧化または噴霧一般．液体または他の流動性材料の表面への適用一般 |
| | B28 | セメント，粘土，または石材の加工 |
| | B29 | プラスチックの加工，可塑状態の物質の加工一般 |
| | B32 | 積層体 |
| | B41 | 印刷，線画機，タイプライター，スタンプ |
| | B60 | 車両一般 |
| | B65 | 運搬，包装，貯蔵，薄板状または線条材料の取り扱い |
| C：化学，冶金 | C01 | 化学 |
| | C04 | セメント，コンクリート，人造石，セラミックス，耐火物 |
| | C07 | 有機化学 |
| | C08 | 有機高分子化合物，その製造または化学的加工，それに基づく組成物 |
| | C09 | 染料，ペイント，つや出し剤，天然樹脂，接着剤，他に分類されない組成物，他に分類されない材料の応用 |
| | C12 | 生化学，ビール，酒精，ぶどう酒，酢，微生物学，酵素学，突然変異または遺伝子工学 |
| D：繊維，紙 | D01 | 天然または人造の糸または繊維，紡績 |
| | D04 | 組みひも，レース編み，メリヤス編成，縁とり，不織布 |
| F：機械工学，照明，加熱，武器，爆破 | F21 | 照明 |
| G：物理学 | G01 | 測定，試験 |
| | G02 | 光学 |
| | G03 | 写真，映画，光波以外の波を使用する類似技術，電子写真，ホログラフィ |
| | G11 | 情報記憶 |
| H：電気 | H01 | 基本的電気素子 |
| | H05 | 他に分類されない電気技術 |

注：分類数が 5 以上の上位分類のみを示している．

## 3.2　事例企業 3 社の比較と考察

　以上，化学企業における研究開発機能の空間的分業は，住友化学のように事業部を中心として拠点間で研究開発分野が分担されるものと，三菱化学や三井化学のように，基礎研究を行う首都圏の中核的な研究開発拠点と，製品開発を行う地方の研究開発拠点間とで分業されるものとに大きく分けられた．

こうした研究開発機能の空間的分業の差異は，企業組織の再編に伴う研究開発拠点のみならず，生産拠点も含めた企業の全体的な立地履歴と，研究開発組織の特徴と，知識フローの特性とが相互に絡み合って形成されたものと見ることができる．以下では，それぞれの関係を整理することによって，研究開発機能の空間的分業がどのように形成されてきたのかを，検討することにしたい．

　まず第1に，事例企業3社における研究開発拠点の立地履歴を比較すると，化学産業の歴史と産業特性と関係して，石炭などの原料産地に牽引された地方の生産拠点に，研究開発拠点が多く立地している点を共通点として指摘することができる．3社の違いとしては，住友化学が新居浜，筑波，春日出，宝塚など，比較的多くの拠点に研究開発機能を分散させていたのに対し，三井化学，三菱化学はそれぞれ袖ケ浦や横浜といった中核的な拠点に多くの機能を集中させていた．

　こうした違いの契機としては，1990年代における旧財閥内での大型合併の有無が大きい．集約拠点として袖ケ浦や横浜が選択され，ともに創業地と異なる地域に集中している点も特徴的である．企業合併のような大きな組織の変化が生じた際に，合併前の各社における創業地に中核的な機能を保ち続ける慣性が弱まり，相対的に規模の大きな企業の拠点への集約がなされたと解釈できる．これらの集約拠点は首都圏に位置しており，研究開発機能における立地再編の要因としては，人材確保や大学，本社との近接性といった点が重視された選択であるともいえる．また合併による集約は，企業間の競争が激化する中で，合理化・製品の高度化を図ったリストラクチャリングの一貫でもあり，国際的な競争環境の変化による外的要因の影響も指摘できよう．

　第2に，研究開発組織の再編と空間的分業との関係を整理しよう．ここでは，三井化学や三菱化学において，合併による袖ケ浦，横浜の両集約拠点が，生産機能を持たず，基礎研究を中心にしているという点が注目される．これに関して，住友化学は事業部を中心とした研究開発組織での運営を行っているのに対し，三井化学や三菱化学は研究開発部門を中心とした機能組織によって全社的な研究開発活動を統括しているという企業組織の違いによる点が大きい．

114 第Ⅱ部 企業における研究開発活動とグローバル化

　このような事業部を中心とした住友化学のような研究開発組織及び立地と，機能組織を中心とした三井化学や三菱化学との違いが，新技術の発見や新製品の開発に関してどのような差異をもたらすかという点は，一つの論点になる．

　前者の場合は，事業ごとの「縦のつながり」が重視され，一般的に効率的な事業化が期待できる．その一方で，企業内における事業間の「横のつながり」が希薄になるということも考えられる．後者の場合は，これとは反対のことが当てはまり，既存事業にとらわれない新事業の創出には有利な点がある一方で，事業化に際しては，組織間での調整が必要となり，開発スピードの面で不利になり得る．こうした研究開発機能における組織と立地との関係については，事業分野の構成や製品特性の違いなどを背景としつつ，個々の企業における「組織の慣性」と生産拠点及び研究開発拠点の「立地の慣性」とが絡み合い，さらには企業の中・長期にわたる戦略の差異が投影されているといえるだろう．

　第3に，知識フローの特性と，その規定要因を整理する．住友化学で見られたように，事業別組織においては，研究開発拠点の多極分散立地を反映して，分散的な知識フローが形成されていた．これに対して，三井化学や三菱化学で見られたように，機能別組織をとる企業の場合は，中核的な研究開発拠点が存在し，知識フローもその拠点に集中していた．ただし，知識フローについては，企業内組織や立地の形態のみではなく，大学などの研究機関やユーザー企業といった，社外の組織との関係によっても左右される点に留意することが重要であろう．具体的には，研究開発拠点の立地とともに，知識フローについても袖ケ浦への一極集中傾向が見られた三井化学と異なり，三菱化学においては，中核拠点である横浜だけではなく，四日市においても独自の知識フローが形成されていた．

　こうした三井化学と三菱化学の違いの要因に関しては，四日市が主要なユーザーである自動車企業などとの関係において有利な立地であるのに対し，三井化学のかつての主要拠点であり，前身企業の創業地でもある岩国や大牟田などが，そのような利点を有していないという条件の差がある．各拠点における生産品目の違いはあるものの，素材をユーザーに供給する性質の強い

化学企業にとって，ユーザー企業と頻繁に接触しやすく，試験設備などを有する拠点へユーザーが出入りしやすいことは重要な要素である．

本章では，旧財閥系総合化学企業3社の国内における研究開発機能の空間的分業について詳細な分析を行ってきた．本章で示された各社の特徴が，研究開発機能のグローバルな展開にいかに反映されているかは，第7章で述べる．

# 第 5 章

## 繊維系化学企業の企業文化と研究開発

## 1. 企業文化と研究開発

　日本経済の「成長戦略」についての議論が盛んになされているが，日本企業の国際競争力が問われる中で，研究開発能力の強化はとりわけ重要な課題になっている．とはいえ研究開発部門は，長期性，不確実性，偶然性と巨額な資金投入を伴う傾向にあるため（河野 2009），トップマネジメントによる強固で大胆な意思決定が求められ，そこには，経営者個人の個性や企業が長年にわたり築いてきた企業文化が大きく影響すると考えられる．

　企業の研究開発に関する経済学や経営学の研究では，主に企業組織や経営戦略に重点が置かれ（榊原 1995，藤本 1997，小田切 2006 など），事例研究において言及されることはあっても，企業文化を明示的に取り上げた研究は多くはなかった．そもそも企業文化とはいかなるものか[1]，企業文化をどのように取り上げるか[2]，こうした出発点自体が扱いにくい切り口とされてきた．

---

1)　企業文化については，戦略経営協会（1986）が，「企業全体に反映される共有の価値，すなわち組織における精神的な部分であり，またその共有の価値観を具現化したもの」と定義し，多様なアプローチを紹介している．その後日本においても，企業文化に関する研究が主に経営学において蓄積されてきた（梅沢 1990，吉森 2008，佐藤 2009）．また企業文化と類似する概念として，組織文化についての議論もある．例えば，Schein（2010）は組織文化を「グループが外部への適応，さらに内部の統合化の問題に取り組むプロセスであり，グループによって学習され，共有される基本的な前提認識のパターンである」と定義している．このように企業文化及び組織文化を扱う際には，極めて抽象的なものから現実主義的なものまで，多様な定義が用いられている（河合 2006）．

2)　企業文化の分析手法としては，①企業文化の共有プロセスと内容の分析，②組織の歴史における危機的状況への対応の分析，③文化の創造者と継承者の信念，価値観そ

118 第Ⅱ部 企業における研究開発活動とグローバル化

経済地理学においても企業文化を取り上げた研究成果は限られるが，近藤（2007）は，新たな「企業地理学」の方向性を検討する中で，経営者の役割と企業文化を重要な検討課題にあげている．また，外枦保（2009）は，企業城下町延岡における旭化成による1990年代以降の再投資について，「創業の地」を重視する企業文化の観点から説明を試みている．

本章では，こうした企業文化の視点を積極的に取り上げ，日本企業における研究開発機能の空間的分業と研究開発の場所性[3]について論じてみたい．研究開発と企業文化についての経済地理学の研究成果はさらに限られるが，Schoenberger（1997）の一連の研究は，重要な示唆を与えてくれる[4]．彼女はまず企業文化の枠組みについて，企業戦略を創出する主体として，経営者をはじめとする企業内の戦略家（corporate strategist）に注目し，権力（power），知識（knowledge），アイデンティティ（identity）からの説明を行っている（図5-1）．ここでは，企業文化は権力の存在を通した社会プロセスによって構成されるものであり，その変化は，組織，戦略，技術，市場指向などといった他の企業における問題と深く結びついているという視点を示している．

また，Schoenberger（1997, pp. 155-207）では，フォーディズムの危機といったような，大きなシステム転換に対する企業文化の膠着性を，企業の危機としてとらえた．さらに，資料やインタビューを通した言説分析的な手法を用いたゼロックスの事例分析では，組織的・地理的近接性と企業文化との関係についても言及している[5]．

---

して理念の分析，④インタビューによる組織内部者との共同研究及び分析，といった4つのアプローチを組み合わせることが有効であるとされている（戦略経営協会 1986, 24-25頁）．

3) 場所性については，空間や地域と異なり，個人によって意味付けられたものとして政治地理学や文化地理学で扱われることが多かった．本章では，企業や企業の内部者によってある特定の拠点に付された意味を場所性として論じることによって，大企業における研究開発機能の空間的分業の構造を明らかにしようと試みている．

4) 近藤（2007, 26頁）では，Schoenbergerの企業文化へのアプローチについて，企業を様々な関係性から構造化される主体としてとらえ，積極的に構造と主体の問題に取り組み，また大企業の立地行動を企業文化から説明する有効性を提示した点を評価している．

5) 水野（2011, 76-77頁）も，Schoenbergerの着眼点と研究手法について同様の言及を行っている．

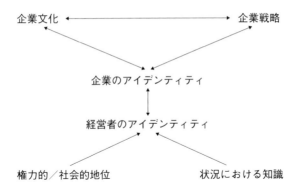

**図5-1 アイデンティティ,文化,戦略の関係性**
出所:Schoenberger (1997), p.153より筆者一部修正.

　Schoenbergerも一部言及しているように,企業全体の文化だけでなく,製品,機能,階層など,部門別にそれぞれの文化が存在することが指摘されている (Kono and Clegg 1998, pp.57-84). これに関してSchein (2009) は,複数の事業部に部門化された企業においては,それぞれの組織が地理的にも分散しており,個々の組織,事業所においてサブカルチャーが形成されると述べている.この考えにおいては,企業内分業が進んだ歴史を持つ大企業は,その組織構造や立地により,サブカルチャー[6]の分化の程度が異なってくるといえる.本章で取り上げる研究開発機能に限っても,独立した中央研究所と製造拠点内の研究所とでは,企業文化も異なることが考えられる.また分化の進んだ企業の多くは,サブカルチャーをどのように活かし,どの程度全体の文化に適合させるかといった問題に直面する[7].

　以上の研究成果を踏まえ,本章では,経営者の意思が企業文化として定着していく過程や改められていく過程に着目しながら,研究開発組織の再編や

---

[6] ここでのサブカルチャーは,「社会の正統的,伝統的な分化に対し,その社会に属するある特定の集団だけが持つ独特の文化(デジタル大辞泉より引用)」という意味ではなく,ある組織内において分化し,より細分化された小さな組織単位における文化のことを指している.

[7] 研究開発組織については,事業の「縦のつながり」を優先した事業別の組織と,研究開発機能の「横のつながり」を重視した機能別の組織に大きく分けることができる.筆者が研究対象としている日本の大手化学企業については,それぞれを組み合わせた組織である場合が多いが,その人数の配分は企業や時代背景によって異なるといえる.

研究開発拠点の新設・統廃合，空間的分業の変化を明らかにするとともに，企業の事業革新を画した経営者と研究開発事例を取り上げ，そうした成果が生み出される場所性を企業文化との関連で読み解いていくことを目的とする．また企業文化に対する既存の議論を踏まえた上で，抽象的で観念主義的になりがちな経営者の思想や理念とは区別されるものとして企業文化を位置付け，学習や共有のプロセスといった動態的視点に着目し，企業文化を「事業環境の変化の中で企業内に定着し，社員の間に共有されてきた価値観，行動規範」と定義して議論を進める．

　強烈な個性をもった経営者の存在と画期的な研究開発によって事業転換が進められた点を考慮して，本章では帝人と東レ，クラレの3社を対象企業とする．3社は，いずれも戦前にレーヨンの事業会社として設立され，戦後は合成繊維企業として成長してきた企業である．その後，祖業である繊維産業において，化学産業と比較して早い時期から国内外での競争激化や不況を経験してきたこともあり，合成繊維事業から派生した化学分野を中心に研究開発を推進し，長期にわたる多角化を進めてきた．こうした過程を経て，3社はそれぞれ異なる事業戦略を展開している．このような違いが生じてきた背景には，経営者と企業文化，研究開発機能の場所性が大きな影響を与えてきたと考えられ，これらの3社は，ここで取り上げる諸要素間における関係性の理解に大きく寄与する事例であるといえる．

　合繊大企業については，経済史や経営史をはじめ，多くの研究成果があるが（田中 1967，日本化学繊維協会 1974，山崎 1975 など），経済地理学では，1970年代の構造不況下における企業の立地再編と工業地域の変化に関する研究が主に行われてきた（上野 1977，初沢 1990，中島 1994）．また合田（2009）は，帝人について，グローバルな生産体制を含めた企業内空間分業の変化について詳細な分析を行っている．ただし，研究開発部門については一部の言及にとどまっており，また企業文化との関係については明らかにされていない．

　本章では，対象企業3社の有価証券報告書や社史，新聞記事，プレスリリースなどの企業情報に加え，研究開発部門関係者への聞き取り調査によって，研究開発拠点の立地や空間的分業に関する実態把握を行うとともに，日本経済新聞に連載された「私の履歴書」や伝記，回想録など，経営者に関する文

献資料より，経営者の意思や企業文化に関わる言説を取り上げ，それらを研究開発に関する実態分析と関係付ける作業を行った．

## 2. 繊維系化学企業3社の立地履歴

### 2.1 繊維系化学企業3社の変遷

分析対象とする帝人，東レ，クラレの3社は祖業である繊維事業の売上高における割合を低下させ，事業構造を多角化させてきた（図5-2）．以下では，日本における繊維産業及びそこから展開された化学部門の変遷に沿い，組織と事業構造の変化を，各企業の社史などからまとめる[8]．

### 2.2.1 創業の経緯と繊維産業の発展

3社の創業は，1900年代初頭に遡る．当時はレーヨンなどの人造絹糸における日本への輸入量が倍増しており，レーヨン事業の将来性が期待されていた．このような背景から，まず帝人の原点となる東工業株式会社米沢人造絹製造所が，鈴木商店の資金援助のもと1915年に設立された．また1926年には，現在の東レとなる東洋レーヨンが，三井物産によって設立された．さらに倉敷レーヨン（現クラレ）は，綿紡績会社である倉敷紡績によって1928年に設立された．

技術的には，帝人が基本的に国内の人材で発展を図ったのに対し，クラレは技術や装置を外国企業から購入し，東レは装置を購入し，外国人技師を雇用するといった中間的な立場をとった．また3社はそれぞれレーヨンの生産体制を構築していった[9]．さらに1930年代になると，各社において生産体制

---

8) 以下の記述における歴史的な事象は，引用がない場合，帝人については帝人株式会社（1998），東レは東レ株式会社（1997），クラレはクラレ（2006）をそれぞれ参照している．

9) 帝人は1921年に広島工場，1927年に岩国工場を開業した．また東レは1927年に滋賀工場で操業を開始した．翌1928年には，クラレが岡山県の倉敷においてレーヨン

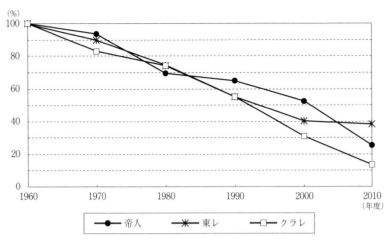

**図 5-2 事例企業 3 社の売上高に占める繊維事業の割合（1960 〜 2010 年度）**
注：データの制約上，1960 年度から 1990 年度は各事業会社単体における繊維事業の割合，2000 年度，2010 年度は連結売上高に占める割合を示している．
出典：各社有価証券報告書各年版より筆者作成．

の整理，拡大が進められた[10]．このように後発的にレーヨン工業への参入を進めたものの，1936 年には日本のレーヨン生産は世界 1 位にまで上り詰め，世界生産の 27％を占めるに至った．

### 2.1.2　戦後復興期と合成繊維への進出

　戦後復興期においても，レーヨンを中心とした繊維製品は，重要な輸出品であった．またレーヨンを中心とした再生繊維だけでなく，有機物質から人工的に生成される合成繊維の導入が進められた．合成繊維をいち早く導入したのはクラレであり，1930 年代末から研究を始め，自社技術による合成繊維

---

　　糸の生産を開始した．
10）帝人は米沢工場（製造所）を 1934 年に廃止し，同年に広島県三原市に新工場を開設した．一方東レは，滋賀県の瀬田において，1938 年に工場を新設した．またクラレは，大原孫三郎による「工場分散主義」に基づき，1933 年に愛媛県新居浜，1936 年に愛媛県西条，1937 年に岡山県岡山に工場を新設した．工場分散主義の狙いとしては，①各工場の技術の特徴を発揮させ，技術的な競争によってイノベーションを起こすこと，②工場の社会的責任を明確にし，地域の活性化に資することが指摘されている（大津寄 2004，201-203 頁）．

"ビニロン"を事業化した．続いて東レは，アメリカのデュポン社によるナイロン技術を導入し[11]，1951 年にナイロン原料及び糸の生産を開始した．一方 1949 年から合成繊維の研究に着手したものの，他社に遅れをとっていた帝人も，東レと共同で 1957 年にイギリスの ICI 社からの技術導入を行い，合成繊維"テトロン"を事業化した．これらの合成繊維が，レーヨンに代わる繊維各社の中核事業になっていった．

また合成繊維の原料についても，各社において生産体制の拡大が進められた．これによって石油化学工業との関連が強まり，原料の供給源となる石油化学コンビナートへの立地など，工場立地の新展開が見られるようになった．さらに 1960 年代半ばになると，合成繊維後発各社の新規参入によって競争が激化し，市場自体も成熟してきた．そのため，各社においてフィルムや人工皮革といった合成繊維及び原料の派生分野への事業の多角化が進められた．こうした積極的な多角化により，創業以来各社における売上高の大半を占めてきた繊維事業の割合は，徐々に低下し始めた．

## 2.1.3 繊維不況と多角化・組織再編

1969 年から 1971 年にかけての日米繊維摩擦，さらには 1973 年と 1979 年における 2 度の石油危機が追い打ちをかけ，繊維業界は深刻な不況に陥った．これに対して帝人は，1976 年から 1987 年にかけて国内・海外関連事業の再編と整理を進めた．一方，高収益の見込める事業として，1973 年には医薬事業へ進出した．また化成品事業も拡大し，1980 年代半ばからは繊維・化成品・医薬の 3 事業本部体制が確立された．

東レに関しても，合繊事業を中心としたリストラクチャリングが行われ，1975 年には創業期の主力製品であったレーヨンの生産を停止したほか，ナイロンやポリエステルなどについても操業短縮や設備の廃棄を実施した．その一方で，合成繊維事業以外の基幹事業の育成に注力し，1983 年には炭素繊維などを含む複合材料部門を設置[12]，1988 年には医薬・医療部門，電子情報

---

11) デュポン社との特許上のトラブルを回避したため技術導入が行われたが，実質的には自社技術による企業化であると指摘されている（平井・岩崎 1982, 78 頁）．

機材部門といった新たな事業分野の確立が進められた.

同様にクラレについても,設備の整理とコスト削減が進められ,1975 年にレーヨンステープル部門から撤退した.縮小を進める繊維部門に対し,化成品の伸びが続き,1971 年には不織布事業,1972 年に鹿島臨海コンビナートへの進出によってイソプレンケミカル事業へ参入し,さらには同年にエチレン・ビニルアルコール共重合フィルム"エバール"の事業化など,事業範囲の拡大が行われた.

このように,1970 年代から 1980 年代にかけて,繊維業界が構造不況を迎える中で,対象企業 3 社では研究開発の推進,技術力の強化による「繊維化学」企業への変身が顕著になった.


### 2.1.4 事業構造の転換

1990 年代初頭のバブル経済の崩壊による日本経済の停滞,繊維業界の競争激化により,繊維各社は引き続き事業構造の転換を迫られた.さらに 1990 年代後半になると,繊維市場における中国企業の急成長により,縮小していた輸出だけでなく国内需要も奪われていった.さらにアジア通貨危機の影響もあり,2000 年代初頭,繊維素材各社は不況に陥り,さらなる事業構造の転換を余儀なくされた.

これに対して帝人は,2002 年に持株会社制へ移行し,分社化によって個別事業における競争力の強化を図った.さらに買収や事業統合により,成長の見込める分野への多角化も推進された[13].一方東レでは,1990 年になるとプラスチック事業が売上高の 30% を占めるに至るとともに,情報・通信分野などの新事業分野も売上を伸ばした.同社は 2002 年に単体で初の赤字に転落するなど,苦境に陥ったが,その後は赤字事業の整理や縮小が進められた.

---

12) 1990 年に炭素繊維"トレカ"がアメリカのボーイング社「B777」向け 1 次構造材として採用され,事業の拡大が進んだ.

13) 1999 年に炭素繊維の東邦レーヨン株式会社へ資本参加し,炭素繊維事業を拡大した.また 2000 年には合弁会社帝人デュポンフィルムを設置し,世界での販売体制を敷いた.2002 年には,医療用ポリエステル繊維事業を分社化して帝人ファイバー株式会社を設立したほか,医薬・医療事業分野も分社化し,帝人ファーマ株式会社を設立した.

クラレに関しては，化学品事業を強化する一方で，低採算事業の再構築を進めた．また海外進出も積極的に推進され，特に欧米での事業が強化されたほか，アジア地域でも生産活動を開始した．さらに事業効率化の一環として，2002 年には各事業・各グループ企業が自立する社内カンパニー制を導入した．

　以上のように 1990 年代以降，各社において組織再編や事業構造の転換などによる不況への対策がとられてきたが，結果として，3 社の組織構造の相違が明確となった．すなわち，分社化した帝人，カンパニー制を導入したクラレに対し，東レは主要事業を本体から切り離さず，統合的に運営していく体制がとられたのである．

## 2.1.5 現況

　2013 年度における売上高構成比を見ながら（図 5-3），3 社の現況を比較してみよう．まず帝人について，製品部門に一部が含まれているものの，繊維部門の割合は大幅に低下している．また 2012 年から 2013 年には，グループ会社の統合再編があり，分社化していた多くのグループ会社が帝人本体に吸収された．この背景には，営業利益の大半を医薬事業に依存しており，営業利益率も低いことから，一層の多角化が望まれていることがある．多角化にあたっては，グループ内に分散していた技術や知識などを再度融合しようとする試みがなされている．

　次に東レについては，2000 年代半ばから大幅な業績の回復を見せ，営業利益率は改善してきている．売上高構成比を見てみると，他社と比較して繊維部門の比率が高くなっている．これにはユニクロとの事業提携などによって，低迷していた繊維事業が収益源の一つとなっていることが背景にある．また長期にわたり開発を重ねてきた炭素繊維複合材料についても，自動車への利用が期待されているほか，水処理などの環境部門においても世界市場での強みを持っており，多角的な収益構造を構築しつつある．

　最後にクラレについては，帝人と同様に繊維事業の割合が低く，化学品や樹脂などを中心とした化学企業としての事業構造に変化している．特に水溶性のポバール樹脂の製品群，プラスチックのガスバリア材であるエバールは，

126　第Ⅱ部　企業における研究開発活動とグローバル化

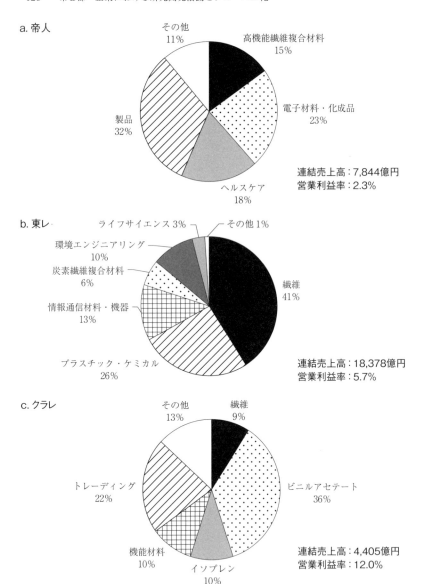

**図 5-3　事例企業 3 社の売上高構成比（2013 年度）**

注：各事業分野には複数の事業会社が含まれているため，それぞれ企業グループ，持株会社全体の連結売上高を比較している．
出所：各社有価証券報告書（2013 年度）より筆者作成．

世界トップシェアの高収益事業である．また他の素材分野においても複数の世界トップ事業を抱えるなど，ニッチ分野において高シェアを獲得し，10％を超える高い利益率に結びつけている．

以上のように帝人，東レ，クラレ各3社は，戦前のレーヨン事業から発展し，度重なる不況に直面しながら，事業を多角化し，それぞれの事業構造を大きく転換してきた．それらを実現してきた推進力が，研究開発活動による新規事業の創出であったといえる．

## 2.2　研究開発の立地履歴と企業文化

以下では事例企業3社について，研究開発機能の立地履歴を明らかにし，事業構造の多角化において重要となってきた代表的製品の開発と，2012年時点における国内外の研究開発機能の空間的分業について分析する[14]．なお拠点ごとの立地履歴の推移は図5-4に，より具体的な各社の動向は表5-1に示している．

### 2.2.1　帝人

創業以前より久村清太[15]や泰逸三らが，鈴木商店から援助を受けて山形県の米沢にて人絹糸の研究を行っており，創業後も彼らが中心となって，レーヨンに関する研究活動が行われた．研究設備に関しては，1938年まで岩国に研究室が設置されていたが，同年に広島工場に研究室を移転した．しかしながら1945年に原爆によって広島工場・研究所が破壊されたため，同年に研究所は岩国工場へ移転した．こうして戦争の影響も受けながら，生産機能・研究機能ともに岩国工場が中核拠点となっていった．

---

14)　注8に同じ．

15)　久村は帝人において偉大な研究者であったため，同社の研究開発体制に大きな影響を及ぼした．具体的には，研究開発体制が久村の裁量に依存しており，久村が社長となって研究所に常駐しなくなると，研究所と他部門との意思疎通が困難になった（帝人株式会社 1972，207-211頁）．この影響もあり，同社は合繊開発競争において遅れをとった．

## 表 5-1　事例企業 3 社における経営者・研究所の変遷

| 年 | 経営者（帝人） | 帝人 | 経営者（東レ） | 東レ | 経営者（クラレ） | クラレ |
|---|---|---|---|---|---|---|
| 1925 | 鈴木岩蔵 18〜33年 | | 安川雄之助 26〜37年 | | | 京都に京化研究所を設置 |
| 1933 | 高木復亨 33〜34年 | | | | | 倉敷工場に研究課設置 |
| 1934 | 大村清大 34〜45年 | | | | 大原孫三郎 26〜39年 | 倉敷工場の研究課が研究所となる |
| 1935 | | | | | | 研究所で合成繊維に関する基礎調査開始 |
| 1938 | | 岩国工場から広島工場に研究室を移転 | 辛島浅彦 37〜42年 | | | |
| 1939 | | | | 滋賀工場研究課が研究部へ独立 | | |
| 1940 | | | 伊藤與三郎 42〜45年 | | 大原總一郎 39〜68年 | 岡山工場内に研究所を開設 |
| 1945 | 大屋晋三 45〜48年 | 研究所を岩国工場に移転 | 田代茂樹 45〜47年 | | | |
| 1949 | 森新治 49〜55年 | 合成繊維の研究に着手 | 袖山喜久雄 48〜50年 | 滋賀工場研究課が研究所となる。愛媛に研究所愛媛分室開設 | | |
| 1952 | | 岩国に新研究所を設置 | | | | |
| 1956 | | | | 滋賀に中央研究所設立 | | 玉島レイヨン設立 |
| 1958 | | | | | | 倉敷工場内の研究所を完全分離 |
| 1960 | | 日野に東京研究所開設　松山工場でポリカーボネート樹脂の生産開始 | | | | |
| 1962 | 大屋晋三 56〜80年 | | 田代茂樹 50〜70年 | 鎌倉に基礎研究所開設 | | |
| 1963 | | 相模原にプラスチック研究所開設 | | 滋賀に産業資材研究所開設。島にフィルム研究所開設 | | |
| 1964 | | 茨木に繊維加工所開設 | | | | 玉島レイヨンを吸収合併 |
| 1966 | | | | | | 倉敷工場での試験を終え、岡山工場でクラリーノの生産を開始 |
| 1968 | | 未来事業部門設置 | | | 仙石菜 68〜75年 | 倉敷市内に中央研究所を開設 |
| 1976 | | | 藤吉次英 71〜80年 | 石油化学研究所の統合 | | |
| 1977 | 徳末知夫 80〜83年 | | | | 岡林次男 75〜82年 | 新潟にニュー・インプレンタミカルのプラントを設置　ファインケミカル部門に進出 |

| 年 | 岡本佐四郎 83～89年 / 板垣宏 89～97年 / 安居祥策 97～01年 / 長島徹 01～08年 / 大八木成男 08年～ | 伊藤昌壽 81～86年 / 前田勝之助 87～97年 / 平井克彦 97～02年 / 榊原定征 02～10年 / 日覺昭廣 10年～ | 上野他一 82～85年 / 中村尚夫 85～93年 / 松尾博人 93～00年 / 和久井康明 00～08年 / 伊藤文大 08年～ |
|---|---|---|---|
| 1985 | | 技術センター設置 | 中央研究所所筑波研究室を設置 |
| 1988 | | | |
| 1989 | 横浜にシステム技術研究所を開設、複数の研究所を改組、再編 | 瀬田工場に技術開発センター（東レエンジニアリング）を開設 | |
| 1990 | | | |
| 1993 | 千葉研究センターを開設し、相模原のプラスチック研究機能の一部を移転、ロンドンに帝人MRC研究所を開設 | | 筑波研究所を開設 |
| 1994 | | | |
| 1996 | | シアトルにコンポジット開発センターを開設 | くらしき研究センターとして統合 |
| 2002 | 開発タスクチームを設置 | 中国南通で研究所発足 | |
| 2003 | 新素材バイオミシン一をタイで開発、相模原のフィルム研究機能を岐阜（帝人デュポンフィルム）に移転 | 鎌倉に先端融合研究所開設 | テキサスに研究開発拠点（KRTC）を設置 |
| 2004 | 松山工場で研究開発設備を増強 | 中国の研究所に上海分室設置 | 玉島地区に新開発拠点を設置 |
| 2007 | 岩国に先端技術開発センターを開設 | シアトルにテクニカルセンターを設置 | |
| 2008 | 日野に融合技術研究所を開設 | 名古屋にオートモーティブセンター開設、ソウルに先端材料研究センターを開設 | |
| 2009 | | シンガポールに水処理研究開発 名古屋にA＆Aセンター開設 | 太陽電池向け封止材の研究開発に着手 |
| 2010 | 松山事業所が高機能商品の研究開発拠点となる | 鎌倉に先端材料研究所開設。田を中核拠点とするE＆Eセンター発足 | |
| 2012 | アメリカのミシガンで複合材料用透明樹脂センターを開設。中国の南通で帝人（中国）商品開発センターを開設 | 東麗先端材料研究開発（中国）有限公司を設立し、上海分公司が独立 | |

注：東レの前田は、榊原田の在任中、2年間（2002～2004年）CEOとして経営を担った。
出所：各社資料、ウェブサイト、有価証券報告書より筆者作成。

130 第Ⅱ部 企業における研究開発活動とグローバル化

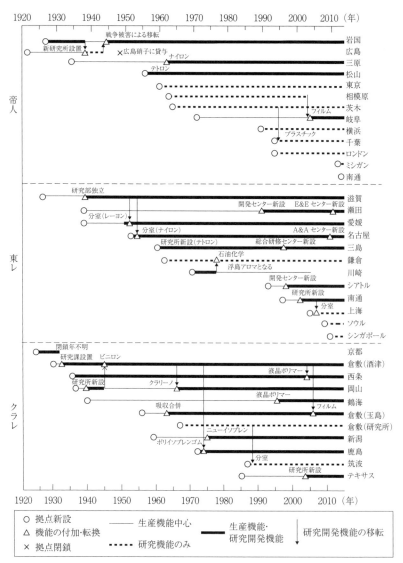

**図 5-4 事例企業 3 社における研究開発機能の立地履歴**

注：一部の生産拠点については，分室の設置などといった組織的な変化から研究開発機能が付与された時点を
　　特定することが困難である．そのため，現在担っている研究及び開発機能に関連する製品の本格的な生産が
　　開始された時点を研究開発機能が担われ始めた年としている．また，海外の研究開発拠点については，主に
　　第 7 章で述べる．
出典：各社資料・聞き取り調査により筆者作成．

第5章　繊維系化学企業の企業文化と研究開発　　131

　1952年には岩国工場内に新研究所が設置され，1954年には研究を進めてきたアセテート繊維が事業化され，1956年に岩国工場で操業を開始した．さらに1955年には愛媛県に松山工場を建設し，翌1956年にポリ塩化ビニル系繊維のテビロンを事業化するなど，合繊事業への積極的な参入を果たした．

　これらの合繊事業に関する研究開発活動は，1950年代まで岩国工場内の研究所を中心に行われてきたが，1960年代以降は合繊を含めた繊維事業にとどまらない新事業の開拓が模索された．特に1960年の東京都日野市における東京研究所[16]（同年に中央研究所と改称）の開設をはじめとし，1963年に神奈川県相模原市にプラスチック研究所，1964年には大阪府茨木市に繊維加工研究所[17]が新設されるなど，既存の事業所内以外の新たな研究所が設けられた．これらの研究所に関しては，工場に近接しない独立した研究拠点であり，大都市圏に立地している点が特徴的であった．また，岩国の研究所も改編がなされ，事業ごとに分散した研究開発分業が行われるようになった．

　1968年には，社長であった大屋晋三によって非繊維分野への多角化に注力する未来事業部門が新設され，幅広い事業への拡大が目指された．1973年には医薬事業への進出が始まり，1974年には医薬事業本部が設置されるとともに，中央研究所内に生物医学研究所[18]が建設され，医薬品や人工腎臓などの研究が本格化した．

　研究開発組織に関しては，1989年に大きな変更があり，横浜にシステム技術研究所を開設したほか，各研究組織の再編が行われ，1989年以降，東京研究センターが300人を超す最大の拠点となっていた[19]．また1993年には

---

16)　同研究所の本館は，米国人建築家のJ. S. ポルシェクが設計し，日本建築学会賞に選ばれるなど高い評価を得た．これは大屋晋三による意向であり，企業の基礎研究所における環境づくりの先発的試みであった（『日経産業新聞』1989年4月4日）．

17)　同研究所では，第一次石油危機以前まで比較的マイペースな研究が許される環境であったが，危機後は人員が3分の2に削減され，状況が一変した．これを受けて，QC活動による研究の効率化が目指された．研究部門はQC活動になじまない場合も多いが，同研究所は全国的にも盛んな事業所として取り上げられ，合理化に尽力した（『日経産業新聞』1984年1月27日）．

18)　社長であった大屋晋三が，日本のバイオテクノロジー分野における第一人者であった野口照久をスカウトし，創設された（日本バイオテクRANKING MAIL 第1566号 2011年3月28日）．

19)　東京研究所内の生物医学研究所は，「壁が厚く，開発困難な新医薬に挑戦する」こ

132 第Ⅱ部 企業における研究開発活動とグローバル化

千葉研究センターを開設し，樹脂関連の研究機能を集約した[20].

海外においても研究開発拠点を設ける動きが見られ，1993 年にイギリスの Medical Research Council と共同研究を行う帝人 MRC 研究所がロンドンに開設され，医薬品関連の研究が開始された．以上のような目まぐるしい研究開発体制の再編が行われた背景には，繊維・化成品・医薬といった主力 3 事業における体制強化が目的であったと考えられる．

2003 年には，持株会社制に移行して，8 つの事業グループを分社化した組織体制となった．このように事業組織をスリム化していくことによって，事業会社ごとの効率化が目指された．これに関連して，2008 年に岩国事業所内に開設された先端技術開発センターでは，オープンイノベーションを推進するための設備も整備され，岩国の研究者は 5 割程度増加した．一方，基礎研究部門は，東京研究センターに順次移管された．このように成長分野の開拓を急ぐため，複合材料を中心とした先端素材の開発に資源が集中投資され，これによって岩国は重点テーマの技術開発，東京は基礎的な研究を担うという役割分担がより明確となった．

2012 年時点における研究開発体制は，図 5-5 に示している．1990 年代以降は，それぞれの拠点を専門ごとに特化させ，機動性を高める方針がとられてきた．一方，各拠点や組織間での細分化のため，縦割りの弊害も生じてきた．これを補うため，2009 年に複数の研究領域を一つの組織に集約し，東京研究センター内に部門間のシナジー効果を担うための融合技術研究所[21] が

---

とをモットーとし，他の大手製薬メーカーが二の足を踏むようなテーマに注力した．発足当初，医薬の専門家は数名程度であったが，研究員を積極的に国内外に留学させて人材育成を図り，若い研究員による挑戦的な研究所の雰囲気が作り出された．同研究所は国際的にも評価の高い新薬を複数発表するなど，成果を上げた（『日経産業新聞』1985 年 9 月 17 日）．

20) 集約の理由として樹脂部門の技術生産部長であった小西忠は，樹脂の開発はユーザーの要求にきめ細やかに答える必要があるのに対し，帝人の樹脂部門の研究は相模原と広島に分散していたため，「ユーザーに来てもらって共同で研究開発できる状態ではなかった」と述べた．千葉には首都圏の地の利もありユーザーが頻繁に訪れるようになった．また集約の結果として，各研究所の技術者や研究者の交流が促進され，グループ内での営業や研究の重複が改善された（『日本経済新聞』1993 年 8 月 19 日）．

21) 同研究所の研究対象はバイオプラスチックスなどのポリマー技術をはじめとした電子材料やエネルギー関連，先端医療材料などと広く設定され，研究領域の拡大が図られている．

**図5-5 帝人における研究開発機能の分業体制（2012年）**
出所：帝人資料，ウェブサイト，有価証券報告書より筆者作成．

設置された．こうして先端製品への移行が進む一方で，ポリエステル繊維事業の再編が進み，松山事業所は高機能商品の研究開発拠点となり，使用済み衣類などを再利用するリサイクル事業などを担う拠点へと変化した[22]．

また2012年には，グループ会社の大幅な統合再編があり，6社の事業会社

---

22) 『日本経済新聞』2009年8月4日．

が帝人本体に統合され，グループ会社の一部でも統合がなされた[23]．さらに
2013年には，主要子会社である帝人化成についても，本体に吸収された．
2014年には，2017年度までに茨木市の研究所を閉鎖し，松山事業所に統合
する方針も示されている．こうして一度は組織的に分離された研究開発体制
が，急速に集約化の方向に向かっている．

## 2.2.2 東レ

東レの研究部門が，他の機能から独立して組織的に成立したのは1939年
で，従来は滋賀工場の工場部下に設置されていた研究課が研究部へと独立し
たことによる．その後1949年には，研究部から研究所へと独立性を強め，
同年には愛媛工場にレーヨン関連の研究所分室が設けられたほか，名古屋工
場でもナイロン関連の分室が設置された．当時はナイロンの開発初期の段階
であり，研究開発の中身は工業化実験が主であったが，滋賀工場の研究所は
全社的な研究も担っていた．ただし，その規模は小さかった．

1950年代初めになると，レーヨンから合成繊維事業へ重点が移った．東レ
では欧米からの技術導入を推進したが，特許料の支払いが急増したため，基
礎研究を行う必要性が認識された．こうして1956年に，滋賀工場西南の園
山地区に大規模な中央研究所が設立された．さらに1962年には，東京地区
（鎌倉）に基礎研究所を新設し，基礎研究の大幅な拡大が図られ，中央研究所
の周辺にも新たな研究所群が形成された．核心地域である滋賀から離れた鎌
倉に研究所を開設したのは，工場に近接した研究所においては，工場の日常
的な問題が持ち込まれ，新しい研究開発ができなかったことも要因であった
（石井 2010）．

1960年代半ばになると，繊維市場の競争激化，成熟化によって，研究開発
機能の戦略的展開や効率化が重視され始めた．こうして1967年から1970年
にかけて研究開発体制の改革が行われ，研究と事業の密接化が図られた．さ

---

23) 炭素繊維を担う子会社である東邦テナックスに関しても，機構改変が終了してアメ
リカでGM社との関連の新工場を建設する段階で，本体に取り込むとされている（『日
本経済新聞』web刊2012年2月8日）．

第5章 繊維系化学企業の企業文化と研究開発 135

らに1973年の第一次石油危機によって，主力であった合成繊維事業が国際
競争力を失うと，主な研究所の人員数は縮小を余儀なくされ，既存事業への
重点配分がなされた．これによって基礎研究の規模は縮小し，研究人員全体
の約10%程度となった．研究所も再編成が行われ，研究内容の近接していた
川崎の石油化学研究所と基礎研究所が1976年に統合され，研究者の大幅な
削減が行われた．また研究主幹部署制度の導入によって，各研究所において
並行して行われていた同種分野の研究テーマが統合され，管理が強化された.

　しかしながら，1980年代に経営環境に改善の兆しが見えると，全社的に事
業や人の活性化の必要性が強調されるようになり，基礎・探索研究の強化へ
の方針転換がなされた．このような変化の中で，1985年に研究開発活動のヘ
ッドクォーターとして，技術センターが滋賀事業場内に新設された[24]．これ
に伴って技術関係の担当役員とスタッフは技術センターに集中し，開発体制
の再編，技術企画スタッフの機能強化，営業部門との連携強化，情報機能の
充実が目指された.

　また1987年には，社長に就任した前田勝之助により，研究開発本部に所
属していた開発部が廃止された．これは「時間やコストの面で論理が異なる
ことによって互いに負の影響を及ぼすことを避けるための，研究と開発の事
実上の分離」であった[25]．また，研究所はほぼ事業分野ごとに設置されてい
たため，事業間に跨る共通の要素技術についての連携が弱い点が課題となっ
ていた．これに対して，1988年に要素技術連絡会が設置され，基幹となる要
素技術に携わる研究者・技術者が，組織を超えて参加する技術交流システム
が構築された．また，広義の技術センターの発足に伴い，研究所の再編と新
設も進められた[26]．こうして事業ごとの「縦のつながり」の強化を図るとと

---

24)　この一方で，鎌倉の基礎研究所においても，大きな変化があった．同研究所は鎌倉
　市の保存林に囲まれた広大な敷地に立地しており，林の中を散歩するなど，研究時間
　の2割を自分の自由な時間に費やすよう半ば義務付け，独自の文化を有していた．し
　かしながら，より具体的な製品化を視野に入れた基礎研究が奨励される傾向になった
　（『日経産業新聞』1986年1月21日）.

25)　この組織変化は，研究所間の人材異動・交流を促す反面，営業と研究との連携を困
　難にした．こうしたデメリットは容易には解消されなかったとされている（『日経産業
　新聞』1998年11月30日）.

26)　この一環として，滋賀に地球環境研究室が設置された．これに関して当時社長であ

もに，事業間での研究機能の「横のつながり」を構築していくことが課題となった[27]．

1990年代後半になると，繊維市場における中国企業の急成長により，縮小していた輸出だけでなく国内需要も奪われていった．さらに2000年代初頭のITバブル崩壊などの影響も受け，東レは2002年に単体で初の赤字に転落した．このような事態に伴い，研究開発体制の大幅な見直しが行われ，具体的には自前主義を脱却し，人材や技術の外部資源を積極的に活用するオープン戦略への転換がなされた[28]．2000年代前半は研究開発投資が停滞するものの，2000年代後半は急速な増加を見せ，2009年には500億円にまで達した．また構成比としては，情報通信材料，医療・医薬などの額が相対的に大きいものの，バランスの良い投資配分がなされた．

2000年代における研究開発体制の特徴を見てみると，まず基礎研究に関しては，社内研究所間や社外外部機関との融合が目指され，新たな研究所，組織が設けられた[29]．これらの取り組みにより，研究所横断のプロジェクトは倍増し，規模を拡大しながら，研究スピードが増す効果が見られたとされる[30]．一方，開発に関しても，他企業や大学との共同開発を進めるオープン化が急速に進展した[31]．

---

　　った前田は，「東レは昭和2年，滋賀事業所でレーヨン生産の産声を上げました．常々，琵琶湖の生態系の中で育った企業だと自認しており……事業所の足跡がそのまま排水処理をはじめとする公害防止の歴史」と創業地への思いと，その環境保護についての自負を述べている（『日本経済新聞』1992年2月14日）．

27)　東レ元会長・榊原定征の経営企画室時代の回顧録によると，東レの自由闊達な企業文化を取り戻すため，1992年4月から3年間「ID-2000運動」が展開されたという（『PRESIDENT』2010年11月29日号）．なお現在の社長の日覚昭廣も，会社情報の「トップメッセージ」において，「東レという会社は……自由闊達な企業文化を伝統とする会社です」と述べている．

28)　東レアニュアルレポート（2003）．

29)　例としては，2003年の鎌倉における先端融合研究所とオープンラボの設置があげられるほか，国内外の研究開発拠点との融合技術の開拓を目指した，瀬田工場に基盤施設を置くE&Eセンターの設立がある（東レ本社での聞き取り調査による）．

30)　『日経産業新聞』2004年1月13日．

31)　東レアニュアルレポート（2003）によると，2000年度に70～80件だった社外との共同研究が，2002年度には150件強に増加した．これは，2003年から始まったユニクロと製品の共同開発，炭素繊維事業におけるダイムラー社などとの一連の共同開発，これに伴う重要顧客との近接性を活用した名古屋事業場へのA&Aセンターの設置な

**図 5-6　東レにおける研究開発機能の分業体制（2012 年）**

出所：東レ（1997），ウェブサイト，新聞記事，有価証券報告書，聞き取り調査より筆者作成．

138　第Ⅱ部　企業における研究開発活動とグローバル化

　2012 年時点の東レの研究開発機能における国内の分業体制は，図 5-6 に示している[32]．滋賀に多くの研究機能が集まっているものの，機能組織を中心としたコーポレート研究所が主要生産拠点及び鎌倉にも設置されている．分業形態としては，滋賀を核としながらも，化成品の名古屋，炭素繊維複合材料の愛媛，繊維の三島[33] など，主力事業の核となる拠点がそれぞれ一定規模の活動を行っているといえる[34]．

　以上のように，東レにおける研究開発機能の分業体制は，個々の拠点に分散しているものの，中核拠点であり創業地でもある滋賀は一貫して研究開発・生産体制の要となる機能を持ち続けており，同社における研究開発機能の結節点となっている点が特徴的である．また組織形態としては，一部事業を除き機能別組織となっており，研究開発機能の「横のつながり」を重視しているといえる．


## 2.2.3　クラレ

　創業は 1928 年であったが，研究開発に関してはそれ以前から始められていた．具体的には，親会社であった倉敷紡績社長の大原孫三郎の指示のもと，1925 年にレーヨン製造技術研究のために京都に京化研究所を設置し，事業化に向けた研究が行われた．当時多くのレーヨン企業が外国人技術者の指導の

---

　　どに表れている．

32)　2017 年時点でも，概ね同様の分業体制がとられているが，滋賀事業場に 100 億円を投じ，グローバル研究のヘッドクォーターとなる「未来創造研究センター」を整備している．同センターは，2019 年に竣工予定である（東レプレスリリース 2016 年 4 月 14 日）．

33)　三島には 1996 年に総合研修センターが建設されたが，各種の研修施設とともに，「企業文化フロア」が設けられている．

34)　東レについては，第 4 章における分析と同様に，発明者の所属を特定し，2005 年から 2012 年にかけて出願された各拠点における特許の出願状況についての分析も行った．結果として，単一の拠点に所属している発明者の単願及び共願がなされていた特許が全体の 41％と最も多く，そのうち滋賀の拠点のみで出願されている特許数が 52％を占めていた．また他の拠点や組織との共願関係においても，滋賀が含まれている割合が全体の 21％を占めており，次に高い割合を示した愛媛の 6％と差もあることから，中核的な拠点としての役割が大きいといえる．なお帝人とクラレに関しては，分社化していることもあり，拠点の特定が困難であったため，詳細な分析は行っていない．

下に工場の立ち上げを行ったのに対し，同社は京化研究所での研究成果による技術力を基に，自力で工場の立ち上げを行うことが可能であった（クラレ2006，10頁）．

　1928年に操業を開始した倉敷の本社工場では，1933年に研究課が設置された．さらに翌1934年には研究課が生産機能から分離して研究所となり，研究対象も繊維工業分野から一般化学工業分野にまで広げられた．同研究所では，1935年から合成繊維に関する基礎調査をいち早く始めており，1938年以降は本格的な研究が始められた．1940年には岡山の新研究所において試験プラントを設置したが，戦争被害により研究の中断を余儀なくされた．中断していた研究は，倉敷工場において1948年に試験プラントを復元して再開され，"ビニロン"という一般名が命名された．1950年代前半には，ビニロンを中心とした事業展開がなされ，1950年にはビニロンの原料となるポバールを生産する富山工場が建設された．さらに1958年以降，ポバールをビニロン用以外の市販用にも展開し，主力製品の一つに位置付けた．

　ビニロン以外の事業に関しては，1956年に共同出資で玉島レイヨン株式会社を設立し，最新鋭のレーヨン工場を新設した．また1959年にはメタアクリル樹脂を事業化，さらに1964年には，人工皮革におけるパイオニア製品となる"クラリーノ"が開発され，事業の拡大が行われた[35]．関連して，1962年に従来の職能別組織に代えて事業部組織を採用し，レーヨン・ビニロン・ポバールの3事業部が設置された．

　このような多角化を支える研究開発は，1958年に倉敷工場内において研究所を独立させ，1960年には技術研修所を開設するなど，本社工場である倉敷において進められた．しかしながら1960年代後半以降，倉敷工場が手狭となり，1968年に倉敷市北部の丘陵地に中央研究所[36]が新設された．こうし

---

35)　クラリーノ事業の推進については，新素材におけるリスクの面から社内での反対の声が強かったものの，大原總一郎の「天然のものを人工に置き換えることが国家のためになります」という主張に支えられたとされる．http://www.kuraray.co.jp/company/history/story/clarino.html（2016年10月7日最終閲覧）．また1994年当時のクラレの会長であった中村尚夫は，人工皮革に関しては同社と東レ，デュポンの3社がほぼ同時期に開発を始めたが，途中でデュポンが脱落しても断念することなく事業化に取り組むなど，研究開発に関してこだわりと鈍重さを持っていると述べた（『日経産業新聞』1994年11月17日）．

140 第Ⅱ部 企業における研究開発活動とグローバル化

て工場と研究所の分離が行われたが，創業地である倉敷市内という地理的に
近接した地域内での変化であった．

1973 年の第一次石油危機後，事業や設備の整理，コスト削減が進められた．
その一方で，1972 年の国交正常化以降進められていた中国とのプラント輸
出契約が加速するなど[37]，自社技術の輸出が活発に行われ始めた．さらに
1980 年代になると，海外進出も積極的となり，欧米地域でエバール樹脂や人
工皮革の生産が開始された．研究開発組織の変化としては，1988 年に中央研
究所筑波研究室がつくば市に設置された[38]．こうした多角化を進める中で，
倉敷や岡山県以外の地域にも研究開発機能の分散を進め，さらに組織的には，
併存する機能別組織と事業別組織間での情報共有の円滑化が目指された．

バブル経済の崩壊以降になると，同社は化学品事業を強化する一方で，レ
ーヨンの工場集約など低採算事業の再構築を進め，海外進出を推進した．ま
た事業領域の拡大に伴って研究開発が高度化，多様化したため，1994 年に筑
波研究室が研究所となり，倉敷との東西の研究開発体制が確立された．一方，
倉敷においては，1996 年にくらしき研究センターが設立[39]された．2000 年
代初頭，繊維素材各社が不況に陥ると，研究開発戦略の転換がなされた．具
体的には，各研究所を合わせて約 200 人の研究者とカンパニー内の約 500 人

---

36) クラレの中央研究所は，森に囲まれた小高い山の中腹に立地し，他社の中央・基礎
研究所と同様に，長期的な視野に立った基礎研究を行う役割を担った．しかしながら
1987 年において研究所長であった田村益彦は，「研究開発の基本は連想力，多くの製
品が複合技術や既存技術の応用で生まれる」，「経済環境が変われば，研究テーマの選
定や技術開発の方法もおのずと変化する」と，より具体的な応用や，新しいだけでな
く，時代に沿った技術開発の方針を強く掲げていた（『日本経済新聞』1987 年 12 月 4
日）．

37) このような中国へのプラント輸出が積極的に行われた背景には，後述する大原總一
郎の戦争における贖罪意識が深く関係していた（兼田 2012，87-130 頁）．

38) 筑波の拠点は研究学園都市であるというよりむしろ，関東地方に研究拠点がなかっ
たこと，同社の鹿島事業所に比較的近いことなどが立地理由として重要であった．特
に顧客との交流によるマーケットインなどの研究を行うことを目的としており，従来
プロダクトアウトが中心であった倉敷の研究所とは異なる性格を持っていた（クラレ
本社での聞き取り調査による）．

39) センターの中核的研究所であった，くらしき研究所の吉村典昭所長は，「大原イズ
ムはなお健在」とクラレの研究開発における粘り強さを表現した（『日経産業新聞』
1998 年 11 月 8 日）．

の研究者間において相互の交流を促すとともに，特許褒賞も倍増するなど，利益に寄与した個人をより評価する体制がとられた[40]．

2005年になると，倉敷事業所内にあった光学フィルムや液晶関連の研究機能が，フィルムについては玉島事業所へ，液晶ポリマーについては西条事業所に移設された[41]．2007年には開発・技術を一元的に統括するCTO[42]が設置され，効率的な研究開発体制が改めて重視されるようになった[43]．

こうした中で，クラレの創業地である酒津地区は，市街化が進んだことも関係し，拠点の再編が行われた．2007年には，生産・技術開発センターとして玉島地区に新開発拠点が建設され，倉敷市の酒津地区内で部門ごとに分散していた研究開発拠点を集約し，技術者らが集められた[44]．そして2009年からは，太陽電池向け封止材の研究開発に本格的に着手し，倉敷事業所内の生産・技術開発センターに専門の研究開発チームを設置した．

2012年現在，倉敷市内に多くの研究拠点が集中しており（図5-7），全社で800～900人程度の研究員のうち，相当数が倉敷市内に集まっている．また，つくば研究センターは研究機能のみが独立した拠点となっており，50～100人程度の研究人員が配置されている．そして生産機能との関係により，国内各事業所にもそれぞれ製品に関連する開発部が設けられている．生産技術に関しては，研究開発本部とは異なる技術本部下で担われ，生産品目に即した機能が配置されている．さらに岡山県の備前市にはクラレケミカルの鶴海工場があり，同工場内の研究開発センターにおいて，株式会社クレハとの協力で電池に関する研究が行われている[45]．同社は2002年に社内カンパニー制を導入しているが，組織間の壁は低く，カンパニー間で人を動かすことが比較的容易になっているとされる[46]．

---

40) 『日経産業新聞』2002年9月12日．
41) 『日本経済新聞』2005年8月6日．
42) Chief Technology Officer の略であり，主に企業における研究開発分野の最高責任者を指す．
43) http://www.kuraray.co.jp/rd/organization/（2016年10月7日最終閲覧）．
44) クラレ本社での聞き取り調査による．
45) クラレケミカルでは活性炭を活用して電池の負極材に活用できる技術があったが，電池市場へのパイプがなかったため，市場へのパイプを持つ株式会社クレハと協力する形となっている（クラレ本社での聞き取り調査による）．

現在の生産品目
倉敷(酒津)：ポバールフィルム
倉敷(玉島)：ポリエステル繊維
西条：ポバールフィルム，ジェネスタ，ポリエステル繊維
岡山：ポバール・エバール樹脂，ビニロン
新潟：ポバール樹脂，メタクリル樹脂
鹿島：イソプレン，誘導体
鶴海：活性炭

図5-7　クラレにおける研究開発機能の分業体制（2012年）
出所：クラレ資料，ウェブサイト，有価証券報告書より筆者作成．

第 5 章　繊維系化学企業の企業文化と研究開発　　143

　今後，研究機能の集約が進んだ玉島地区の役割が高まっていくことが考えられるほか，2012 年にも倉敷事業所，くらしき研究センターの研究開発機能が強化されており[47]，倉敷を中心として将来的な戦略事業に合わせた組織再編が行われている.

　以上より，クラレにおける研究開発の分業体制は，事業部やカンパニーに組織が分かれ，筑波に拠点を設けているものの，創業地である倉敷が一貫して中核拠点としての重要な役割を果たしている点が特徴的であった.


## 3.　研究開発の場所性と企業文化


### 3.1　事例企業 3 社の経営者と企業文化

　前節までは，事業展開，研究開発機能の立地履歴における企業文化的要素について考察を行ってきた. そこから断片的に見えてきたものとして，企業文化の形成の背景には，強く影響を及ぼした研究者・経営者などのキーパーソンによる企業活動と，それを基盤とした社員個人による企業活動があったといえる. 本節では，事例企業において強い影響力を有した経営者を取り上げ，彼らの意思や言動が企業文化をいかに形成し，研究開発の場所性にどのように関わったかを検討する.


### 3.1.1　帝人──大屋晋三

　2.1.1 で明らかになったように，帝人は繊維から医薬へと事業の柱を転換するとともに，分社化した研究開発組織を再統合しようとしている. こうした帝人の研究開発の転換において，一貫して重要な場所となってきたのは，

---

46)　クラレ本社での聞き取り調査による.
47)　2 カ所に分かれていた液晶部材向けの研究開発機能を，本社から倉敷事業所に集約してポバールフィルム研究開発部を設置したほか（『日経産業新聞』2012 年 7 月 18 日），くらしき研究センター内にリチウムイオン電池の負極材などを開発する電池材料研究所を新設した（『日経産業新聞』2012 年 9 月 5 日）.

東京都日野市の東京研究所である．2.2.1 で触れたように，帝人の研究開発拠点は繊維生産の中心拠点である山口県岩国市に長く置かれてきたが，帝人自体を大きく変えるためには，研究開発の場所を変える必要があったといえる．東京研究所の開設は，帝人において長く社長を務めた大屋晋三によるものである[48]．

大屋は 1918 年に鈴木商店に入社し，1925 年に現在の帝人で働き始めた．1945 年に社長に就任し，1947 年まで在任した後，参議院議員を経て，1956 年に再任されている．在任期間は 26 年に及んだ．大屋の功績として評価されているのは，1957 年に合成繊維"テトロン"を導入したことである．前述したように，帝人は合繊の導入において他社に遅れをとっており，業界 1 位の座を東レに奪われ，窮地に陥っていた．"テトロン"を東レと共同で導入し，増産を進めたことで，帝人の経営立て直しに寄与したとされる．

また大屋は事業の多角化に極めて積極的であり，帝人は，1960 年代から1970 年代にかけて 50 以上の事業へ進出した[49]．この多角化を技術的に支えるため，1960 年代には多くの研究所が開設された．特に 1960 年に新設された東京研究所や，1964 年に開設した茨木市の繊維加工研究所は，工場に近接しない独立した研究拠点であり，大都市圏に立地している点が特徴的であった．この東京研究所では，前述した画期的な医薬品"ベニロン"に関する研究が行われ，後に主要事業の一つとなる医薬事業の原点となった[50]．

同社の多角化は，1980 年に大屋が逝去するまで続けられたとされるが，この過度に積極的な経営方針を許した背景には，社内における大屋の人気があったとされる．「大屋以外の社長は，帝人には考えられない」とする信奉者が若手社員を中心に存在し，事業展開から人事に至るまで，全体として「大

---

48) 大屋は，同研究所を将来的な事業を生み出す中心的な拠点とするため，その環境づくりを意欲的に行った（実業之世界社 1964）．また同研究所は，「静かで快適な環境」をテーマとし，研究者の創意を生かすような空間づくりが目指された（繊維学会編 1967）．

49) 石油開発，化粧品，食品，電子部品，建材，教育機器など（帝人株式会社 1998，165 頁）．

50) 帝人の社内留学制度により，1969 年にアメリカで Ph.D. を取得した富部克彦が，帰国後に東京研究所に配属され，医薬事業の推進に携わった．大屋は留学などを通し，社員の国際性の向上を奨励していたことでも知られている（富部 2009）．

第 5 章　繊維系化学企業の企業文化と研究開発　　145

屋が言うならば仕方がない」という気風が社内にあったことが指摘されている（綱淵 1975）．しかしながら 1980 年代以降，同社は膨張してきた事業の整理に追われることとなり，その影響は 1990 年代にまで及んだ[51]．

### 3.1.2　東レ──前田勝之助[52]

　2.1 で明らかにしたように，合繊不況への対応において，帝人やクラレが不採算部門となった繊維事業を切り離したのに対し，東レは繊維を経営の柱に据え続け，研究開発により「繊維の進化」を追求してきた．東レの研究開発拠点は，滋賀を中心として，名古屋，三島，松山，鎌倉など全国各地に展開しているが，特定の場所にとらわれず，場所横断的な組織が形成され，研究開発が進められてきたという特徴がある．そうした研究成果として知られているものが炭素繊維であるが，これについては前田勝之助との関係が重要である．

　前田は，技術者として 1956 年に東レに入社し[53]，1987 年と 2002 年の 2 度にわたり，同社の代表取締役に就任した人物である．前田の主要な功績をあげると，まず入社後に研究所での勤務を断って配属された愛知工場では，新型溶融紡糸装置を開発し，ナイロン糸製造の独自技術の確立に大きく寄与し

---

51)　1989 年に社長に就任した板垣宏は，合理化からバランスのとれた経営への路線変更を図った．1993 年には，「上司の意見だからといって絶対と思わず，疑問や反論をどんどんぶつけることを奨励，また議論の段階では異論，反論を歓迎する」という新たな社員行動指針を策定し，帝人の企業文化に積極性を取り戻すことに努めた（『日本経済新聞』1993 年 7 月 21 日）．また 1997 年に就任した後任の安居祥策も，「大屋さんが手を広げた事業の整理に追われるうち，存在感のない会社になってしまった．体力のあるうちに手を打たねばならない」と改革を進めた（『日本経済新聞』1999 年 2 月 1 日）．

52)　前田のほかにも，戦後の東レの経営に長く関わり，「東レの中興の祖」と言われた田代茂樹が有名であるが，本章では研究開発機能に注目していることから，技術者出身の前田を取り上げる．

53)　前田は自身が研究所育ちでない技術者であることの強みについて，「工場をあちこち渡り歩いたので，第一線の人たちに随分，顔見知りが多い．ライン（生産現場）の苦しみはわかるつもりでいます．こうした人たちの声をすい上げて，自然にやる気を起こす環境を作ること，これが企業活性化の早道です」と述べ，現場，社内でのネットワークづくりの大切さを強調している（『日経産業新聞』1988 年 8 月 27 日）．

146 第Ⅱ部 企業における研究開発活動とグローバル化

た．また1959年に本社開発部員であった頃には，アクリル系炭素繊維の開発を滋賀の中央研究所のメンバーと共同で開始し，後の主要事業の一つとなる炭素繊維事業の発端を形成した．

アクリルによる炭素繊維の研究は，本社に所属していた前田や，各工場，研究所の社員によって構成されるプロジェクトチームによって1959年から始められた．これは事業所間の社員の異動を伴わない開発チームであり，拠点は滋賀の中央研究所に置かれた．この開発は1963年に最終段階を迎えるものの，コストが膨大であり，将来性が不透明であることから中止を言い渡された[54]．前田は同年に三島工場に異動したが，炭素繊維開発への執着は持ち続け，当時副社長であった藤吉次英に対し，直訴を繰り返した．その結果が実り，開発が再開された炭素繊維は，"トレカ"と名付けられ，まずスポーツ用途として1971年に発売された．炭素繊維は当初，滋賀事業場で試験生産，研究活動が行われていたが，1972年に愛媛工場でより本格的な試験設備が設けられた．前田は1976年に愛媛工場に異動し，生産技術の確立に寄与した[55]．1982年には量産設備が愛媛工場で確立され，産業面での用途開発が進んでいった．

また前田は1987年に社長に就任すると，東レ全体の経営理念を変更した．当時は東レが円高不況に苦しんでいた時期であったが，前田は経営課題の一つとして新しい企業文化の形成をあげ，これに取り組んだ．企業文化について前田は，「社風というのは発想が受身的……この社風をもっと創造的にダイナミックにしたものが，企業文化だと考えている……企業そのものが持っている社風というのを，さらに積極的に捉えて再構築していきたい」という考えを持っていた（東レ経営研究所 2011，196頁）．そのため，経営者からのトップダウン型ではなく，社員から広くアイディアを収集したボトムアップ型で企業文化の形成が行われた（Kono and Clegg 1998）．さらに1995年には，経営環境の変化を受け，再度新たな経営理念が策定された．

前田は1997年に会長に退いたが[56]，東レの業績が大幅に悪化した2002年に時限付きでCEOとして復帰し，徹底的な合理化を進め，業績の改善に大

---

54）『日本経済新聞』2011年10月13日．

55）『日本経済新聞』2011年10月17日．

きく貢献した．前田の「本質追求」，「軸がぶれない思想」，「徹底した分析と解析」といった経営観は，東レ経営研究所の「次世代経営者育成プログラム」にも応用されており，同社における社員の行動に受け継がれている（宗石2012）．

### 3.1.3　クラレ──大原總一郎

　前述したように，クラレの創業及び研究開発，工場立地は，大原孫三郎の意思が大きく影響しており，企業文化として定着している．現在の研究開発拠点は，倉敷，筑波，海外へと拡がり，倉敷においても，敷地などの関係で近隣に新たな研究開発拠点が開設されたりしているが，創業の地を重視するという姿勢には揺るぎがない．クラレの研究開発にとって倉敷は特別な場所といえるが，以下では孫三郎の跡を継ぎ，1939年に経営者となった大原總一郎と倉敷での研究開発との関係を見ていくことにしよう．

　大原總一郎の功績としては，合成繊維“ビニロン”の企業化を積極的に推進したことがあげられる．“ビニロン”の研究は倉敷で始められ，1940年に岡山の新研究所に移転したものの，戦時中に大きな被害を受け，1949年には倉敷で試験プラントを復元させるに至った．しかしながら，量産化には当時約14億円（現在の約500億円）といった莫大な資金が必要であり，当時の企業規模を考えると，無謀な事業であると考えられた．これに対して總一郎は，「一企業の利益のために興す事業ではなく，日本の繊維産業を復興するものだ」と財界を説き，融資に結びつけたとされている（クラレ2006, 18頁）．その後“ビニロン”は順調に需要を獲得し，増産を続けて代表的な合成繊維の一角を占めた．

　さらに，クラレの世界トップ製品の一つである“エバール”開発が難航した際にも，「止めるのは簡単ですが，将来の企業体系を考慮し，止めさせるのは1年先でよい．十分に検討しなさい」と発言し，研究開発陣の背中を押

---

56)　前田退任後の東レは，強烈なリーダーシップと個性を発揮した前田の10年に及ぶ政権下で「指示待ち族」が増え，社員が個性を失い，自由な議論を展開できる土壌が失われていたとされる（『日経産業新聞』1998年12月4日）．

すことで，1 年後の製品化につなげたとされている[57]．このような経験から，独自の技術開発力，粘り強さを重視した企業文化が，孫三郎から受け継がれ，總一郎の下で確固たるものとなった[58]．

　また總一郎は，環境・地域に対して人一倍大きな関心を示した．これは郷土である倉敷や岡山に対する愛着に起因していたものと考えられ（兼田 2012，10-12 頁），孫三郎の設置した大原美術館周辺の倉敷美観地区一帯の整備も，總一郎の理想を反映したものとなっている（井上 1993）．

　總一郎の功績は，2010 年代になっても「世のため人のため，他人にやれないことをやる」という總一郎の DNA として，クラレに受け継がれているとされる（江上 2011，123-152 頁）．この DNA の内容は，①独自技術の開発にこだわり，安易な技術導入，模倣を極力抑制する精神，②真の利益とは，社会貢献の対価としての利益でなければならない，という信念の 2 つにまとめられている．

## 3.2　事例企業 3 社の比較と考察

　ここまで，繊維系化学企業である帝人，東レ，クラレを取り上げ，研究開発機能の空間的分業や場所性と企業文化との関係を検討してきた．3 社とも長い歴史の中で事業構造の転換を重ねてきた．これらの転換の背景には，画期的な製品の開発があり，そうした製品を生み出す研究開発組織の構造・立地は，経営者の意図によって，またそれが社員に共有され形成されてきた企業文化の影響を受けてきた．

　本章で取り上げた 3 人の経営者は，大屋は親会社からの派遣，前田は技術者出身，大原は創業家と，それぞれ背景は異なるものの，いずれも各社の事業，研究開発に大きな影響を与えていた．企業文化の型に関する議論との関

---

57)　http://www.kuraray.co.jp/company/history/storyeval.html（2013 年 6 月 18 日 最終閲覧）．

58)　總一郎の長男である謙一郎は，クラレの副社長を務めたが，1989 年に退任し，大原家はクラレの経営から離れた．クラレは繊維を軸にした化学メーカーとしてイメージ一新を進めており，当時は同族経営色の一掃もその一部であった（『日本経済新聞』1989 年 11 月 18 日）．

連でいえば，大屋が強烈なトップダウン型で「強い企業文化」[59]を形成したのに対し，前田はボトムアップ型を推進し，対照的であったといえる．これに対して大原は，理想を掲げ，DNAとして社員に受け継がれていくという形で企業文化を形成していた．

　こうした企業文化の成立経緯を踏まえ，研究開発機能の空間的分業を比較すると，まず生産拠点の立地と関係なく，大都市圏内に研究所を多く立地させた大屋の方針は，他の2社とは異なる場所性を生み出していたといえる．この結果として，従来の拠点とは切り離された東京の研究所において画期的な医薬品が開発されるといった成果が見られた．しかしながら，工場と一体化した研究開発拠点で見られるような，漸進的な分化過程を経ない研究開発機能の地理的分散は，後の事業整理や分社化による組織的な分散も相俟って，同社の研究開発機能における縦割り構造の形成を助長したともいえるだろう．大屋の下で「強い企業文化」が形成されていた時期は良かったものの，分社化が進められるとともに，それぞれの組織でサブカルチャーが形成されてきたと考えられるが，今また組織の再統合を進めるにあたり，サブカルチャー間の調整をどのように進めるかが問題になるように思われる．

　一方，東レの前田については，自身の技術者としての現場経験を基に，人と人とのネットワークを重視していた．これは特に炭素繊維開発の事例で見られ，事業所間に跨るプロジェクトチームにおいて研究を行うなど，それぞれの場所を活かしながら，組織的な工夫により，場所性を超えた人と人とのネットワークが活用されていた．ネットワークを形成するにあたっては，立場の異なる社員間での関係づくりが重要となる．前田が進めてきたボトムアップ型による企業文化の形成は，その基盤となる環境づくりに寄与してきたと考えられる．その際，創業地である滋賀が多機能を有し，多角化してきた事業分野における研究開発機能の結節点として重要な役割を果たしてきた点も注目される．東レはまた，東京に近い鎌倉に基礎研究所を設け，大学から研究所長を招聘するなど，企業文化に変化をもたせようとする試みを行って

---

59）　企業文化には「強い文化」と「弱い文化」が存在すると指摘されており，とりわけ前者は，組織内外の多方面にわたり様々な影響を及ぼすものであるとされている（Deal and Kennedy 1982）．

きた．オープンイノベーションが重視される中で，異なる文化との接触により，企業文化がどのような影響を受けるのか，こうした点も今後の検討課題といえよう．

さらにクラレに関しても，創業地である倉敷に多くの研究開発機能が維持されてきた．これは東レと同様であるが，クラレについては，創業家である大原家による倉敷への愛着や地域との深い関係が，社員にも広く認識されている点が異なるといえる．また前の2者と比較し，とりわけ研究開発を中心とした企業文化の形成が，トップダウンでもボトムアップでもなく，大原總一郎の技術開発に関わる具体的な功績を積極的に伝えることにより，社員の自発的な理想の追求が促されてきた点が指摘できる．このことが長期的な企業文化の維持を可能にし，同社における「粘り強い」とされる研究開発活動と，その成果にも表れていたといえる．本章では，企業における所有と経営の分離を前提として，経営者の思想と企業文化を区別して論じてきたが，創業者及びその後継者の思想と企業文化が一体的となっている場合，可視的に確認できる研究開発組織の空間的分業関係が，実際には不可視的で暗黙的な企業文化によって，柔軟に連結されていることがある．

以上の分析より，結論として以下の3点を指摘したい．まず1点目は，画期的な製品の開発には，長い期間または莫大な資金を要する場合があり，それを支えるのはその時の経営者の決断だけでなく，それまで形成されてきた企業文化の寄与する部分が大きいということである．例えば，クラレによる独自技術を追求する精神は，経営者が変わっても維持され，その後の世界トップシェア製品の開発につながっていった．

2点目は東レの滋賀とクラレの倉敷にみられたように，研究開発機能の空間的分業において，創業地が中心的な役割を果たしてきたということである．特にクラレについては，創業の地を重視する創業家の意思が企業文化となり，研究開発においても特有の場所性を形成してきたといえる．

最後の3点目は，帝人の東京研究所にみられたように，個性的な経営者によって，研究開発機能の空間的分業が刷新され得るということである．帝人では多角化による独立型研究拠点の設置後，分社化と事業ごとに分散した研究開発の場所が形成されてきた．これに対し東レでは，炭素繊維の研究開発

でみられたように，滋賀を核としたネットワーク型の研究の「場」[60] が形成されていた．これは創業地の求心性が強いクラレとも異なる点といえる．

　企業の行動空間が拡大するにつれて，複数の拠点間で技術・情報の共有を行うことは，ますます重要な課題となる．ここでの分析において，研究開発の組織だけでなく，その空間的分業の構造も，企業の活動を規定する要因であるということが示唆された．とりわけ，このような空間的分業の特徴や場所性が画期的な製品や事業の展開と関係してきた点は，あまり言及されてこなかった．研究開発機能にとどまらず，企業活動全般に対して，より地理的な視角を向けることが必要であるといえるだろう．

---

60)　経営学における「場」の議論では，地理学で扱われる物理的空間よりも，社会的な関係性を重視している（Nonaka and Konno 1998）．東レで見られた場所性を超えた研究開発活動は，場所と「場」の関係を議論する上での重要な事例であると考えられるが，詳細な検討は他の事例を踏まえた今後の検討課題としたい．

# 第6章

## 機能性化学企業の技術軌道と研究開発

## 1. 研究開発と技術軌道

　最近, イノベーションの経済地理学に関する研究が活発になされてきている（水野 2011, 松原 2013 など）. それらの研究では, 産学官連携を通じた知識創造, 地域イノベーションというように, イノベーションを広義にとらえる傾向が強い. これに対して, 狭義のイノベーションともいえる技術革新に関しては, 1980 年代にハイテク工業化による研究開発機能の立地をめぐって, 欧米の工業地理学の研究蓄積がみられる. イギリスにおける研究開発機能の南東部への集中を指摘した Howells (1984) や, アメリカの大企業における研究開発機能が, 一部の主要都市圏に集中していることを明らかにした Malecki (1980b) などがある. こうした一連の研究の成果を受け, Chisholm (1990) がハイテク企業や研究開発機能立地の地域的特徴といった観点から, Malecki (1991) はプロダクトサイクル論やコンドラチェフの長期波動に基づく主導産業の交代に触れながら, それぞれ既存研究を整理している. これらによると, ポストフォーディズム下では, 世界レベルにおいて, 都市や特定の地域へのハイテク工業, 研究開発機能の集中が顕著に見られると, 結論付けられている. しかしながら, これらの研究は研究開発拠点の立地変動について拠点ごとの技術革新の内容や拠点間の分業関係まで踏み込んでおらず, マクロな地域的傾向を指摘したにとどまっている.

　しかも, 研究開発機能の立地をめぐる議論は従来, 製造業立地の中心であった生産機能との関係について, 十分な言及がなされているとは言いがたい. この点に関連して, Storper and Walker (1989) は, 「研究所からイノベーシ

154　第Ⅱ部　企業における研究開発活動とグローバル化

ョンが生じ，それが周辺地域の生産拠点に広がっていく」という考えに対して疑問を提示している．彼らは，①研究開発活動は，空間的分業における研究開発部門以外からの相当な投入がなければ，プロジェクトを遂行したり，有用なイノベーションを生み出すことは不可能であり，②イノベーションは研究所から完全な状態で出現してくるものではなく，その技術が実用的なものとして完全に習得されるには，生産システム全体の中に位置付けられなければならない，と指摘している（Storper and Walker 1989, pp. 102-103）．すなわち，イノベーションの創出において重要な役割を果たしているのは，中心地域の中央研究所などで行われる狭義の研究開発活動だけではなく，周辺地域の生産拠点における技術の醸成が不可欠であるといえる．

　こうしたイノベーションの過程に関する代表的な論者として知られる Dosi（1982）は，技術パラダイムと技術軌道という概念を用いて，技術の革命的な変化と漸進的な変化の関係性を説明している[1]．そこでは，技術パラダイムがひとたび確立されると，技術軌道内において技術が累積的に蓄積されていくメカニズムが述べられている．また進化経済学の議論が浸透するに伴って，最近の経済学・経営学のイノベーション研究において，技術軌道の概念を取り入れた研究成果が増えてきている（Andersen 1998, Souitaris 2002, Mina *et al.* 2007, Kaplan and Tripsas 2008, Thrane *et al.* 2010, Khoury and Pleggenkuhle-Miles 2011, Martinelli 2012 など）．そこでは，技術軌道を鍵概念とした様々な概念モデルが検討されるとともに，実証的には，主に特許や論文データを用いて，特定の産業や企業，技術分野がどのように進化，または経路依存してきたのかについての分析が行われている．その中で，空間的な観点を重視した研究としては，Binz *et al.*（2014）が特定技術と関連アクターに着目し，その国際的な論文ネットワークの空間的な進化を明らかにしている．さらに，技術軌

---

　1）　Dosi（1982）は，まず技術を「実際的かつ理論的な一連の知識，ノウハウ，手法，手順，成功または失敗の経験，さらには物理的な装置や設備」（pp. 151-152）と定義した．その上で技術パラダイムは，「選択された自然科学の諸原理や選択された物質技術に根ざした，選択された技術的問題の解決策のモデル及びパターン」（p. 152）と定義される．つまり，ある技術パラダイムは，長期的に探求すべき技術変化の方向性について他の選択肢を排斥し，ある選択肢を選択してきたことにより成立してきたという考え方である．他方の技術軌道は，「ある技術パラダイムに規定された問題を解決しようとする技術的な活動や進歩の過程」（pp. 153-154）と定義されている．

道と立地とを直接的に結びつける視点もみられつつある（Nomaler and Verspagen 2016）.

　こうした技術軌道とイノベーションの関係を，経済地理の議論に結びつけると，仮にある製品の技術軌道において，特定の生産拠点が初期段階で重要な役割を果たしたとすると，その生産拠点に関連技術が累積的に蓄積され，その後の研究開発においても立地慣性が働き，研究開発拠点としての地理的固着性が形成されるのではないか，という仮説を導き出すことができるだろう．もっとも，このような技術軌道は，産業によって異なることが指摘されている．Pavitt（1984）は，産業部門ごとの技術軌道の相違を規定するものとして，①技術の源泉，②顧客のニーズの性格，③技術優位またはイノベーションの成果，をあげている．Malerba and Orsenigo（1990, 1993），Breschi and Malerba（1997），Breschi（1999）も同様の点に言及し，セクターイノベーションシステム論を展開している[2]．

　とりわけ Breschi（1999）は，イノベーションプロセスの「地理的集中と空間的組織化の強度」が，産業ごとに顕著に異なることを力説し，こうしたイノベーションの空間的群生化をめぐる産業間の差異を，「習熟・競争・淘汰プロセスの相互作用」，さらにはその相互作用に決定的に関与する「技術レジーム[3]」という概念を用いて説明している．そこでは，イノベーション活動の地理的境界の問題や，知識の移転と交流において地理的空間が果たす役割など，イノベーションに関する新たな空間的視点が提示されている．

　このような技術軌道と立地の関係について経済地理学では，笹生（1991）が，技術的・経営的特質に基づく工業の類型化を行い，装置系，機械系，さらにそのより細かい分類における立地的な性格について言及している．また，経営工学の観点から藤本・殿木（1985）は，研究所の立地が，研究開発人材

---

　2）　これらのセクターイノベーションシステム論などについて，より詳しくは松原（2006），安孫子（2012）による紹介がある．

　3）　技術レジームは，ある技術の潜在的な利用可能性の程度を示す「技術機会」，技術の排他的・独占的使用可能性を示す「専有可能性」，技術の累積によるイノベーションの優位性の程度を示す「累積性」，技術の暗黙度や複合度によって異なる「知識ベースの特性」によって構成される．技術レジームのあり方により，ある産業や企業レベルによる技術戦略や行動が規定されるとしている．

156　第Ⅱ部　企業における研究開発活動とグローバル化

の豊富な地域で優位であるものの，実際には企業内の本社や生産拠点との関係に規定される面があるとして，研究開発機能の立地力学的な側面を指摘している．しかしながら，これらの研究では，個別の企業や製品のレベルにまで踏み込まれておらず，特に技術軌道との関係から製造業，さらには研究開発機能の立地が十分に検討されていない．

　本章では，日本の化学産業，なかでも機能性化学企業を取り上げ，研究開発機能の立地履歴の検討と代表的な新製品開発の事例分析を通じて，技術軌道の形成・転換と研究開発機能の立地力学の変化との関係を明らかにすることを目的とする．

　機能性化学企業のうち本章では，電気化学工業（株）（以下，電気化学），昭和電工（株），JSR（株）（旧日本合成ゴム）の3社を事例企業として取り上げる．3社は，それぞれ創業の経緯や時期が異なるものの，創業時より蓄積してきた技術を基盤としながら，時代の変化に対応して製品の研究開発を進めてきた点において，本章の課題に対して格好の素材を提供している．

　化学産業は，上述したMalerbaらのその後の研究をまとめたMalerba（2004）で取り上げられている[4]．この一連の研究の中でCesaroni *et al.*（2004）は，化学産業には汎用製品から専門性の高い製品までが存在しているため，産業内のサブセクターや企業によって技術戦略が大きく異なることを指摘している．つまり，汎用製品を主体とする企業はコストパフォーマンスや「規模の経済」を追求するプロセスイノベーション指向であるのに対し，専門的な化学企業は，顧客志向と高付加価値化を目指すプロダクトイノベーション指向であり，川下との交流が非常に重要である，と述べている．

　このように，化学産業は，扱う製品によって多面的なイノベーションの特性を持っているとされる．とりわけ機能性化学企業の場合，既存の技術軌道に沿って蓄積してきた技術を，ユーザー産業との関係から，より高い技術へと洗練させてきた．そのため，技術変化と立地変化のダイナミズムを分析する対象として好適であり，経済地理学における産業立地論を新たな観点から

---

　4）　ヨーロッパの6つの主要な産業部門（医薬，化学，通信，ソフトウェア，工作機械，サービス）を取り上げ，セクターイノベーションの議論を発展させている．Cesaroni *et al.*（2004）は，化学産業についての章を執筆している．

論じることを可能にすると考えられる.

以下の分析は,2011年5月から2012年10月に筆者が行った事例企業への聞き取り調査,有価証券報告書や社史,新聞記事などの資料分析に基づいている.

## 2. 機能性化学企業3社の立地履歴

日本の化学産業は,戦前から戦後にかけての化学肥料と無機化学中心の構造から,1960年代以降,石油化学工業を中心とした有機化学の時代へと移行していった(伊丹1991).こうした化学産業の発展の中で,石油化学関連の新たな企業が登場してきただけでなく,戦前からの化学企業も,石油化学工業へ進出していった.事例企業である昭和電工をはじめとする,エチレンプラントを有する化学企業は,総合化学企業として国内の化学企業における中核となっていった.

その後,1970年代の石油危機を経ると,汎用製品の合理化と,付加価値の高い製品分野への多角化が求められるようになり,ニーズの多様化,高度化に対応した,より特色のある技術力及び製品の開発が重要となっていった(通商産業省基礎産業局1988).

高付加価値製品の開発では,従来の技術基盤と企業規模が,各社の戦略に影響を与えた.川上から川下まで広い技術領域を持っていた総合化学企業は,多様な分野へ投資を分散し,各分野における専門的な企業との競争を強いられた.その一方で,個別の技術領域に特化してきた化学企業は,得意分野に経営資源を集中させ,電子素材部門などにおいてユーザーとの密接な関係を構築することによって市場を獲得し,利益をあげてきたとされる(島本2009).こうして1980年代以降は,ユーザーに対するきめ細やかな対応を行い,原料を供給する機能性化学品に特化した企業が存在感を示し,高付加価値製品の割合が徐々に高まっていった(機能性化学産業研究会2002).

また,2000年代後半以降における化学企業について,事業戦略による分類を行った橘川・平野(2011)は,従来の総合化学企業や専門化学企業といっ

158 第Ⅱ部 企業における研究開発活動とグローバル化

た工程別の分類ではなく，汎用製品のグローバル化，特定機能製品への特化といった2つの軸に注目している[5]．それぞれの戦略によって分化してきた化学企業の中でも，とりわけ特定機能製品への特化を進める企業にとって，付加価値の高い製品を生み出す研究開発機能の重要性が増してきているといえる．

## 2.1 事例企業3社の概要

事例企業の3社は，日本の化学企業において連結売上高の上位50位以内に位置する企業である（表6-1）．それぞれの売上高，従業員数の規模としては，総合化学企業として長い歴史を持つ昭和電工が比較的大きく，電気化学とJSRが同程度となっている．それぞれ初期の主力事業やその後の事業展開は異なるが，3社ともに主力事業の技術を応用した機能性製品による多角化を進めてきた点で共通している．

まず，各社における会社設立の経緯と事業展開をまとめる．電気化学は，無機化学品カーバイドからの誘導品である石灰窒素を肥料として製造・販売する目的で，1915年に設立された．1916年には福岡県に大牟田工場を，1921年には新潟県に青海工場を開設し，大牟田の石炭や青海の石灰石，水力発電といった立地の強みを活かしながら，肥料の生産を拡大していった．戦後になると，アセチレン系の有機化学事業に進出したのをはじめ，1954年には需要の拡大するセメント事業，1962年にスチレン系の石油化学関連事業，1968年には特殊混和材事業を開始し，事業の多角化を進めた．さらに石油危機以後は，電子材料事業を中心とした機能性化学品に注力してきた．

昭和電工は，1926年に設立された日本沃度（1934年に日本電気工業と改称）を前身とし，1928年設立の昭和肥料との合併により，1939年に設立された．事業内容は，アルミニウムなどの金属，肥料，塩素系薬品，電炉製品の製造販売などで，合併当時には既に横浜市，川崎市，秩父市，大町市，塩尻市などをはじめとした主力拠点で生産活動が行われていた．また1956年には，

---

5) 化学企業が収益を獲得できるタイプについては，第3章第2節を参照．

第 6 章　機能性化学企業の技術軌道と研究開発　　159

表 6-1　事例企業 3 社の概要

|  | 電気化学工業 | 昭和電工 | JSR |
|---|---|---|---|
| 設立年 | 1915 年 | 1939 年 | 1957 年 |
| 本社所在地 | 東京都中央区 | 東京都港区 | 東京都港区 |
| 資本金 | 36,998 百万円 | 140,564 百万円 | 23,320 百万円 |
| 連結売上高<br>（2012 年度） | 341,643 百万円 | 774,680 百万円 | 371,486 百万円 |
| 従業員数（単体） | 2,832 人 | 3,985 人 | 2,474 人 |
| 従業員数（連結） | 5,206 人 | 10,397 人 | 5,659 人 |
| 初期の主力事業 | カーバイド，肥料 | アルミニウム，肥料<br>薬品，電炉製品 | 合成ゴム |
| 主な機能性化学品<br>（2013 年現在） | 放熱材料・放熱基盤<br>蛍光体，機能フィルム<br>接着剤 | ハードディスク<br>電材用ファインカーボン<br>アルミ自動車部品 | 半導体関連電子材料<br>ディスプレイ材料<br>メディカル材料<br>光学関連材料 |

出所：各社有価証券報告書より筆者作成.

　川崎の石油化学コンビナートで誘導品の生産を開始し，石油化学事業に進出した．石油危機時にはアルミニウム製錬事業からの撤退，石油化学事業の見直しなど事業構造の転換を行い，電子素材やバイオテクノロジー分野などへ事業を拡大してきた．

　JSR は，合成ゴム製造事業特別措置法に基づいて，1957 年に国策会社として設立された．その後，1960 年に四日市工場が完成し，ブタジエン，SBR，SB ラテックスなど合成ゴム関連製品の生産・販売を開始した．1968 年には千葉工場，1971 年には鹿島工場が稼働し，生産の拡大を進めた．1969 年には民間企業へ移行し，1970 年代以降は多角化を進め，フォトレジストやディスプレイ素材などの分野に強みを持っている．

　次に，2012 年時点における各社の事業部門別の売上高と営業利益を見てみよう（図6-1）．電気化学では，クロロプレンゴムなどの有機系素材が売上の42％を占めており，利益の面においては，セメントや特殊混和剤などの無機系素材，電子材料，樹脂加工製品や医薬品を含む機能・加工製品などが中心となっている．特に近年，注目される分野としては，同社の技術が蓄積された有機と無機，高分子化学の技術を融合した機能フィルムやフィラーなどの

160　第Ⅱ部　企業における研究開発活動とグローバル化

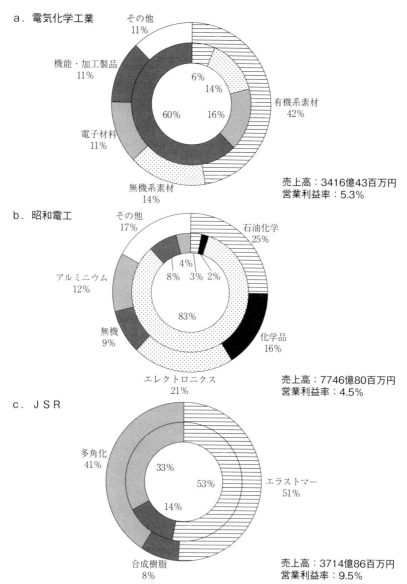

図6-1　事例企業3社の売上高・営業利益における事業別割合（2012年度）
注：外側の円は売上高の事業別割合を，内側の円は営業利益の事業別割合を示している．
出所：各社有価証券報告書より筆者作成．

電子材料がある.

　昭和電工では，電気化学と同様に石油化学や化学品など有機製品の売上高に占める割合が大きくなっている一方で，これら2つの事業は営業赤字となっている．これに対し，同社の収益源はハードディスク（HD）をはじめとするエレクトロニクス事業で，営業利益の83％を占めている．同社は2000年代以降，個々の事業が独立した「総合化学」から「無機・アルミと有機の融合」による技術シナジーの追求で競争力を得る「個性派化学」への転換を掲げており，さらなる事業構造の変革を模索している[6].

　JSRについては，合成ゴムなど，弾力性の強い高分子材料であるエラストマー事業と合成樹脂事業が，依然として売上，利益の多くを占める一方で，多角化事業の売上高も大きくなっている．特に，フォトレジストやディスプレイ素材といった電子材料事業は企業収益を支える基盤事業とされているほか，将来的な戦略事業として精密材料・加工，環境・エネルギー，メディカル材料があげられている[7].

　このように特徴のある機能性化学品をもつ3社について，以下では技術軌道の変遷に留意しながら，研究開発機能の立地履歴を明らかにしていく.

## 2.2　電気化学[8]

　電気化学の祖業であるカーバイド事業は，1912年に藤山常一博士が苫小牧で設立した北海カーバイド工場に技術的起源がある[9]. 同社における創業後の研究は，まず東京都目黒区に設置された研究所が担っていたが，規模としては小さなものであった．その一方で，大牟田や青海の各工場においても，それぞれ農家を中心とするユーザーの需要に応えるための研究活動が行われ

---

6)　2011年から2015年の中期経営計画「ペガサス」においては，「進化する個性派化学」を目指していくことが掲げられている（昭和電工ニュースリリース2010年12月1日）.
7)　中期経営計画『JSR2013』（2011〜2013年度）による.
8)　以下，本文中の，注を付していない歴史的な経緯については，電気化学工業株式会社（2006）に依拠している.
9)　当時のカーバイド工業の立地については，風巻（1955）が詳しく論じている.

162　第Ⅱ部　企業における研究開発活動とグローバル化

ていた．現在でも主力商品の一つであるカーバイドと石灰窒素に関する技術
は，特に大牟田，青海の工場で蓄積されてきた（図6-2）．

　戦後になると，カーバイドの誘導品を活用したアセチレンによる有機合成
研究が拡大され，1950年代半ば以降は，これに関連する誘導品開発が推進さ
れた．これら有機合成分野への新たな進出には，アセチレンがカーバイドの
誘導品であり，既存事業の原料と深く関係するものであった．このようなカ
ーバイドの派生品に関しては，乾電池や伝導性ゴムに使われるアセチレンブ
ラックの生産が大牟田工場で戦前から始められていたほか，戦後は青海工場
において，酢酸，酢酸ビニール，塩化ビニールなどのアセチレン系素材の事
業化が行われ，技術の深耕がなされた．

　さらに，この技術的系譜の延長には，1962年に国内で初めて事業化された
クロロプレンゴムの「デンカクロロプレン[10]」もある．クロロプレンゴムは，
アセチレン系素材を原料として利用しているほか，同社が培ってきた焼成技
術の応用によって開発された．この開発にあたっては，1951年から青海工場
でアクリロニトリルのパイロットプラントでの試験を行っていたことが大き
く貢献したとされている[11]．

　カーバイド生産や原料に関連する技術を応用したセメントや特殊混和材は，
1950年代に青海工場で生産が始められ，同工場が当該研究部門も担った．他
方で大牟田工場も，1971年にはカーバイドや石灰窒素の製造で培った焼成技
術を応用して溶融シリカや窒化ホウ素[12]の販売を開始するなど，ファイン
セラミックス分野をも担う拠点へと変化していった．こうして現在も同社の
主力事業の多くの製品が，既存の無機化学の生産拠点における技術蓄積の延

---

　10)　自動車部品や各種ベルトなど，多用途に用いられているデンカクロロプレンの製造
　　　技術開発は，1964年に「第10回大河内記念生産賞」を受賞しており，内外からの注目
　　　を集めた技術であった（電気化学工業株式会社 1965, 340-343頁）．
　11)　クロロプレンを製造する上での難点は，爆発事故を起こしやすい点にあったとされ
　　　る．しかしながら，同社はアクリルニトリルやアセチレンといった有毒または爆発し
　　　やすい物質を原料とする研究や製造を日々行ってきたため，それが活かされたとの指
　　　摘がある（電気化学工業株式会社 1965, 340-342頁）．
　12)　溶融シリカは熱膨張係数の抑制と電気絶縁特性に優れ，主に半導体封止材用フィラ
　　　ーとして用いられる．また窒化ホウ素は，熱伝導性，耐熱性，耐食性，電気絶縁性，
　　　潤滑・離型性などに優れた特徴を持ち，粉末として各種添加剤に用いられるほか，成
　　　形品として半導体製造装置の各種部品などに用いられる．

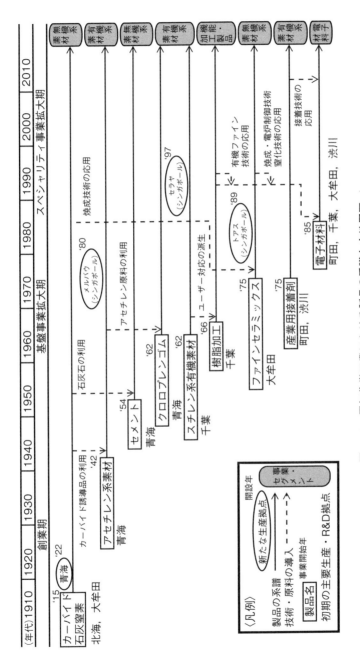

図6-2 電気化学工業における製品の系譜と立地履歴

出所：電気化学工業株式会社（1965, 2006），電気化学工業ウェブサイト，聞き取り調査，有価証券報告書より著者作成．

長として生まれてきた.

一方,石油化学関連事業では,千葉工場がスチレン系有機素材の生産を担い,1963年には同拠点にポリマー研究所が発足した.同研究所の当初の業務は,プラスチック製品についてユーザーの要望へ応えることが中心であった.同研究所はユーザー対応によって積み上げてきた技術を派生させ,1969年に加工技術研究所となり,同社の基盤技術の一つとなるプラスチックなどの加工技術を蓄積していった.

無機から有機への事業分野の拡大に伴って,中央研究所の機能も強化が求められるようになった.目黒の研究所は,1959年に中央研究所となったが,徐々に手狭になったこともあり,1962年に東京都町田市へ移転した.町田の中央研究所における研究範囲は徐々に拡大し[13],同研究所の研究を起源とする製品も生まれ始めた.その一例が,産業用接着剤の「ハードロック」である[14].

1970年代の石油危機時には,収益性の強化が求められ,同社においても機能性商品の開発が急務とされた[15].とりわけ電子材料事業が新規事業の最重点分野として定められた.これを受け,1985年には町田の中央研究所と千葉の加工技術研究所で担っていた電子材料の研究を一本化して,新たに電子材料研究所が設置され,中央研究所の敷地内に機能が集約された.同社の電子材料には,大牟田工場を起源とする焼成・電炉制御技術,窒化技術だけでなく,千葉で展開されてきた有機ファイン技術も活用されている.さらに近年では,中央研究所を起源とする接着技術を応用した製品にも注目が集まっている[16].

---

13) 1970年頃からファインケミカル分野の開拓を目指した研究が加えられ,1974年頃には特殊セメント・無機系新建材・接着剤・新電子材料などの研究も加わった(電気化学工業株式会社 2006).

14) この製品は自社の素材を使っておらず,既存の製品チェーンからの派生品ではない点が特徴的であった(電気化学工業本社での聞き取り調査による).このハードロックの生産は,1975年に群馬県の渋川工場で始められた.

15) 『日経産業新聞』1982年2月10日.

16) 接着技術を応用した電子素材「テンプロック」は,積層されたスマートフォン用強化ガラスを強固に接着し,加工を容易にする技術として注目されており,2012年度高分子学会賞(技術部門)を受賞している(電気化学工業ニュースリリース2013年5月1日).

第6章　機能性化学企業の技術軌道と研究開発　165

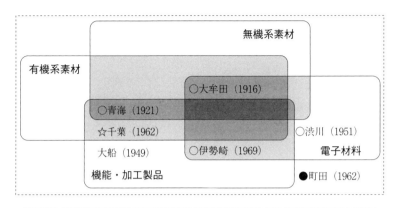

図6-3　電気化学工業における研究開発機能の分業体制（2012年）

注：無印の拠点は，主に生産機能を担う．色の濃淡は，分類される事業・セグメント数の多少を表す．事業・セグメント数が多いほど濃い枠としている．事業部門R＆Dは主に特定の事業に関する研究開発機能を担う拠点．全社部門R＆Dは基礎研究や分析など，将来的な事業や共通部門を担う拠点．事業・全社部門R＆Dは事業部門R＆Dと全社部門R＆Dの両方を担う拠点を示す．大船工場は2003年に合併した東洋化学（株）の拠点．また伊勢崎工場は，2007年に子会社のデンカ化工（株）から本社へ移管された拠点である．
出所：電気化学工業株式会社（1965, 2006），電気化学工業ウェブサイト，聞き取り調査，有価証券報告書より筆者作成．

　2012年時点における研究開発機能の分業体制を見ると（図6-3），まず独立した研究所である中央研究所と千葉工場のポリマー・加工技術研究所（加工技術研究所から改称）で全社的な研究が行われている．次に工場内の組織として，青海工場で無機材料全般の研究，大牟田工場でセラミックス材料全般の研究がそれぞれ行われている．これらの拠点では，研究開発に携わる研究員数が中央研究所よりも多くなっている．また，千葉工場で高分子材料の開発と樹脂加工技術の研究，渋川工場で電子部材全般の研究，伊勢崎工場で食品包装市場全般の研究がそれぞれ行われている．
　海外での研究開発機能の展開に関しては，2010年代に入ってから動きがあった．海外の主な生産拠点はシンガポールにあり，メルバウ工場でアセチレンブラック，トアス工場で溶融シリカ，セラヤ工場でスチレン系樹脂が生産されている．前二者の工場に対しては製品系列上，大牟田工場が技術的サポートを行ってきたが，トアス工場では現地で雇用した技術者によって，この

166 第Ⅱ部 企業における研究開発活動とグローバル化

機能が担われるようになった[17]．またセラヤ工場に対しては，千葉の人員が顧客向けのテクニカルサービス機能を担ってきたが，2011年に技術サービスセンターが設立されたため，同機能が移管された[18]．

ところで，電気化学については発明者の所属を特定し，2005年から2012年にかけて出願された各拠点における特許の出願状況についての分析も行った[19]．結果としては，単一の拠点に所属している発明者によって単願及び共願がなされていた特許が全体の81％と極めて多く，そのうち青海の拠点のみで出願されている特許数が42％を占めていた．次に高い割合を示していたのは大牟田（21％），渋川（15％）であり，中央研究所の立地する町田は6％にとどまっていた[20]．以上のように，電気化学の分業体制は，生産拠点との「縦のつながり」が強く，主に事業組織別，生産拠点別に分散した形態がとられていた．

## 2.3　昭和電工[21]

昭和電工の研究活動は当初，各工場の研究課または分析課が必要に応じて担当した．その例としては，横浜工場のアルミナ製造に関する水溶液化学の研究，アルミニウム生産を担う大町工場の溶融塩電解や電極に関する研究があり，塩尻工場には研磨剤研究所も併設されていた（図6-4）．終戦後も数年間は戦前の研究体制が踏襲され，内容としては尿素，塩化ビニール，アクリロニトリルなど新事業の研究が，地理的・組織的に分散して行われていた．

ところが，1950年頃になると，総合的な中央研究所の新設が経営方針として打ち出され，1951年1月に総合研究機関として川崎工場敷地内に研究所が

---

17)　電気化学工業本社での聞き取り調査による．

18)　『化学工業日報』2011年7月5日．

19)　昭和電工とJSRに関しては，データの制約上，拠点の特定が困難であったため詳細な分析は行っていない．

20)　青海工場で生産され，セメント強化などに用いられる特殊混和材は，材料，施工方法，用途と特徴が多岐にわたる製品群であり，特許を積極的に出願している．そのため，青海工場の特許数が多くなる傾向にある（電気化学工業本社での聞き取り調査による）．

21)　以下，本文中の，注を付していない歴史的な経緯については，昭和電工株式会社（1977，1990）に依拠している．

新設され，同年4月に中央研究所と改称された．中央研究所の主な任務は，新製品製造に関する研究及び工業化試験，製造技術上の重要課題の研究などを集中的に行うことであった．中央研究所は，1957年に東京都大田区の多摩川河畔の新社屋に移転した．

1967年になると，製品別事業部制が導入され，多角的な事業を行う組織形態へと変化した．1969年には，技術導入によって，大分石油化学コンビナートでエチレンの供給を開始した．総合化学企業として川上から川下までの一貫生産を担うようになると，研究機構の改革も行われた．既存の中央研究所は各事業部から分離させ，各事業部の研究所が，相次いで関連工場の敷地内に新設された．1970年には秩父工場内に金属研究所，翌1971年には塩尻工場内に熔業研究所が加わり，1973年には新事業部研究所として石油化学事業部の大分研究所及び石油化学川崎研究所が，化学品事業部には化学品研究所が川崎，千鳥，東長原に設置された．

さらに1970年代後半になると，これまで中央に集中していた技術陣を各工場に分散させ，事業分野別に現地主義を徹底させようという方針が打ち出された[22]．その一環として中央研究所から複数の研究所が分離独立し，その約半数にあたる4研究所が1980年までに川崎工場周辺へ移転した[23]．

一方，当時の中央研究所では，秩父工場へ新事業を導入するため，GaP-LED（リン化ガリウムLED）の基盤技術の研究が進められていた．ガリウムはアルミニウム製錬時に生じる不純物であるため当初，横浜工場においてその抽出などが検討されていた．秩父工場は，主力製品であったフェロクロムにおける国際競争力の低下により，苦境に陥っていた．GaP-LEDの量産技術は，主に中央研究所と秩父工場の協力により確立され，同工場の新たな主力商品となった[24]．また，1983年にアルミニウム製錬が全面停止された大町工場では，同年に研究所が新設され，アルミに変わる新製品として超高性能カーボンファイバーの工業化研究が行われた[25]．こうして開発されたカーボンナノ

---

22) 『日本経済新聞』1979年7月16日．
23) 『日経産業新聞』1981年1月8日．
24) http://www.sdk.co.jp/contents/recruit/html/new/technology03_03_01.html（2014年1月4日最終閲覧）．
25) 信州大学工学部の小山恒夫教授，遠藤守信助教授（当時）らが開発した技術を基に

168

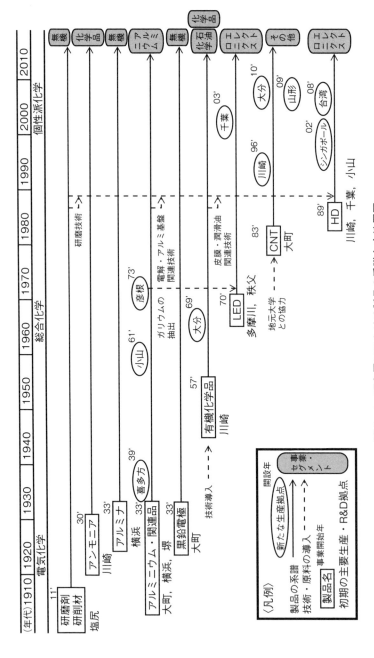

図6-4 昭和電工における製品の系譜と立地履歴

出所：昭和電工株式会社（1977, 1990），昭和電工ウェブサイト，聞き取り調査，有価証券報告書より筆者作成．

チューブ（CNT）も，同社における有力事業の一つとなった[26]．

　加えて，1984年に川崎工場敷地内の研究所で研究が開始されたHD事業は，市原市の千葉事業所において1989年に本格的な生産が始められた．同事業所では，1986年にアルミニウムの製錬が停止されており，雇用維持の側面からも，新たな事業が必要とされていた[27]．HDは記録媒体であるHDドライブに組み込まれる基幹部品の一つであり，社内で蓄積されてきた電解，アルミ基盤，研磨，皮膜，潤滑油などの技術の融合によって生まれた製品である．このように昭和電工では，大学などの外部の研究機関や社内の中心的な研究開発拠点で生み出された技術を，主力事業を失った工場に移転することによって，当該工場の新規事業として確立される例が複数みられた．

　1993年になると，千葉県千葉市緑区の土気緑の森工業団地に新研究所が設置され，手狭になっていた大田区の総合技術研究所（中央研究所から改称）などから研究員が配置転換された．これに伴い，大田区の拠点はその役目を終えた．新研究所へは，社内に分散している事業分野間の研究交流を促進するため，当時1,200人程度であった全社の研究員のうち，500人程度を集約する方針が示された[28]．しかしながら，このような大規模な集約は困難であり，実際にはより小規模な集約にとどまった[29]．

　1990年前後に立ち上げられた新規事業の中でも，HD事業は目覚ましい成長を見せた．これに伴い，1997年には千葉事業所に研究開発センターが設置され，2007年にも新たな研究開発棟が建設された．ここでは顧客のニーズに合わせ，一部の量産機能も担うなど[30]，生産機能と開発機能が強く結びついている．またHDの生産はラインごとに異なるため，市原だけでなくHDの生産拠点である小山，山形，シンガポール，マレーシア，台湾の各事業所で，国内外の顧客と密接に結びついた開発が行われている．そのため，市原がマ

---

　　研究が始められた（『日経産業新聞』1982年2月5日）．
26)　カーボンナノチューブの量産は，1996年に川崎事業所で始められ，2010年には大分コンビナートにおいても生産が行われている（昭和電工ニュースリリース2010年3月19日）．
27)　昭和電工本社での聞き取り調査による．
28)　『日本経済新聞』1992年1月7日．
29)　昭和電工本社での聞き取り調査による．
30)　昭和電工ニュースリリース（2006年8月31日）．

170　第Ⅱ部　企業における研究開発活動とグローバル化

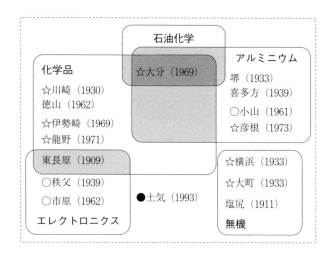

**図6-5　昭和電工における研究開発機能の分業体制（2012年）**
注：無印の拠点は，主に生産機能を担う．色の濃淡は，分類される事業・セグメント数の多少を表す．凡例の内容は図6-3に同じ．事業・セグメント数が多いほど濃い枠としている．徳山事業所は1999年に合併した旧徳山石油化学（株），堺事業所は2001年に合併した旧昭和アルミニウム（株），伊勢崎事業所，龍野事業所は2010年に合併した旧昭和高分子（株）の拠点．
出所：昭和電工株式会社（1977, 1990），昭和電工ウェブサイト，聞き取り調査，有価証券報告書より筆者作成．

ザー工場として位置付けられ，最先端の技術研究が行われているものの，そこから全ての技術が他の生産拠点に移管されているわけではないとされる[31]．

　2012年現在の研究開発機能における分業体制を見ると（図6-5），まず同社の研究開発人員は，全社的な研究業務を担うコーポレートの研究本部と，事業部の研究組織に約1対3の比率で配置されている．土気の研究開発センターで次世代の研究が担われるとともに，土気には安全性試験センターも立地している．これに対して川崎には，応用化学品研究所，生産技術部に属するプロセス・ソリューションセンターが立地しており，より生産機能と密着した研究が行われている．応用化学品研究所の機能は，他の拠点にも点在しており，川崎のほかに大分，兵庫県の龍野，群馬県の伊勢崎が中心的な機能を

---

31)　昭和電工本社での聞き取り調査による．

担っている．またコーポレートの研究開発人員として，神奈川県伊勢原市に包装材料関係，滋賀県彦根市にパワー半導体関係の人員が配置されている[32]．

さらに栃木県の小山にあるアルミニウム技術センター，市原の HD 事業部の組織は，各事業部に所属する研究員が配置されている．その他にも，生産拠点に主に開発機能が付与され，特に関連子会社との合併を進めたことにより，事業拠点の数が非常に多くなっている[33]．そのため，土気や川崎を軸としながらも，全体としては事業組織別に研究開発機能が分散しているといえる．

## 2.4　JSR[34)]

JSR の主力事業となる汎用合成ゴム SBR の国産化は，原料のブタジエンの製造を含め，アメリカからの技術導入に依存した（図6-6）．ここでは資料を省略しているが，まず初期の研究組織がどのようなものであったかを見ておく．創業前後の研究は，東京の麻布にあったブリヂストン東京研究所内の飯倉研究所で行われた．その後は同研究所を源流とした2つの流れがあり，まず1つ目は，1959 年に東京に設置された関東加工技術研究所と，翌 1960年に神戸に設置された関西加工技術研究所であり，主に顧客対応の技術サービスを担った[35]．もう一方の流れは，1959 年に四日市工場製造第二部に設けられた研究課から始まるものである．同課が 1961 年に研究所となると，合成ゴム改良のための基礎研究，新合成ゴムの研究，ブタジエン及び $C_4$，$C_5$ 留分の研究などが進められた．

---

32)　昭和電工本社での聞き取り調査による．

33)　2001 年には子会社の昭和アルミニウム株式会社を，2009 年にも同じく子会社の昭和高分子株式会社を吸収合併している．昭和電工は化学企業としての企業規模に対して国内の事業所数が多く，小規模な拠点も多いため，効率化を図るための立地再編が検討されている（『東洋経済オンライン』2012 年 12 月 6 日）．

34)　以下，本文中の，注を付していない歴史的な経緯については，JSR 株式会社（2008）に依拠している．

35)　関東・関西加工技術研究所は，1966 年に営業部門へ移管され，研究所内の自主研究部門は，1966 年に設置された総合加工技術研究所に統合された（JSR 株式会社 2008，95-96 頁）．

172    第Ⅱ部　企業における研究開発活動とグローバル化

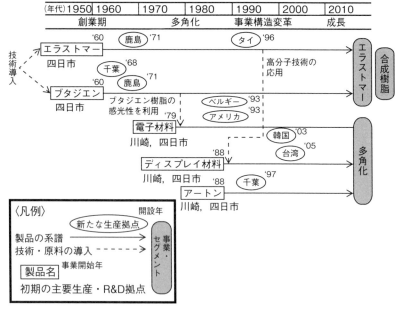

**図 6-6　JSR における製品の系譜と立地履歴**

出所：JSR 株式会社（2008），JSR ウェブサイト，聞き取り調査，有価証券報告書より筆者作成．

　こうして同社の中心的な研究拠点となっていった四日市工場研究所は，1964 年に本社に研究開発本部が設置された際に工場から分離され，四日市研究所として本社直轄の組織となった．また 1966 年には，川崎市の生田に中央研究所が新設され，1967 年には総合加工技術研究所が四日市から移転し，1969 年には四日市研究所の合成部門も中央研究所に統合された．こうして関東の独立研究所と，中核的な生産拠点でもある四日市との二極体制による研究開発体制が整えられた．

　その後，1971 年のニクソンショックによって業績が大幅に悪化すると，基礎研究部門の人員が大幅に削減された[36]．この影響は東京研究所（中央研究所から改称）で著しく，研究員の数が半減した．また，東京研究所と四日市の開発研究所の役割分担が明確化され，前者は新規事業の研究を，後者は既存

---

36)　この削減により，1972 年度には研究員数が 325 人となった（JSR 株式会社 2008, 200 頁）．

事業の研究をそれぞれ担うこととなった．さらに，四日市工場とは異なる潮流として，関東，関西にそれぞれ設けられていた製品研究所（加工技術研究所から改称）が，四日市の開発研究所に統合された．

第二次石油危機後は，再び新規事業への進出が積極的に展開され，新たに採用された研究員は，1979年に市場参入した電子材料であるフォトレジストなどの，新規事業分野へ優先的に配置された[37]．フォトレジストの研究開発は，1969年に生田の中央研究所で行われていたブタジエンゴムの改良研究に起源を持つ．ここでの研究開発の過程で開発されたブタジエン樹脂の感光性が注目されたため，1971年頃から千葉大学を通して三菱電機や東芝などと共同研究が始められた．同じ頃，中央研究所から改称された東京研究所には，クリーンルームが設けられるとともに，四日市の開発研究所には，パイロットプラントが設置された．

フォトレジスト事業は当初，研究成果が出ず，事業中止の声も多く出された．しかしながら，1986年にフォトレジストの研究陣と装置が生田の東京研究所から四日市工場内に移転をされると，本格的な製品開発が進み出した．フォトレジスト事業では，物質の基本特性だけでなく，顧客が実際に使用した際の実用特性が重要であり，さらに製造レベルでの技術も蓄積する必要があった．そのため，工場内での研究開発活動が有効であったと指摘されている（機能性化学産業研究会 2002）．

新規分野の事業化が進む中で，東京研究所では，本来の役割である基礎研究を担う人員が不足していた[38]．このような背景から，新規分野の研究に専念する環境が必要とされており，1989年に新設された筑波研究所に一部の機能が移転された．同研究所には東京研究所からバイオ・メディカル研究グループ，新素材探索グループ，分析・技術評価グループが移動した．これに伴

---

37) 新規事業分野のうち，光・電子材料関連について見ると，約2,000人前後の全従業員に対する研究員の割合は，1980年の7％から1985年には15％へと倍増し，約40億円から約80億円に増加した研究開発費内での割合も，10％から17％まで上昇した（JSR株式会社 2008, 225頁）．

38) 当時の東京研究所は，1980年代に次々と事業化された新規事業における商品開発に人員が割かれ，基礎的な研究に取り組める人員が不足していた（JSR株式会社 2008, 396頁）．

い，東京地区の人数は大幅に減少した．

また東京研究所では，周辺の急速な宅地化によって研究開発業務の遂行に支障をきたす恐れが生じていた．そのため，同研究所の機能は1995年までに四日市と筑波のいずれかに全面的に移管された．その結果，筑波研究所の役割は，「光・電子分野の次期商品開発及び新分野を含めたシーズ開発」となった．また四日市研究所の役割も，事業部門関連テーマ比率の上昇，共通技術支援テーマの集約，さらには東京研究所からの機能移転によって，大幅に拡大した．

この過程で，1982年から東京研究所で行われていたディスプレイ素材の研究は四日市工場に移管され，設備の充実が図られた．ディスプレイ素材についても，研究開発拠点と生産拠点の密接なやり取りが重要であり，同事業の推進において重要な意味を持った．さらに1986年には液晶ディスプレイに用いられる位相差フィルムの原料として高シェアを持つ，透明樹脂アートン[39]の研究も，四日市研究所長をリーダーとして始められた．アートンのパイロットプラントは四日市に設けられ，ユーザー企業と協力しながら研究開発が進められた．

2012年におけるJSRの研究開発機能の分業体制を見ると，国内2地区4研究所体制で研究開発が行われ，四日市には四日市研究センターと2007年に新設された精密加工研究所が設置されており，グループ全体で800人程度の研究開発人員のうち8割弱が四日市に集中している（図6-7）．四日市は最大の生産拠点でもあり，約3,000人の従業員のうち，5割から6割程度が集中している．また筑波研究所では，バイオ・メディカル関連の研究が行われている．さらに新事業のシーズを創出する基礎研究に関しては，外部機関との連携を推進している[40]．2000年代半ば以降は，海外拠点においても研究開発が行われてきている．この点については，次章でより詳しく述べる．

---

39) アートンの製造技術は，1994年度の高分子学会賞を受賞するなど，高い評価を受けた（JSR株式会社 2008, 392頁）．

40) 具体的には，2007年に近畿大学と共同で「近畿大学分子工学研究所—JST機能材料リサーチセンター」を設置した．この研究施設は福岡県飯塚市の同大学キャンパス内に設置され，エレクトロニクス，環境・エネルギー及びメディケアの諸分野における基礎研究が行われている．ここには大学の教員やポスドクなど約40人が所属し，

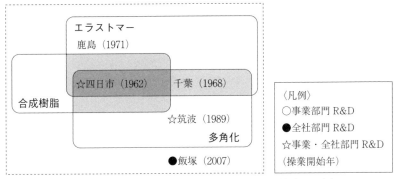

**図 6-7 JSR における研究開発機能の分業体制（2012 年）**
注：無印の拠点は，主に生産機能を担う．色の濃淡は，分類される事業・セグメント数の多少を表す．凡例の内容は図6-3に同じ．事業・セグメント数が多いほど濃い枠としている．
出所：JSR 株式会社（2008），JSR ウェブサイト，聞き取り調査，有価証券報告書より筆者作成．

　同社は四日市で創業し，拡大期には関東圏に研究拠点を拡大したものの，現在は海外を含め工場と研究所の近接性を活かした迅速な事業化を重視しながら，主力拠点への集中的な研究開発体制をとっている．


## 3．研究開発組織の立地力学

　この節では，戦前の無機化学の時代（第Ⅰ期），戦後の有機・石油化学の時代（第Ⅱ期），石油危機以降の機能性化学の時代（第Ⅲ期）に区分し，それぞれの時期における事例企業の中核的な研究開発拠点と技術軌道との関わりを論じる（図6-8）．その上で，東京大都市圏に立地してきた中央研究所などの独立研究所と，地方の生産拠点に付設されている研究開発拠点との立地力学を考察することにしたい．

---

　　JSR からも一部の研究員が派遣されている（JSR 四日市事業所での聞き取り調査による）．

176　第Ⅱ部　企業における研究開発活動とグローバル化

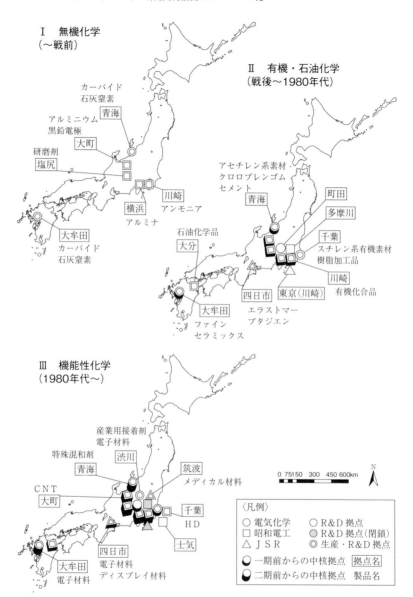

図 6-8　機能性化学企業における研究開発機能の立地力学

注：各期における中核的な拠点，主要製品のみを示している．
出所：各社ウェブサイト，有価証券報告書，各社への聞き取り調査より筆者作成．

## 3.1 中核的研究開発拠点における技術軌道

### 3.1.1 電気化学

　第 I 期における電気化学の中核的研究開発拠点は，大牟田と青海の地方工場に併設された研究所と，東京都目黒区の研究所である．目黒区の研究所は小規模であったこともあり，発祥工場である大牟田において，電気分解や窒化，焼成などのカーバイドに関連する技術が蓄積されてきた．また青海についても，豊富な水力と資源を活用し，大牟田と同様に，カーバイド関連の技術を蓄積してきた．

　戦後の第 II 期になると，千葉でのスチレン系モノマー技術，新設された中央研究所を起源とする，有機合成による接着技術といった，カーバイドからの派生技術とは異なる技術軌道が形成された．その一方で，大牟田や青海においても，カーバイドの誘導品や，その関連技術を用いたアセチレン系の事業やファインセラミックスなどの新事業が生まれ，同事業所における技術軌道の新展開を支えた．

　こうして地方の生産拠点で長年蓄積されてきた技術が，第 III 期において新たな事業展開につながった．すなわち，中央研究所が担ってきたような基礎的な研究が一部に限定される一方で[41]，創業時からそれぞれの拠点において蓄積されてきた技術を結集した電子材料などの機能性化学品が強みを持つようになった．この時期には，電子材料の中心的な生産拠点となった渋川も加えて，各生産拠点における研究開発活動が中心的になっている．

　以上のように，化学産業に対する需要の変化とともに，主力製品はカーバイドからファインセラミックス，電子材料へと変化してきた．しかしながら，その多くはカーバイドから派生してきた技術を共通の基盤としており，新たな技術と融合しながら，地方の生産拠点にも分散した研究開発体制が構築されてきたといえる．

---

41)　バブル崩壊後に，中央研究所において研究員の大幅な削減が行われた（電気化学工業本社での聞き取り調査による）．

## 3.1.2 昭和電工

　昭和電工は，合併によって設立されたこともあり，第Ⅰ期における研究開発の中核拠点が分散していた．1900年代から微粉加工を行ってきた塩尻をはじめ，国産アルミニウムの製錬に初めて成功し，黒鉛電極の生産も担う大町，国産技術と機械によって日本で初めてのアンモニアの合成に成功した川崎，さらには日本初のアルミナを製造した横浜などの事業所において，それぞれの製品に関する技術が蓄積してきた．

　第Ⅱ期においては，東京都に立地した中央研究所が多くの研究員を有し，中核的な拠点としてやや集中的な体制となった．しかしながら，事業部制の導入以降は，技術軌道の異なる分野ごとに組織化され，地理的にも再度分散が生じた．その中で，中央研究所が多摩川に移転する前に立地していた川崎事業所は，同社の有機合成における技術軌道の起源となった．さらに石油化学コンビナートに進出した大分も，同社の石油化学関連技術の中核拠点として存在している．

　第Ⅲ期になると，地理的に分散した研究開発機能の集約を図り，新たな拠点として千葉県の土気に研究開発センターが設けられた．同センターは同社における先端的な研究を担っているが，かつての中央研究所とは異なった位置付けとなっている．前節でも述べたように，計画された大幅な研究員の集約が困難であり，同社が総合化学企業から，より特徴的な事業に特化する個性派化学企業へと方向性を転換したこともあり，従来の事業で蓄積されてきた技術を基にした上での先端研究が求められているといえる．

　同期において中心的な事業となったHD事業については，市原で生産が始められるまで，川崎において研究開発機能が担われていた．同事業は，同社の基盤となる電極やアルミ基板，研磨といった様々な技術の融合により強みを持つとされる．このような事業の創出が可能であったのは，川崎事業所が，生産機能と広大な敷地だけでなく，旧中央研究所から移転してきた研究開発機能を併せもっていたことも要因であると考えられる．

　以上のように，同社は全社的な事業方針を転換していく中で，より生産機能と密接に結びついた研究開発機能の立地を確立してきたといえよう．

### 3.1.3 JSR

　JSR の創業は第Ⅱ期にあたるが，当時の中核的な拠点は，四日市工場に付設された研究所と川崎市生田の中央研究所（東京研究所と改称）であった．四日市においては，生産機能と密接に結びついた開発機能が担われ，同社の中心事業であるタイヤ向け合成ゴムに対する技術力が蓄積されてきた．一方，東京研究所でも，アメリカから導入された合成ゴム技術の改良研究を行うなど，基盤技術の構築や高度化が図られてきた．

　第Ⅲ期に成長し，同社の収益源となっているフォトレジストやディスプレイ素材といった機能性化学品については，まず東京研究所において基礎的な研究が始められた．しかしながら，これらの研究は初期段階から順調に進んだわけではなかった．この背景には，生産拠点での量産レベルへのスケールアップ，さらには顧客とのコミュニケーションが重要であったことがある．そのため，合成ゴムに関連する成膜などの生産技術を蓄積してきた四日市において事業化が進展し，その後も研究機能の集約が進んだといえる．

　東京研究所は 1995 年に閉鎖されたため，同社では現在，四日市が機能性化学品や他の主力商品のマザー工場として中核的な機能を蓄積している．また筑波の研究所は，同社の新規戦略事業であるメディカル関連の研究を行っている．こうした研究開発機能における分業の体制は，東京研究所が置かれていた時代と比較し，四日市への集中が地理的にも機能的にも高まっていると結論付けられる．

## 3.2　機能性化学企業における技術軌道と立地力学

　各社における技術軌道は，相互に異なっていた．戦前からの第Ⅰ期において，電気化学は，カーバイド関連の電気分解や窒化，焼成などの技術，昭和電工はアンモニア関連の水電解やアルミ関連の電炉，微粉加工技術など，それぞれ関連した技術軌道に沿った事業展開が主になされてきた．これらの技術は，電気化学の大牟田，青海，昭和電工の川崎や大町などを中心に，国内原料立地型の生産拠点に付随した研究所で蓄積されてきたものである点が注

目される.

続く第Ⅱ期になると，1950年代以降における有機化学工業の成長によって，これまで主として地方で描かれてきた技術軌道が大きく転換した．同時期に創業したJSRも含め，3社とも外国からの技術導入が行われている．ここで立地との関係に目を向けてみると，創業時の技術が輸入されたJSRを除き，電気化学における市原コンビナートでのスチレン系モノマー，昭和電工における大分石油化学コンビナートへの進出など，それぞれ既存の中核拠点とは離れた地域での事業展開が進められ，関連する研究開発及び生産技術も，それぞれの拠点において蓄積されていった．

また，生産拠点を中心とした技術蓄積が各社における技術軌道の主流を成してきた一方で，各企業とも，基礎研究を担う研究所が東京周辺に設けられた．これらの研究所は，新規事業につながる研究の初期段階を担った．

1980年代後半以降の第Ⅲ期は，機能性化学の時代である．この時期になると，汎用性石油化学品の限界が見え始めた．新規事業開発につなげるため，コアコンピタンスを見出した結果，戦後の技術軌道を描いてきた大都市圏の拠点に代わり，創業時からの生産拠点を中心に蓄積してきた技術が見直されるようになった．こうして，従来の技術の中心であった地方の生産拠点が，再び重要な役割を果たすようになったのである．

さらに，電気化学の渋川における産業用接着剤，昭和電工の大町におけるCNTなどのように，大都市圏の研究所で始められた研究や，外部の研究機関との連携を基に，地方の既存拠点において発展を遂げた製品群がある．こうした製品群におけるイノベーションプロセスを見ていくと，比較的限定された地域に立地する研究所でイノベーションが起こり，それが生産拠点へ伝播していくという周圏的，階層的なものであると，単純には言いがたい．むしろ，これらの事例は，研究所であれどこであれ，ある場所で生じたイノベーションの芽が，生産拠点などで蓄積されてきた既存技術と結びつくというプロセスが重要であることを示唆している．これは，本章の冒頭で示したStorper and Walker（1989）による指摘と一致している．

以上のように，機能性化学企業における技術軌道の展開を見ると，創業時における地方の生産拠点から，大都市圏の研究所へ研究開発機能の中心が移

ったものの，個々の企業の技術的強みに特化した機能性化学品の時代におい
ては，再び地方を中心とした生産拠点の引力が強まってきていると結論付け
られる．

　事例企業においては，生産技術や顧客との関係から既存技術の応用が図ら
れ，事業分野の拡大と高付加価値化に成功してきた．各企業における代表的
な製品の開発過程からも見られたように，それぞれの企業は蓄積してきた技
術軌道を大きく逸れるのではなく，あくまでも軌道上にいながら，事業の転
換を進めてきた点が指摘できる．そのような経緯であるからこそ，原料やエ
ネルギー資源との関係で戦前に立地した電気化学の青海や，コンビナートに
立地するJSRの四日市が，大都市圏に立地してきた研究所に対して，依然と
して重要な役割を果たしている．また，昭和電工のHD事業は，市原におけ
る既存の生産機能に直接由来しているわけではないものの，同社の蓄積して
きた技術を融合することによって収益源となり，既存拠点における雇用維持
に貢献した点が特筆される．

　昭和電工において見られたように，2000年代以降，各社はさらなる新規分
野の開拓に向けて，社内外における技術の融合をキーワードとしていた点も
注目される．具体的には，電気化学と昭和電工が，それぞれ無機化学と有機
化学の技術の融合により，新たな事業領域を開拓していこうとする戦略を打
ち出している．とりわけ電気化学は，2011年から町田の中央研究所を大幅に
刷新し，新たにデンカイノベーションセンターと位置付け，約20億円を投
じて研究棟を改築しているほか，研究員数を2015年度までに倍増する計画
を打ち出している．また，これに関連して渋川工場の電子材料総合研究所が
廃止されるなど，研究機能の集約が図られている[42]．さらに，有機化学のみ
であるJSRについても，2007年に新設された精密加工研究所において，そ
れまで外注していた素材の加工技術を自社で担うことにより，素材と加工そ
れぞれの技術を融合していこうとする試みがなされている．

　今後，企業内で異なる軌道を辿ってきた技術の融合や，他の研究機関など
といった外部との交流が重要になるにつれて，人材確保の面や研究機関集積

---

42）『日経産業新聞』2011年6月29日．

などから，大都市圏が優位になることも考えられよう．

　ところで，機能性化学企業にとって最大の顧客であった日本の電気機械産業は，デジタル家電や携帯電話に代表されるように，グローバル競争の激化によって，急速に国際競争力を失ってきた．実際に，昭和電工の 2016 年度の営業利益を見てみると，全体の 8 割以上を占めていたエレクトロニクス部門の利益は減少し，割合も 28.5％にまで低下している．日本国内において，電気機械産業に代わる新たな顧客を見出すことは急務であり，さらなる事業構造の変革が必要となるだろう．加えて，エレクトロニクス産業の重心が韓国や台湾などに移る中で，機能性化学企業の研究開発機能についても，海外顧客に近接した立地の動きが加速してきている．このような動きは，技術力を高めてきている海外現地企業との競争が激化していることも一因である．こうしたグローバル化の動きについての詳しい内容については，次章で検討していく．

# 第7章

## 研究開発機能のグローバル化と空間的分業

## 1. 事例企業による海外研究開発拠点の概要

　本章では，第4章から第6章までで対象とした9社に旭化成，信越化学工業，東ソー，DIC，日本ゼオン，宇部興産，カネカを加え，計16社の日系化学企業について，海外での研究開発活動の実態を分析した．その結果，旭化成，信越化学，東ソー，日本ゼオンを除く12社が，海外に研究開発拠点を設置していることがわかった．これを受けて，研究開発活動を行っている海外子会社について，現地での活動内容を地域別に明らかにするとともに，日本国内での研究開発活動との分業関係の変化について分析する．

　表7-1は，事例企業各社の海外における主な研究開発拠点の設置状況を示したものである．各拠点の分布については，図7-1に示している．各社における設置状況を概観すると，最も設置数が多かったのは，第4章で述べた旧財閥系総合化学企業の住友化学であり，ヨーロッパ，南北アメリカ，アジア，アフリカそれぞれの地域に拠点を設けていた．同じ旧財閥系総合化学企業でも，とりわけ三菱化学については設置している拠点数が少なかった．ただし，三菱化学や三井化学についても，2010年代に海外企業のM＆Aを進めており，拠点数は増加傾向にある．

　旧財閥系総合化学企業だけでなく，他の多くの企業においても，表中の太字，図中の菱形で示したような，M＆Aによって取得した拠点が目立った．これらの多くは，ヨーロッパやアメリカに立地しており，欧米企業との事業統合によって，既存の拠点が日本企業の拠点の一つとなったものである．とりわけ，本章より新たに事例企業として加えたDICは，塗料事業を主として

184 第Ⅱ部 企業における研究開発活動とグローバル化

### 表7-1 事例企業による主な海外研究開発拠点

| 売上<br>規模 | 企業名 | 海外の主な研究開発拠点の所在地（国） |
|---|---|---|
| 1 | 三菱化学 | **テッセンデルロ**（ベルギー），サンタバーバラ（アメリカ），大連（中国） |
| 2 | 住友化学 | **ケンブリッジ**（イギリス），**バルセロナ**（スペイン），サン＝ディディエ＝オー＝モン＝ドール（フランス），ウォルナットクリーク，**リバティビル**（以上アメリカ），ソウル，イクサン，ピョンテク（以上韓国），上海（中国），台南（台湾），シンガポール，スレンバン（マレーシア），ムンバイ（インド），サンパウロ（ブラジル），アルーシャ（タンザニア），プレトリア（南アフリカ） |
| 3 | 三井化学 | **ハーナウ**（ドイツ），**エミリア，ロマーニャ**（以上イタリア），サンノゼ，**ロサンゼルス，アーバイン**（以上アメリカ），**テジョン**（韓国），上海（中国），シンガポール |
| 4 | 東レ | アビド（フランス），シアトル（アメリカ），ソウル（韓国），上海，南通（以上中国），シンガポール |
| 5 | DIC | **セントメリークレイ**（イギリス），**フランクフルト**（ドイツ），**シンシナティ，カールスタット**（以上アメリカ），青島（中国） |
| 6 | 昭和電工 | **プレストン**（イギリス），新竹（台湾），シンガポール，ケダ（マレーシア） |
| 7 | 帝人 | ミドルズブラ（イギリス），**アルンヘム**（オランダ），**ハインスベルク**（ドイツ），チェスター，オーバーンヒルズ，**ミルピタス**（以上アメリカ），上海，南通（以上中国） |
| 8 | クラレ | ズウェインドレヒト（ベルギー），**フランクフルト**（ドイツ），パサデナ，**ポーティジ**（以上アメリカ） |
| 9 | 電気化学工業 | 蘇州（中国），シンガポール |
| 10 | JSR | ルーヴェン（ベルギー），サニーヴェール（アメリカ），オチャン（韓国），雲林（台湾） |
| 11 | カネカ | ウェステルロー（ベルギー），カレッジステーション（アメリカ），ソウル（韓国） |
| 12 | 宇部興産 | **バレンシア**（スペイン），ラヨーン（タイ） |

注：太字は M&A により取得したもの.
出所：各社ウェブサイト，有価証券報告書，聞き取り調査より筆者作成.

いる企業であるが，1980年代に自社よりも規模の大きなアメリカの塗料メーカーを買収したため，青島（中国）の拠点を除き，5拠点中4拠点が買収した企業の拠点であった.

DIC と対照的なのは，繊維系化学企業として第5章で取り上げた東レであり，M&A ではなく，ヨーロッパ，アメリカ，アジアに自社の新規拠点を

185

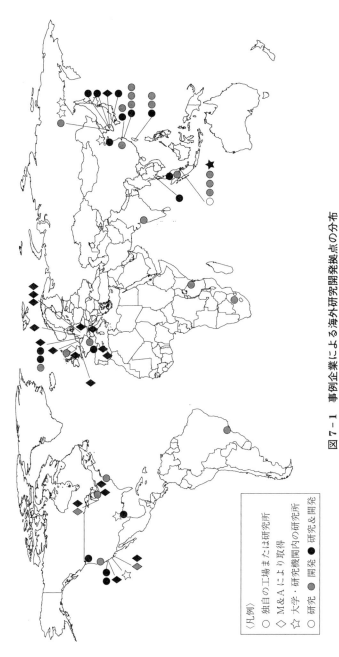

図7−1 事例企業による海外研究開発拠点の分布

〈凡例〉
○ 独自の工場または研究所
◇ M&Aにより取得
☆ 大学・研究機関内の研究所
○ 研究　● 開発　● 研究&開発

出所：各社ウェブサイト、有価証券報告書、聞き取り調査より筆者作成。

設置し，研究開発機能のグローバル化を進めている．本章より新たに事例として取り上げているカネカについても，東レと同じ傾向が見られる．東レと同じ繊維系化学企業では，帝人が同じ傾向を示しているが，より化学製品に特化しているクラレについては，ドイツやアメリカなどの先進国への立地が中心となっていた．

　機能性化学企業については，昭和電工と電気化学工業が比較的小規模な開発機能をアジアを中心に設置していたのに対し，JSRは欧米とアジア地域の拠点においてそれぞれ半導体素材とディスプレイ素材の研究開発拠点を設け，国内外における研究開発機能の分業体制を築いている．これは，JSRが強みを持つこれらの製品が，海外現地の顧客や研究機関との密接なやり取りを必要とするためである．


## 2. ヨーロッパ・アメリカ・アジア各地域における特徴

　次に，各地域におけるより詳細な立地について見ていきたい．まず，図7-2は，事例企業のヨーロッパにおける研究開発拠点の分布を示したものである．全体として，星印で示す，M＆Aで取得した拠点が目立っているのが最も大きな特徴である．特に，ヨーロッパ最大の化学産業国であるドイツに立地している4拠点は，いずれもM＆Aによって取得した拠点であった．ただし，ハインスベルクに立地しているのは，帝人の子会社である東邦テナックスの炭素繊維生産拠点であり，現地企業ではなく，日系企業を買収したものである．

　またドイツだけでなく，ベルギー，オランダといった，ヨーロッパにおける化学産業の核心地とされるライン＝ルール地域にも，三菱化学，帝人，クラレ，JSR，カネカの拠点が集まっており，いずれも生産拠点に付設された研究開発拠点であった．イギリスについても複数の拠点が立地しているが，ミドルズブラに立地している帝人デュポンの拠点を除き，欧米系企業の買収によって獲得した拠点であった．

　一方，フランスについては，住友化学の農薬拠点，東レの炭素繊維の拠点

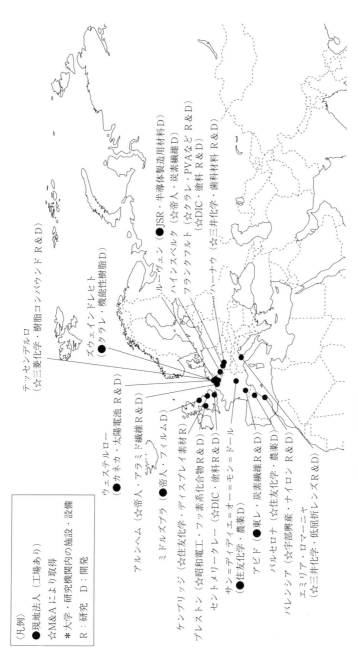

図 7-2 事例企業のヨーロッパにおける研究開発拠点の分布

出所：各社ウェブサイト、有価証券報告書、聞き取り調査より筆者作成。

188 第Ⅱ部 企業における研究開発活動とグローバル化

ともに，自社工場に新たに研究及び開発機能を付加したものであった．ベルギーの JSR とカネカの拠点も同様に工場に後から開発機能を加えていた．

このように，ヨーロッパにおける日系化学企業の研究開発拠点は，一部の例外はあるものの，買収によって獲得したものが大半を占めており，先進国の企業間において，組織や事業の再編がグローバルに行われている影響が見てとれる．

次の図 7-3 は，事例企業の研究開発関連子会社について，アメリカでの分布を示したものである．第 2 章で指摘したように，アメリカの化学産業の中心であるテキサス州には，クラレやカネカの研究開発拠点が立地しているが，これは，それぞれの企業の生産拠点が立地していることによるものである．

また，化学産業における州別売上高が，テキサス州に次いで 2 位となっていたカリフォルニア州にも複数の拠点の立地がみられる．立地している子会社の内容を見ると，農薬の開発や半導体製造用材料の開発など，化学産業以外の産業や，大学などとの近接性を重視している傾向がみられた．

進出形態としては，ヨーロッパと同様に，Ｍ＆Ａにより取得した拠点が多くなっていた．また，三菱化学の拠点はカリフォルニア大学サンタバーバラ校内に，カネカの拠点もテキサスＡ＆Ｍ大学内にそれぞれ研究所として設置されているなど，大学内の拠点も見られた．

さらに，東レの炭素繊維の拠点と，帝人の炭素繊維の拠点は，それぞれ航空機のボーイング社，自動車の GM 社といった，特定の顧客に対応するために近年設置されたものである．これは，現地で素材レベルからの研究開発を迅速に行うことによって，製品全体の開発スピードを速める必要性が年々高まっていることによると考えられる．

最後に，アジアへの分布を見てみると（図 7-4），拠点数としてはヨーロッパやアメリカと比較して最も多く，上海を中心とした中国，韓国，シンガポールに多くの拠点が立地していた．これらの多くは，既に立地していた生産拠点に付設されており，生産機能と強く結びついた現地製品の開発機能が担われている．

特に電子素材に関しては，韓国や台湾にユーザーとなる世界的なディスプレイ製造企業の拠点が集中していることから，JSR と住友化学は両国に，東

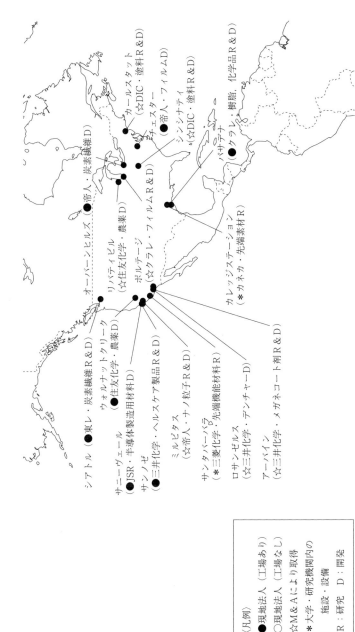

図7-3 事例企業のアメリカにおける研究開発拠点の分布

出所：各社ウェブサイト，有価証券報告書，聞き取り調査より筆者作成．

190

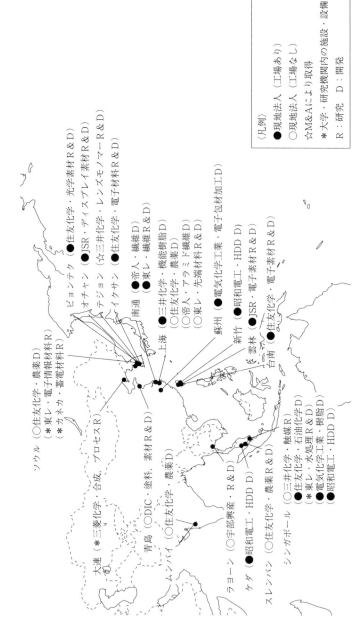

**図7-4 事例企業のアジアにおける研究開発拠点の分布**

出所：各社ウェブサイト，有価証券報告書，聞き取り調査より筆者作成。

**表 7-2 上海市における欧米化学企業の研究開発拠点の概要**

| 拠点名 | 設立年 | 従業員数 | 研究開発分野 |
|---|---|---|---|
| バイエル上海ポリマーサイエンスR＆Dセンター | 2001 | 320 | 塗料及び接着剤・密封剤，熱可塑性ポリウレタンの4分野の研究，技術サービスの提供，新応用方案の開発，従業員及びユーザーに対する研修 |
| 杜邦（中国）研発管理有限公司（デュポン） | 2003 | 400 | デュポンと関連のある技術及び製品の科学研究，開発，成果の譲渡及び技術の研修，コンサルティング，サービス，サポートなど |
| Dow Chemical 上海R＆Dセンター | 2005 | 500 | 電器，自動車，建設，塗料，エラストマー，電子設備及びプリント基板，複合材料及び風力エネルギー，電気絶縁，食品，製紙，ホーム・パーソナルケア，特殊包装，紡績品，水処理システム，電線・電気ケーブルなどの応用分野 |
| BASF Innovation Campus Asia Pacific | 2007 | 450 | 自動車，電器，建築，CASE，熱可塑性ポリウレタン，弾性発泡プラスチックなどの分野 |

出所：JETRO 上海事務所（2014）及び各社資料より筆者作成．

レは韓国の高麗大学内に研究所を設け，現地のユーザー企業に対応した研究開発機能が担われている．

また，日系企業だけでなく，先進国の化学企業による独立研究開発拠点は，中国の上海市を中心とした長江デルタ地域に多く立地しているとされる（JETRO 上海事務所 2014）．とりわけ上海市には，アメリカのデュポン，ダウケミカル，ドイツの BASF，バイエルといった，第2章で示した世界有数の化学企業が研究開発拠点を設置しているほか，事例企業である東レの研究開発拠点も立地している（表7-2）．

シンガポールに関しては，同国の科学技術庁（A*STAR）が研究開発型産業振興を推進していることもあり，前述した欧米化学企業4社や，事例企業である三井化学などが研究開発拠点を設けている．これらの拠点は，生産拠点に併設している場合もあるものの，隣接する工場の製品に関係する開発機能だけでなく，全社的な新規分野・技術に関する研究業務も担っている．

このように，日系化学企業による研究開発機能のグローバル展開について，大まかな地域的特徴を概観してきたが，研究開発機能における国内外の空間的分業をより明確に把握するためには，企業単位での分析も重要である．次節以降は，第4章から第6章までの企業分類である旧財閥系化学企業，繊維

192　第Ⅱ部　企業における研究開発活動とグローバル化

系化学企業，機能性化学企業と，その他の化学企業に事例企業を分け，特に積極的な海外進出を行っている企業を中心に，研究開発機能のグローバル展開と，国内外の分業関係の変化の事例を具体的に見ていきたい．


# 3. 旧財閥系総合化学企業による研究開発機能のグローバル化


## 3.1　住友化学における研究開発機能のグローバル化


### 3.1.1　研究開発機能のグローバル展開

　住友化学の生産機能における海外事業展開は，1980 年代前半における石油化学事業のシンガポール進出から始まった[1]．その後，1980 年後半からは，農薬事業においてアメリカへ進出し，各地での海外事業が展開された．2000年代以降は，液晶ディスプレイ関連素材を中心とした情報電子関連事業における海外事業展開を進め，韓国や台湾において生産設備が設けられた．また石油化学事業においても，住友化学の出資会社が，サウジアラビアのラービグで世界最大級の石油化学コンプレックスを 2009 年に稼働させた．このように日系化学企業としては極めて積極的な海外進出を行った結果，2002 年度に 28.2％であった海外売上高比率は，2014 年度において 60.1％にまで上昇している．

　第 4 章で述べてきたように，住友化学は事業別の研究開発組織をとっており，研究開発機能のグローバル展開についても，事業別に異なっている（鎌倉 2014a）．まず，石油化学事業に関しては，資源の制約から，大量生産を行う生産拠点は海外に立地しているものの，日本が高機能，シンガポールが中レベル，サウジアラビアが汎用グレードの製品を生産するという分業がなされている．そのため，日本が研究開発機能の中心であるが，シンガポールにも数十名程度の技術者が配置されている．

---

1)　以下の住友化学におけるグローバル化の経緯については，同社のグローバル化についての特集が組まれた，「住友化学アニュアルレポート 2011」を参照している．

また，農薬事業に関しては，現地の状況に合わせた開発と認証が必要なため，アメリカ，フランス，スペイン，マレーシア，タンザニア，南アフリカなどに開発拠点を設置している．アメリカが最大規模で数十名程度であるが，基本的に兵庫県宝塚市の研究所で原体をつくり，現地化しているという形がとられているため，人材獲得というよりも現地の自然環境対応，市場対応のための立地であるといえる．ただし，住友化学が得意としてきた化学農薬ではなく，生物農薬については，アメリカの子会社であるベーラント・バイオサイエンス（2000年に米アボット・ラボラトリーズ社の事業を買収）が担ってきた．しかしながら，2015年4月以降，生物農薬についても住友化学が直接統括することとなり[2]，より日本を中心とした集権的な研究開発体制が構築されつつある．

最後に，情報電子材料事業については，事業を本格的に拡大した2000年代前半から，顧客の立地に対応した事業展開が進められたため，ディスプレイ材料の主要な生産拠点は，韓国や台湾といった東アジア各国に立地している．それぞれの拠点では，ディスプレイメーカーのニーズに迅速に応えるため，現地に研究開発センターが設置されている．なかでも，韓国の東友ファインケムは，約230人の研究開発人員を擁し，オチャンとイクサンに立地している生産拠点それぞれに研究開発拠点を設けており[3]，顧客への近接性を活かしながら，日本の情報電子化学品研究所（大阪市春日出）と連携している．

こうした液晶用ディスプレイ材料の研究開発に対し，有機ELディスプレイの素材に関しては，2007年に完全子会社化したイギリスのケンブリッジディスプレイテクノロジー（CDT）社が基礎研究の中心を担い，日本では製品化に近い段階の研究を行っている[4]．この拠点については，M＆Aによって取得された研究開発拠点の事例として，以下で取り上げる[5]．

---

2) 住友化学ニュースリリース（2015年3月31日）.
3) Dongwoo Fine-Chem（東友ファインケム）ウェブサイトによる．http://www.dwchem. co.kr/re2012/en/m241.asp?pn=2&sn=4（2015年12月12日最終閲覧）
4) 住友化学への聞き取り調査による．
5) 2013年10月7日に，現地でVice Presidentに対する聞き取り調査を行った．

194　第Ⅱ部　企業における研究開発活動とグローバル化

表7-3　Cambridge Display Technology の概要

| 名称 | Cambridge Display Technology Limited | |
|---|---|---|
| 設立年<br>（完全子会社化） | 1992 年<br>（2007 年） | |
| 従業者数 | 約 130 人 | |
| 研究開発人員 | 約 100 人 | |
| 主な業務 | 有機 EL ディスプレイ，照明関連技術の研究開発，新規分野の開拓 | |
| 進出形態 | 合弁会社 | |
| 親会社<br>（住友化学） | 主な事業分野 | 基礎化学品，石油化学品，情報電子化学品，健康・農業関連化学品，医薬品 |
| | 国内における<br>研究開発体制 | 各事業所への事業別の組織的・地理的な分散 |

出所：CDT，住友化学資料・聞き取り調査より筆者作成．

## 3.1.2　Cambridge Display Technology（CDT）の事例

　CDT は，1989 年にケンブリッジ大学にて高分子有機 EL を発見したことを契機に，1992 年に設立された（表7-3）．高分子有機 EL に関する技術は，有機 EL ディスプレイの製造コストの削減に貢献するとされており，CDT は同技術の重要特許を多く所有している．

　これに対し，日本の住友化学も同分野の研究を 1989 年より始めていた．当初 CDT とは競合関係にあったが，2003 年からは共同開発を始め，2005 年に合弁会社サメイションを設立し，同年には同技術分野において競合相手であった米ダウケミカルの事業買収も行った．そして 2007 年に，住友化学がCDT を完全子会社化した．2014 年において，CDT は住友化学の O-LED[6] 事業の中に位置付けられており，生産機能は持たず，研究開発機能のみを担っている．

　立地としては，合成分野を担う Materials Research Centre（MRC）がケンブリッジ大学の敷地内に立地し，デバイスの開発を担う Technology Develop-

---

　6)　有機 EL を利用したディスプレイや照明などに関連する事業分野．有機発光ダイオード（Organic light emitting diode: OLED）と呼ばれる物質全般も，有機 EL と呼ばれる．

ment Centre（TDC）と本社が，ケンブリッジ市内から車で約 30 分のハンティンドンにある．

　従業者に関しては，CDT 全体で 100 人程度の研究者が所属しており，MRC に約 3 割が，TDC に約 6 割が配置されている．残りの 1 割は，先端・将来的な分野の研究を担うが，こうした分野が加えられたのは，比較的最近である．人種は多様であり，GM（General Manager）はアメリカ人，TDC のトップの女性はフランス人，CTO（Chief Technology Officer）はイギリス人となっている．雇用については，ケンブリッジ大学の卒業生だけでなく，イギリス国内を中心とした他大学出身者の採用も多い．

　研究方針の主導権は，親会社である住友化学に存在する．その一方で，ケンブリッジ大学からのスピンオフである CDT は，イギリス及びヨーロッパの企業として，現地での研究プロジェクトへの参加も盛んである[7]．

　住友化学グループ全体での連携については，研究者レベルでのテレビ会議（MRC と筑波）が 1 ～ 2 週間に 1 回あり，簡単な報告が行われる．研究の方針などについては，対面でのやり取りが行われており，年に 3 回程度実施される．この間は，1 週間程度かなり密な会議が行われる．さらに研究の部長，VP（Vice President）などのマネジメントクラスの会議については，次年度の予算を決める年末頃に，月に 1 回程度日本で行われている．

　住友化学の国内における研究開発体制は，第 4 章でも述べたように，事業部ごとに地理的・組織的に分散しているという特徴がある．新規分野のO-LED 事業について，CDT を中心とした日本との分業関係を見てみると（図 7-5），まず MRC が，住友化学内で有機 EL の研究が始められた筑波と連携しながら，合成分野の研究を担っている．また TDC は，計算によるモデリングを得意としており，製品開発が行われている．開発のより工業化に近

---

7）イギリス政府の技術戦略委員会によるプロジェクトに 2010 年から 2013 年まで参加
　し，ガラス製造企業である英ピルキントン，照明関連企業である墺トリドニック，英
　ダラム大学との間で共同研究による成果を発表している（住友化学ウェブサイト
　http://www.sumitomo-chem.co.jp/pled/project.html（2015 年 12 月 10 日最終閲覧））．
　2013 年からは，前述したダラム大学やトリドニックを含め，独 Novaled（2013 年 8 月
　に韓国サムスンが買収），研究機関である独フラウンホーファーの応用ポリマー部門と
　共同で大型プロジェクトを開始した（Optics.org News desk http://optics.org/
　news/4/10/11（2015 年 12 月 10 日最終閲覧））．

O-LED 事業の研究開発（2011 年以降）

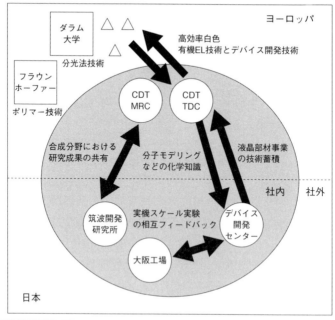

**図 7-5　CDT を中心とした研究開発機能における分業体制**
出所：各種資料，聞き取り調査より筆者作成．

い部分は，愛媛県のデバイス開発センターにおいて担われている．これは，情報カラーフィルムや光学材料部門などの研究設備や人員が以前から配置されていたためである．また，量産・スケールアップなどについては，春日出の大阪工場で実施されている．同事業については，社内で分散した人材や設備などを活用し，双方向の知識フローの中での国際的な分業がなされているといえる．

　このように，生産機能を持たない CDT については，国内の複数の拠点との間で，それぞれの強みを活かした分業関係を構築している．そのため，各拠点をノードとしたネットワーク上において，双方向に知識が共有される必

第 7 章　研究開発機能のグローバル化と空間的分業　　197

要がある．また，CDT 内で新分野の探索に新たに人員が割かれるようになったことにより，海外拠点を技術の源泉とする知識の国内へのフローはますます重要となると考えられる．

## 3.2　三井化学における研究開発機能のグローバル化

### 3.2.1　研究開発機能のグローバル展開

　三井化学の 2014 年度における海外売上比率は 44.3％であり，前述した住友化学と比較すると，あまり急速な高まりは見せていない．三井化学の海外事業は，大きく大型市況製品と機能製品に分類される．前者の大型市況製品であるウレタン，フェノール，高純度テレフタル酸などに関しては，1990年代以降，シンガポールや中国などアジアを中心に生産拠点が設置されてきた．ただし，これらの製品は付加価値が低く，景気や資源の価格に大きく左右されるため，研究開発投資よりもコストダウンに重点が置かれている．

　一方，機能製品は，成長が期待される分野であり，同社はモビリティ，ヘルスケア，フード＆パッケージングといった，事業を跨る三領域に特化した研究開発戦略を海外でも展開している．

　まず，自動車向けポリプロピレン（PP）コンパウンドなどのモビリティ領域の生産拠点は，1986 年のアメリカへの子会社設立を契機に，世界各地に設置されてきた．主要な研究開発拠点としてあげてはいないが，アメリカ，メキシコ，中国，インド，ドイツ，ブラジルの生産拠点には，現地ユーザーへの対応が必要とされるため，生産拠点に混合設備が設置されている[8]．

　さらに中国の上海市とシンガポールには，2011 年に PP コンパウンドを含めた機能樹脂製品のテクニカルサポート拠点が設置され，評価用の分析機器や成形機を現地に備えることで，日本の開発拠点に頼らない開発体制の構築が図られている[9]．当面は，機能樹脂製品のテクニカルサポート拠点であるが，将来的には機能樹脂以外の製品のテクニカルサポート拠点としても発展

---

8)　三井化学本社での聞き取り調査による．
9)　三井化学ニュースリリース（2011 年 12 月 20 日）．

させていく方針が示されている．これによって，袖ケ浦の研究所から担当者が出向くことなく，現地でサポートを完結することが一部可能となったとされる[10]．

また，ヘルスケア領域のうち，三井化学が世界シェア第1位を誇るメガネレンズ材料については，2000年代後半から，先進国企業の買収によって拡大を進めてきた．2008年にはアメリカのSDC Technologiesを買収し，メガネレンズ用コーティング剤事業に参入した[11]．さらに関連して，2011年に低屈折率メガネ材料でシェアを持っていたスイスのAcomon社を買収[12]，2013年には中～高屈折率メガネレンズ材料に強みを持つ韓国のKOC Solution社を子会社化した[13]．同じくヘルスケア領域の歯科材料分野についても，ドイツの歯科材料事業会社であるHeraeus Kulzer社，CAD/CAMシステム・3Dプリンターを用いた入れ歯（デンチャー）の開発を行うアメリカのDENTCA社を2013年にそれぞれ買収した[14]．これらの企業の中心となる拠点は，それぞれ研究開発機能を有している．フード＆パッケージング領域についても，2014年にタイに農薬製剤の研究拠点を設置し，提携する現地企業と共同で研究を行っている[15]．

以上は，住友化学と同様に事業別での研究開発機能のグローバル展開であるが，三井化学については，特定の製品ではなく，将来的な事業の研究開発機能を担う拠点も海外に設置されている．それらは，2011年に設置された三井化学シンガポールR&Dセンター（MS-R&D）と，2014年にアメリカのサンノゼに設置されたWhole You, Inc.[16]である．

---

10)　三井化学本社での聞き取り調査による．
11)　三井化学ニュースリリース（2008年5月12日）
12)　三井化学ニュースリリース（2011年4月7日）．
13)　三井化学ニュースリリース（2013年2月20日）．
14)　三井化学ニュースリリース（2013年6月21日）．
15)　三井化学アニュアルレポート2015及び『日本経済新聞』（2013年1月28日）．
16)　DENTCA社やパナソニックヘルスケア社とPixelOptics社の技術を活用し，三井化学が持つマテリアルサイエンスとの融合を図ることによって，五感や五体の課題を持つ人々の実用的なソリューションを提案することを目指す研究開発・製造機能を持った企業として設立された．現地の研究者などとのオープンイノベーションが目指されている．三井化学アメリカの完全子会社であるが，組織としては完全に独立している（三井化学ニュースリリース2014年11月19日）．

以下では，海外における新規分野の研究拠点として，三井化学の中で初めて設立された MS-R＆D の事例について述べ，国内外における研究開発機能の分業体制について，より詳細な分析を行う[17]．

## 3.2.2　三井化学シンガポールＲ＆Ｄセンター（MS-R＆D）の事例

　三井化学における初の本格的な海外研究開発拠点である MS-R＆D は，シンガポールのサイエンスパークⅡに立地している（図7-6）．サイエンスパークⅡは，市内の中心部から車で20分程度の距離にあり，周辺にはシンガポール国立大学や大学病院，その他の科学技術関連施設が密集し，多くの企業の研究開発拠点が誘致されてきている．

　MS-R＆D が開設されたのは2011年であるが，三井化学としては2004年から A*STAR との共同研究を始めており，袖ケ浦研究センターなどと交流してきた（表7-4）．

　現地で研究開発を行うきっかけとしては，2006年に三井化学が材料系のシンポジウムをシンガポールで開催した際に，EDB（シンガポールの経済産業省），A*STAR が協賛しており，これらの強い勧めがあったことがある．当初は A*STAR の施設内で触媒化学[18] の研究を行っており，人員は5人程度であった．その後，2011年度の中期経営計画でシンガポールでの研究開発の強化が掲げられ，分社化して人員を拡大してきた．

　MS-R＆D の従業員数は20人であり（2014年10月現在），駐在員は7人，残りの13人は世界中から応募してきた多国籍な人材である[19]．開設当初は2013年までに14人から30人まで増員するとされていたが[20]，現状ではそ

---

17)　2014年10月4日に現地で Managing Director，General Manager に対する聞き取り調査を実施した．

18)　三井化学は触媒化学に強みを持っており，MS-R＆D の初代社長である藤田照典氏は同分野において世界的に著名な研究者である．同氏は2014年に同社のシニアリサーチフェローとなっている（三井化学人事異動のご連絡 2014年2月6日）．

19)　シンガポール人2人，マレーシア人3人，中国人3人，インド人2人，ドイツ人1人，フランス人1人，現地雇用の日本人1人といった構成となっている．

20)　『日経産業新聞』2011年9月13日．

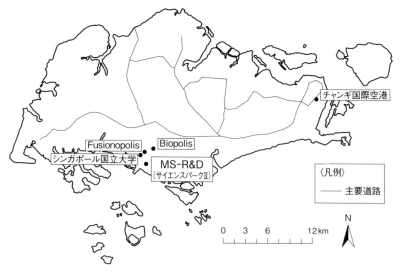

図7-6　シンガポールにおける MS-R＆D の立地

出所：筆者作成.

表7-4　MS-R＆D の概要

| 名称 | 三井化学シンガポール R＆D センター（MS-R＆D） |
|---|---|
| 設立年 | 2011年 |
| 従業者数 | 20人 |
| 研究開発人員 | |
| 主な業務 | 三井化学グループにおける研究開発，現地技術サポート |
| 進出形態 | 直接投資 |
| 親会社<br>(三井化学) 主な事業分野 | 石油化学原料，基礎化学品，機能樹脂，ウレタン，機能性化学品 |
| 親会社<br>(三井化学) 国内における<br>研究開発体制 | 1997年の合併により研究開発機能の再編が進められ，千葉県の袖ケ浦市に集中 |

出所：三井化学資料，聞き取り調査より筆者作成.

うした人員規模にはなっていない．業務内容は，ナノテクノロジーやバイオテクノロジーなどを活用した先端素材や技術の開発，商業化が主であるため[21]，学会誌などを通して特定の技術分野に特化した専門的な人材を募集し

---

21) シリカを用いた新しい先端材料の開発など，一部研究成果も出始めている（『化学工業日報』2013年6月6日）．

ている．またシンガポールには三井化学グループの製造会社が6社あり，トラブルへの対処などといった生産部門への技術的サポートも行っている．

　日本との分業という観点においては，同社の中心拠点である袖ケ浦研究センターが1,000人規模であるため，全体の研究開発体制に大きく影響を与える規模の拠点ではないと認識されている．しかしながら，シンガポールには300社近い企業の研究開発拠点が誘致されてきており，欧米系企業を中心とした統括会社も多いなど，最新技術や東南アジアを中心とした市場のニーズなどの情報を得やすくなっている．そのため，研究開発の初期段階からのビジネスパートナーを見つける前線基地としての役割が強まってきているとされる．

## 4. 繊維系化学企業による研究開発機能のグローバル化

### 4.1　東レと帝人における研究開発機能のグローバル化

#### 4.1.1　研究開発機能のグローバル展開

　繊維系化学企業として第5章で取り上げた帝人，東レの2社は，海外売上比率を高め，多国籍化を進めようという目標で共通している．

　まず，帝人の海外事業展開について概観する．帝人は，1973年のインドネシアへの進出以降，アジアを中心にポリエステル繊維テトロンの生産拠点を設立してきた．2014年度の帝人における海外売上比率は40.8％となっており，同社の生産拠点も各地域に立地している．各地域の中心事業として，ヨーロッパは高機能繊維のアラミド繊維・炭素繊維事業が，アジアは樹脂・ポリエステル繊維・フィルム事業，アメリカは炭素繊維・フィルム・在宅医療事業があげられている．祖業である繊維事業は，日本ではなく，タイや中国といった他のアジア諸国に生産の中心が移っている．

　海外での研究開発拠点は，買収によって獲得した既存の企業の研究所や，共同会社が多い．具体的には，米デュポン社との折半会社である帝人デュポ

ンフィルムが，ミドルズブラ（イギリス）とチェスター（アメリカ）に，2001年にオランダ企業から事業買収して設立した帝人アラミドについては，アルンヘム（オランダ）[22]に研究開発拠点がある．

また，2012年にはアメリカのGM社と炭素繊維複合材の共同開発を行う複合材料用途開発センターを，ミシガン州の子会社内に設置した．これはGM社の本社があるデトロイト市近郊に開発拠点を置くことで，GM社の研究者と密に連携することも狙いとされている[23]．

これに加え，中国においては2005年にアラミド繊維の用途開発・技術サービスを行う帝人化成複合塑料（上海）有限公司テクニカルセンターが設置された．また，2012年には，帝人グループの南通地区において，祖業である繊維事業に関連した帝人（中国）商品開発センター（以下，商品開発センター）が開所するなど，中国における研究開発機能の充実が図られている．

一方，東レについては，繊維業界の激しい競争を受け，帝人より早い1963年にタイで生産会社を設立するなど，積極的に海外生産を進めてきた．その後，1960年代から1970年代にかけてはインドネシアやマレーシアなどの東南アジア，1980年代にはイタリアやイギリスなどの欧米において繊維事業を拡大した．

また1980年代以降は，繊維事業だけでなく，フィルムなどのプラスチック・ケミカル分野，炭素繊維分野においても海外生産を開始した．1990年代には韓国や中国へも進出し，事業分野も環境・エンジニアリングや情報通信材料にまで広がった[24]．こうした積極的な海外展開は，グローバルに適地生産，適地販売を行う組織づくりを進めるという同社の「グローバル・オペレーション戦略」に基づいており，2014年度における海外売上比率は54％と

---

22) 帝人アラミドは，2013年4月12日に発行されたオランダの技術雑誌 "Technisch Weekblad" において，オランダで最も成果を上げている研究開発企業トップ30の中の23位に位置付けられるなど，技術力においてオランダ国内でも有数の企業である（Teijin Holdings Netherlands B.V. アニュアルレポート2013年）．

23) 『日経産業新聞』（2012年3月22日）．

24) 東レウェブサイト．
「グローバル経営の考え方」http://www.toray.co.jp/ir/management/man_009.html
「おもな海外生産拠点の設立」http://www.toray.co.jp/ir/individual/ind_105.html（2015年12月10日最終閲覧）

なっている.

研究開発機能についても, 2000 年代以降, 海外進出を積極的に進めており, 東レグループの研究開発人員約 3,300 人のうち, 全体の1割近くが, 海外での現地雇用であるとされる[25]. 他の事例企業においては, 海外現地雇用の研究開発人員数が, 企業全体で見るとほんの一部である場合が多い. そのため, 東レは日本の化学企業では最も研究開発機能のグローバル化が進んでいる企業の一つであるといえる.

東レにおける海外での研究開発活動については, 欧米とアジアにおいて明確な分業体制が示されている (鎌倉 2014b). 本格的な規模の海外研究開発拠点は, 2002 年に設置された中国の南通市に位置する東麗繊維研究所 (中国) 有限公司 (以下, TFRC) が最初であった[26]. TFRC は, 現在でも東レの海外研究開発拠点では最大の人員規模となっている. TFRC から独立した東麗先端材料研究開発 (中国) (以下, TARC) も, 上海市で研究開発活動を行っている.

また 2004 年に, 電子素材に関する先端的な素材の研究開発機能を高めるため, 韓国の高麗大学内に新素材研究センターを設置した. 同センターは, 設備の拡充を行い, 研究拠点としての規模を拡大するため, 2008 年に先端材料研究センターとなり, 太陽電池用素材などの新素材の研究開発が行われている. さらに 2007 年には, シンガポールに Toray Water Research Center が設置され, 水処理技術の応用開発を行う拠点が設けられている. 同拠点は, シンガポール国立南洋理工大学のキャンパス内に設置されており, 現地の大学の研究者との共同研究が進められている.

これらのアジアの拠点に加え, 航空機を製造するボーイング社との関係で,

---

25) 『日経産業新聞 online』2011 年 10 月 3 日. また, 東レにおける研究開発機能のグローバル化については, 畠山 (2011) がアジアを中心に分析している.

26) 組織としては, 2000 年に Toray Plastics (America), Inc. 内に新製品開発部が設けられたのが先であり, ここではアメリカ市場に対応したフィルムの新製品開発が担われている. また, 韓国のフィルムや電子素材に関する子会社である Toray Advanced Materials Korea Inc. にも, 前身となる東レセハンが同 2000 年に技術研究所を設置しており, ここでもフィルムや電子素材などの研究が行われている. これらの拠点は, 東レグループにおいて研究開発拠点ではなく技術拠点として位置付けられているため, ここでは取り上げていない.

204 第Ⅱ部 企業における研究開発活動とグローバル化

アメリカのシアトル市における炭素繊維の生産拠点にも，2007 年にテクニカルセンターが設置されており，2013 年に同センターは国内の複合材料研究所の分所となった．また，フランスのピレネー県アビド市に立地するヨーロッパ市場向けの炭素繊維の生産拠点においても，先端素材の研究開発と，航空機メーカーのエアバスなどといった顧客の対応を担うため，テクニカルセンターが設置されており，2013 年には新たな建屋が設けられた．

このように東レは，研究開発機能の積極的な海外展開を進めているが，中国における繊維事業の研究開発拠点と，欧米における炭素繊維の研究開発拠点の設置という点では，帝人と共通している部分があり，両社の競争関係が研究開発拠点の立地にも如実に表れている．しかしながら，帝人の場合，ポリエステル繊維など汎用素材に関しては，市場・生産拠点近傍での顧客価値創造を志向したソリューション解決型研究の実施メリットを追求するための組織体制の確立と推進が課題であるとする一方で，先端分野においては，技術の流出懸念から慎重な姿勢を見せており[27]，同分野においても中国などを中心に積極的なグローバル化を進めている東レとは異なっている．

以下では，帝人と東レの繊維事業について，中国に立地する研究開発子会社の事例を取り上げ，両社における研究開発機能の空間的分業について詳述する．

## 4.1.2 帝人（中国）商品開発センター

商品開発センター[28] は，上海市内から車で 2 時間ほど離れた江蘇省南通市[29] に位置する（図 7-7）．商品開発センターのほかには，製造・販売系の 4 社が立地している[30]．南通地区自体の開業は，1994 年と，後述する東レグ

---

27) 帝人技術戦略室のメール回答による．

28) 2015 年 11 月 5 日に現地にて原糸開発部門長に対する聞き取り調査を実施した．

29) 南通近代の大実業家とされる張謇の尽力によって，20 世紀初頭に中国人による全国初の師範学校・紡織学校・博物館・天文台などが設立され，当時は「中国近代第一」の都市とされた（岩間 2010）．2008 年に蘇通大橋が開通する以前は，上海市からフェリーを乗り継いで 4～5 時間の移動が必要であった．従来から繊維産業が盛んな地域であり，インフラや物流面において優れた立地である．

30) 商品開発センター以外に立地しているのは，1994 年に設立された南通帝人有限公

第7章　研究開発機能のグローバル化と空間的分業　205

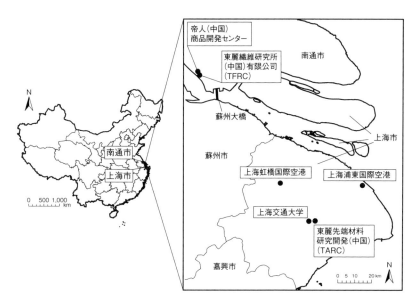

図7-7　中国における帝人・東レの研究開発子会社の立地
出所：筆者作成．


表7-5　帝人（中国）商品開発センターの概要

| 名称 | 帝人（中国）商品開発センター |
|---|---|
| 設立年 | 2012年 |
| 従業者数 | 数十人 |
| 研究開発人員 | |
| 主な業務 | テキスタイル商品の開発，原糸に関する現地顧客の開拓 |
| 進出形態 | 直接投資 |
| 親会社（帝人） 主な事業分野 | 繊維，プラスチック，フィルム，化学原料，ポリマー，炭素繊維複合材料，ヘルスケア |
| 親会社（帝人） 国内における研究開発体制 | 分社化された組織と，各地の工場・研究所に研究開発機能が分散 |

出所：帝人資料，聞き取り調査より筆者作成．

ループよりもわずかに早く，南通市経済技術開発区に，日系合成繊維企業として初めて進出した企業であった．1995年からポリエステルの裏地染色加工工場の操業が始まり，その後，1997年に表地染色，1998年には織布の機能も加わった．

商品開発センターの会社自体は2012年に設立され，開業は2014年4月であった（表7-5）．2階建ての研究棟は，経営陣の方針もあり，デザイン性の高い外観が目を引く建物となっている．約20人からスタートした従業員数は，2015年現在では数十人まで増加している．人材は主に繊維や化学などを専攻した学生を新卒で雇用しており，比較的多くの学生による応募がある．日本人の出向者は3人であり，20代から30代の若い従業員の教育にあたっている．

商品開発センターの役割は主に2つあり，1つ目はテキスタイル商品の開発である．敷地内の工場で生産されているポリエステル繊維に関する開発は，従来工場の中で一部行われていたが，商品開発センターの開業により，さらにその快適性を評価することが新たに加えられた．快適性の評価にあたっては，全天候気象室を設置し，素材の機能性を検証している．

このほかにも，製織，製編，染色，機能加工といったテキスタイルの試作設備や，衣服を実際にデザイン，縫製する試験設備のほか，「消費科学」と呼ばれる快適性を分析・測定する設備を有している．こうした設備は，日本の大阪研究センターに設置されていた．しかしながら，同研究センターが2014年に都市化などの影響で閉鎖されたこともあり，中国の商品開発センターが，ポリエステル繊維部門の研究開発を行う帝人グループ唯一の拠点となっている[31]．もう一つは，原糸に関する現地顧客の技術的な需要を発掘するという役割である．ただし，商品開発センターでは，原糸の開発機能は今のところ有していない．

商品開発センターは，あくまでも「売るものをつくる」拠点であり，より

---

司（ポリエステル染色・織布・加工），2003年に設立された帝人加工糸（南通）有限公司（長繊維複合加工糸・自動車用丸編生地），2005年に設立された帝人汽車用布加工（南通）有限公司（カーシート・インテリア用生地），2011年に設立された日岩帝人汽車安全用布（南通）有限公司（自動車向けエアバック）である．

31）　産業関連部門の研究開発機能は，帝人の松山事業所に移管された．

基礎的な研究機能まで拡張する方針ではないとされる．2014年に本格的な開業を迎えた帝人の商品開発センターは，まだ新たに現地雇用した従業員の教育期間を終えたばかりである．10年前に設置された東レの研究所とは，規模，成熟度ともに差が大きいが，製品開発における成果が期待される段階に入ってきている．

## 4.1.3 東レの中国における研究開発子会社

### (1) 東麗繊維研究所（中国）有限公司

TFRC[32] の立地する東レグループの南通地区は，前述した帝人グループ南通地区の隣に位置している．南通市における東レグループの事業としては，まず1994年に最初の企業が設立された．1996年に開業した南通地区の総敷地面積は106万$m^2$あり，2015年においては，製造系の3社と繊維研究所を併せた4社が入居している[33]．

南通地区全体の従業員数は約3,000人であり，そのうちTFRCには二百数十人が勤務している．南通市は教育に定評のある都市であり[34]，他地域で名門大学を卒業した学生が故郷の南通市での仕事を見つけようとするため，高度人材の獲得面において優れた立地である．主に中国の大学の修士課程を修了した学生を新卒で採用しているため，平均年齢は30歳前後と若くなっている．日本とのやり取りや日本での研修も多いため，使用されている言語は主に日本語であり，日本語の習得が昇進条件にも設定されている．離職率は数%〜10%程度であり，周囲の現地企業と比較すると低めに推移している．

---

32) 2015年11月4日に董事長兼総経理に対する聞き取り調査を実施した．

33) 繊維研究所以外には，1994年に設立されたポリエステル織物染色の東麗酒伊印染（南通）有限公司と，翌1995年に設立されたポリエステル長繊維織物の製造・販売を行う東麗酒伊織布（南通）有限公司の両社が2000年に合併して設立された東麗酒伊織染（南通）有限公司（TSD），1995年に設立されたナイロンやテトロンなどの合成繊維の製造・販売を行う東麗合成繊維（南通）有限公司（TFNL），2006年に設立された高機能PP長繊維不織布を製造する東麗高新聚化（南通）有限公司（TNP）の3社が立地している．

34) 「高考の結果は江蘇省を，江蘇省の高考の結果は南通市を見よ」という言葉があり，中国の大学入試試験に当たる高考（全国大学統一入試）の試験結果において，江蘇省は中国第1位，南通市は江蘇省で第一の都市として有名である．

208　第Ⅱ部　企業における研究開発活動とグローバル化

### 表7-6　東レの中国における研究開発子会社の概要

| 名称 | 東麗繊維研究所（中国）有限公司（TFRC） | 東麗先端材料研究開発（中国）（TARC） |
|---|---|---|
| 設立年 | 2002 年 | 2004 年 |
| 従業者数 | 二百数十人 | 100 人強 |
| 研究開発人員 | ― | ― |
| 主な業務 | 繊維事業におけるポリマーデザインから重合製糸，高次加工，商品開発 | 樹脂・フィルム・複合材料・電子情報材料・水処理膜の開発及び技術サポート，新材料の研究開発 |
| 進出形態 | 直接投資 | 直接投資 |
| 親会社（東レ）　主な事業分野 | 繊維，プラスチック，情報通信材料，炭素繊維複合材料，水処理膜，ライフサイエンス | |
| 親会社（東レ）　国内における研究開発体制 | 機能別研究開発組織（一部事業別）を採用し，滋賀県大津市の研究開発センターを中心としながら，各地の拠点と場所横断的な連携 | |

出所：東レ資料，聞き取り調査より筆者作成.

日本人出向者は約 10 人であるが，東レグループ内でも一線級の研究者が配置されている.

　TFRC の設立は 2002 年であり，外資企業では中国初の繊維産業において研究開発を行う会社であった（表7-6）. 研究所の設立については，1990 年代半ばの南通地区開所時より，「単なる輸出基地ではなく，内需を開拓し，衣文化における世界の情報発信基地となる研究開発センターを作りたい」という構想が，第 5 章でも取り上げた，当時の前田勝之助社長によって示されていた[35].

　TFRC が担う役割は，用途としては衣服から自動車関連などの産業まで，機能としては基礎から商品開発までと幅広い. 最も大きな使命は，繊維分野におけるポリマーデザインから重合製糸，高次加工，商品開発までを，南通地区において生産機能を含めた一貫体制で行うことである.

　設立当初の 2002 年頃は，生産拠点の設備を利用して繊維の高次加工を行っていた. 2004 年になって TFRC 独自の設備が立ち上がり，まず同年に重合・製糸関連の研究棟であるテキスタイルテストセンターが，2006 年に産業

---
35) 『日経産業新聞』1996 年 9 月 27 日.

資材関連の研究棟が完成した．また2008年には，次世代人工気象室「テクノラマGⅡ」を竣工し，あらゆる気象条件を再現し，科学的なデータを測定することで，衣料用及び産業用の新機能・高機能繊維に関する研究が可能となった[36]．このようなデータの提示は，中国の顧客企業を説得するにあたって重要な要素となっている．

こうした実験装置は，繊維の中心的な研究開発拠点である三島研究所や，テキスタイル開発センターの立地する瀬田工場などにも設置されている．しかしながら，日本の場合は実験装置が各拠点に分散しているため，研究開発のスピードという面においては，隣接した生産拠点も含めた一貫的な体制をとっている南通市のTFRCに優位性がある．

日本の東レ本体との分業関係については，基本的に東レ本体から委託を受け，報酬を得るという関係性になっている．ただし，協力関係は2つのタイプに分けられる．まず東レが探索から技術を完成させる本格研究までを担い，そこから開発の前段階（量産に向けてコストや欠点などを探す），開発の後段階（事業性と擦り合わせる）については，TFRCとの協力で進めるというタイプである．もう一方は，TFRCが主体となり，過去に東レで蓄積してきた技術を活かしながら，南通の生産設備と中国における顧客との近接性という立地を活用した商品の開発を行うタイプである．

TFRCは，世界的にも他に類を見ない繊維に関する研究開発拠点であり，1カ所にまとまった研究設備と生産拠点との一貫性，顧客や委託先との近接性を強みとしながら，東レグループにおける重要拠点の一つとなっている．

### (2) 東麗先端材料研究開発（中国）(TARC)

TARC[37] は，2004年に前述のTFRCの分公司として設立された．TARCは，上海市の閔行区に位置するハイテクパークである紫竹科学園区[38] に立

---

36) 前世代の「テクノラマ」は，滋賀県大津市の瀬田工場内にあるテキスタイル開発センターが1983年から保有している（東レ・研究技術開発関連プレスリリース2008年6月30日）．ただし，中国の設備のほうが新しいため，日本の設備に改良が加えられている．

37) 2015年11月4日に董事長兼総経理，総合企画室長兼繊維研究部長に対する聞き取り調査を実施した．

210 第Ⅱ部 企業における研究開発活動とグローバル化

地している．また，上海市内の虹橋空港・浦東空港といった国際空港からは
それぞれ車で40分程度の距離であり，南通市のTFRCと比較すると，上海
市内や国外とのアクセスに優れた立地である．

設備としては，まず2004年の開業時に，高分子や水処理に関する研究を
行う第一研究棟が建てられた．続いて，2007年には電子情報材料分野に関す
る研究を行う第二研究棟が建設され，研究開発の分野が拡大した．さらに
2010年には，日本の先端材料研究所の中国ブランチとして先端材料研究所
（上海研究センター）が設置された．また2011年には，オートモーティブセン
ター（中国）が設置され，自動車関連部材のショールーム機能を担うように
なった．2012年にはTFRCから分離し，独立したTARCとして発足した．
さらに2013年に新たな研究棟が設置されたことにより，敷地に拡張の余地
はなくなった．こうして段階的に設備や機能が拡充され，2015年には，東レ
グループの繊維，医薬・医療分野を除く全ての分野に関する研究開発を担う
拠点となった．

2004年の設立当時は約25人の人員規模であったが[39]，2012年には約80
人[40]，2015年には100人強まで規模を拡大している．日本からの出向者は
その1割弱であり，中国の現地人材が活用されている．より人員規模が大き
く，教育体制も整ってきているTFRCと異なり，TARCは幅広い分野に対
応できる即戦力を必要としていることから，新卒採用でなく中途採用が主と
なっている．採用は，東レグループの海外勤労部を通して現地の人材派遣会
社に特定の人材を要望するような形式で行われるが，スペックに合う人材は
比較的容易に見つかるとされる．これには，上海市に立地していることも大
きい．使用する言語に関しては，以前は英語に設定していたが，欧米企業に
移る離職者が多かったほか，日本とのやり取りも重要であるため，現在は日

---

38) 2001年に建設が決まった科学園区であり，閔行区人民政府，上海交通大学，紫江
グループ，上海聯和投資会社などの出資によって開発された．「東洋のシリコンバレー」
を目指した開発がなされ，上海交通大学や華東師範大学のキャンパスのほか，マイク
ロソフトやインテルなどの研究所が立地している．2011年には国家級ハイテク産業開
発区に認定された．ただし，TARCは園区開業最初期に契約した企業であったため，
2004年の開業当時，周囲は更地のような状態であった．

39) 『日経産業新聞』2004年10月19日．

40) 『日経産業新聞』2012年1月5日．

本語が中心となっている．ただし，TARC 内での会議は中国語で行っている．

　TARC の組織は，共通機能を除いて主に 3 つに分かれている．まず 1 つ目は，樹脂・フィルム・複合材料・電子情報材料の開発・技術サポートを行う材料応用開発センターであり，2 つ目は，水処理や家庭用浄水器などを担う水処理研究所である．これらは主に中国事業向けの業務を行っている．また，3 つ目は，前述した③先端材料研究所（上海研究センター）であり，ここでは日本との一体運営による新エネルギー関連材料・新ポリマー材料の研究機能を担い，中国での事業に限らない先端材料研究や開発が行われている．それぞれの研究開発は，日本の東レ本体や国内外の関連会社からの委託を受け，結果を報告するという形式で行われている．

　具体的な日本との分業の例としては，水処理研究におけるものがあげられる．水処理研究においては，各地で異なる水質に対し，東レグループの水処理膜がどのように機能するかに関するデータを得ることが重要となる．TARC は移動式の試験設備を有しているが，日本企業が単独で中国の水処理場での調査研究を行うことは困難である．そこで，同じ紫竹科学園区内にキャンパスを持つ上海交通大学との共同プロジェクトを行うことで，こうした調査が可能になっている．実際に，蘇州下水処理場において TARC と上海交通大学が共同で研究を行い，東レの膜を利用した成果が示されている．研究開発のプロセスとしては，現地の実証研究で得られたデータを日本の東レ本体に送り，日本で膜の開発をするというやり取りがなされる．上海交通大学には評価設備が整っており，TARC にない設備での分析を委託するなど，連携関係が築かれている．

　TARC としては 10 年目を迎えているが，先端分野の研究機能に関しては，まだ開始されて長くは経っておらず，日本から割り振られたテーマを分担するという役割が中心である．TARC 側から新たなテーマを提案することは可能であるが，東レグループでの勤務経験がある程度長くないと，東レの保有する要素技術をよく理解した上での現実的なテーマはなかなか出てこないとされる．また TARC 内には，現地の顧客や研究機関などと共同で作業をするオープンスペースも設けられているが，まだ実用には至っていない．しかしながら，人員や機能は着実に増強しており，中国の生産拠点，顧客，研究

212　第Ⅱ部　企業における研究開発活動とグローバル化

連携先，知財活動，テクニカルマーケティングなどを通した新しい研究テーマを提案することが期待されている．

## 4.2　クラレにおける研究開発機能のグローバル化

### 4.2.1　研究開発機能のグローバル展開

クラレは，国交が正常化する前の 1963 年，中華人民共和国にポバール‐ビニロンの一貫製造プラントを輸出していたものの，帝人や東レのような繊維事業における東南アジアなどへの進出は行わなかった．しかしながら，2014 年度におけるクラレの海外売上比率は 60.9% と，他の繊維系化学企業よりも高く，上昇を続けている．

クラレの海外展開は，1983 年にアメリカの Northern Petrochemical 社との合弁でエバールの生産子会社を設立したことによって始められた．その後，1990 年代にはシンガポールでポバールの生産を開始するとともに，ベルギーにもエバールの生産子会社が設立され，現地向け製品の開発が行われている．

2000 年代においても，アメリカやヨーロッパなどの先進国への進出が中心であり，2001 年にクラリアント社の PVA 事業を買収し，ドイツでもフランクフルトに位置するヘキストのインダストリアルパーク内の生産拠点を取得した．2002 年にはアメリカの拠点でセプトンの生産を開始した．特に 2000 年代後半以降は，欧米企業の事業買収が進められた．

また同じ頃に，海外での研究開発活動が行われるようになった．具体的には，2004 年にアメリカの研究開発拠点である Kuraray Research and Technical Center USA（KRTC）が，テキサス州の Eval Company of America 敷地内に開設された．

さらに，2009 年から本格的に着手した太陽電池向け封止材の研究開発において，日本の倉敷事業所内だけでなく，フランクフルトの拠点にも研究開発チームが置かれている．日本とドイツの両方で研究開発チームを設ける狙いは，顧客となる太陽電池メーカーの要求に柔軟に応えるためとされている[41]．2012 年にはアメリカの MonoSol 社を買収し，同社の拠点も研究開発拠点と

して活用するなど[42]，買収拠点を中心とした海外での研究開発活動も進められている．

以下では，クラレのアメリカにおける研究開発拠点であるKRTCについて取り上げ，先進国を中心とした事業展開を行うクラレによる研究開発機能の空間的分業について分析する．

## 4.2.2 クラレリサーチアンドテクニカルセンター（KRTC）

KRTC[43] は，1986 年からエバールを生産する工場[44] や，2001 年からセプトンを生産してきた工場のある，テキサス州のパサデナ市に設置された拠点である（表7-7）．KRTCと，エバール，セプトンそれぞれの製造・販売事業を合わせて，Kuraray America, Inc.（KAI）という一つの事業会社となっている[45]．

KRTCは，エバールの技術サービス機能が手狭となり，クラレグループのコーポレートの研究開発に関しても，アメリカで情報アンテナを持ちたいという要請が重なり，2004 年に設立された．そのため，KRTCには，エバールとセプトンの市場開発，技術サービス機能を担う人員と，クラレグループ全体の研究開発部門を担う人員の両方が在籍している．

2014 年時点で，従業員数は29 人であり，エバール部門に17 人，セプトン部門に6 人，コーポレート部門に4 人，PVB部門に1 人が在籍している．ま

---

41) 『日経産業新聞』2009 年3 月24 日．

42) クラレニュースリリース（2012 年7 月25 日）．

43) 2014 年11 月24 日に現地で Vice President-R&D, Senior Director-R&D, Staff Accountant に対する聞き取り調査を実施した．

44) クラレのアメリカ事業は，1983 年（生産開始は1986 年）に Northern Petrochemical との合弁会社を設立してパサデナ市でエバールの生産を開始したのが初めてである．同社は1991 年に完全子会社化された．

45) それぞれ Eval Company of America と SEPTON Company of America という別会社であったが，KRTCを加えた3 社が，2008 年に統合された．KAI全体としては，2012 年 MonoSol というアメリカのフィルム加工企業を，2014 年にデュポンの GLS（Glass Laminating Solutions）/ Vinyls を買収するなど，2010 年代前半だけで，約350名であった従業員数が，約2 倍へと増大した．デュポンから買収した事業の研究開発部門は，第3 章で触れたデュポンの本社所在地であるデラウェア州のウィルミントン市にあり，その拠点にも日本からの出向者が数人在籍している．

214　第Ⅱ部　企業における研究開発活動とグローバル化

### 表 7 - 7　KRTC の概要

| | | クラレリサーチアンドテクニカルセンター（KRTC） |
|---|---|---|
| 設立年 | | 2004 年 |
| 従業者数 | | 29 人 |
| 研究開発人員 | | |
| 主な業務 | | エバール，セプトン，PVB の技術サービス及び製造方法の開発，新規分野の開拓 |
| 進出形態 | | 直接投資 |
| 親会社（クラレ） | 主な事業分野 | 樹脂（ポバール，エバール，PVB など），化学品（セプトン，ゴムなど），繊維（ビニロンなど） |
| | 国内における研究開発体制 | カンパニー制組織と，倉敷市内の研究所への地理的な集中 |

出所：クラレ資料・聞き取り調査より筆者作成.

　た，既存製品部門は現地人材が中心となっているが，コーポレート部門は，日本からの出向者のみとなっている．これは，クラレの日本にいる研究員を，国際的に育成するという教育的な意味が大きい．また，倉敷や筑波の研究所の研究員たちと元々の人間関係が構築されていないと，アメリカで興味深いシーズを発見しても，信用が得られず，日本の研究所で本格的な研究をしてもらうことが難しいとも考えられている．さらに，アメリカにおけるクラレの知名度では，日本語ができてアメリカで Ph.D. を取得しているという人材を獲得することは現実的でないとされる．

　既存製品の部門については，顧客対応の技術サービスが中心であり，自分たちでできるものは対応し，対応できないものは日本に送るという体制がとられている．また，独自の開発テーマもあるが，原料についてではなく，生産拠点での加工方法などについてのものに限定されている．

　コーポレートの人員については，2004 年の設立当初，アメリカで獲得した情報を基に，現地で研究や実験を行う予定であった．しかしながら，化学素材の研究開発も，シーズの特性だけではなく，実際に商品に使用した際に，どのような効果があるかまで具体的に示す必要が生じてきており，少人数での対応は現実的ではなくなってきている．そのため，実験などを行う研究設備はあるものの，現在はほとんど使われていない．コーポレート部門の主な

業務は「アンテナ&ブリッジ」であり，①北米での情報収集，②研究者との
コネクションの構築，③日本からの出張者の支援が行われている．具体的な
業務は，学会への出席が多く，生きた情報を獲得している．

こうした情報収集機能を担うにあたって，同拠点の立地はあまり効率的で
はなかった．同拠点からは，州内のテキサス大学オースティン校でさえ車で
2～3時間程度かかる上，空港からも離れているため，東西海岸に偏るアメ
リカの有名大学への日帰り出張も困難である．そこで，2013年にカリフォル
ニア州のクパティーノ市に，情報収集のためのオフィスを設置した[46]．設立
してから短い期間ではあるが，派遣された日本人駐在員が，研究者の開催す
るファーラムなどに頻繁に顔を出すことで，スタンフォード大学やカリフォ
ルニア大学アーバイン校など，周辺の有名大学に所属する研究者とのコネク
ションの構築に成功している．

以上のように，KRTCでは，既存製品の顧客対応を行うとともに，現地
での情報収集拠点としての役割が本格化している．ただし，実験を伴う研究
開発活動は行われず，日本のコーポレート部門の研究開発機能との分業関係
については，あくまでも情報収集機能に特化したものであった．


## 5. 機能性化学企業による研究開発機能のグローバル化


## 5.1 JSRにおける研究開発機能のグローバル化

### 5.1.1 研究開発機能のグローバル展開

JSRは，創業以来の事業である合成ゴムなどの石油化学系製品について，
1980年代から海外展開を開始した（鎌倉 2014c）．まず1985年に錦湖石油化
学社（韓国）と合弁で錦湖ポリケム（株）（韓国）を設立し，合成ゴムの海外
生産を開始した．また1995年以降，中国などのアジアを中心に合成樹脂や

---

46) アップル本社に隣接し，企業立地において極めて人気のある地域である．

216　第Ⅱ部　企業における研究開発活動とグローバル化

ゴムの加工を行う子会社を設立し，2000年にはタイのラヨーン県にもコンパウンド製品の生産拠点を設立した．アジアだけでなく，2002年にはアメリカにも合成樹脂の生産拠点を設け，現地顧客に対する技術サービス機能を強化している．ただし，これらの分野は技術的に成熟段階にあり，研究開発機能はあくまでも国内が中心である[47]．

一方，JSRが1970年代後半から本格的に事業化していった半導体用フォトレジストについては，1990年にベルギーの化学企業であるUnion Chimique Belge（UCB）Electronics[48]とJSRの合弁会社であるUCB-JSR Electronics NV in Belgiumを設立し，ヨーロッパ，アメリカへの海外進出が果たされた．さらに1993年には，ベルギーとアメリカの合弁会社を完全子会社化し，独自の事業活動を開始した．1997年には，アメリカにもフォトレジストの生産拠点を確立し，既に生産拠点を持っていたベルギーの拠点とともに，日本を含め，世界三極での生産体制を確立した（JSR株式会社 2008）．ベルギーのJSR Micro NVとアメリカのJSR Micro Inc.については，現地において顧客や研究機関との近接性を活かした研究開発活動が行われている．

また，1980年代後半に事業化したディスプレイ素材についても，2000年代に入って海外生産が始まった．まず2003年，世界的な大手ディスプレイメーカーを擁し，需要の高まる韓国に，2005年には同じく台湾に生産子会社を設立した．こうして半導体用フォトレジスト事業と同様に，日本，韓国，台湾における生産体制を確立した[49]．韓国，台湾の拠点についても，2000年代半ば以降，研究開発機能が付加されている．

JSRの半導体素材やディスプレイ素材事業における生産機能・研究開発機能の配置は，重要な顧客となる少数のリーディング企業との関係構築を最も

---

47）　石油化学部門は欧米の巨大石油化学企業の合成ゴム部門と比較すると規模的に小さく，基本的にブリヂストンにゴムを納めることが主眼であるため，グローバル展開への意識は強くないとされている（JSR Micro NVでの聞き取り調査による）．

48）　UCB Electronicsの親会社であるUCBは，1928年にブリュッセルで創業した元総合化学企業である．2004年以降は，バイオ医薬部門に特化した製薬企業となっている（UCB社沿革 http://www.ucb.com/about-ucb/history）．

49）　2014年には，中国の常熟市にディスプレイ素材の製造を行う合弁会社 JSR Micro （Changshu） Co., Ltd. を設立した．2016年には生産を開始する予定であり，今後はアジア4極による生産体制となる（JSRニュース2014年12月1日）．

重視するという，同社の「1 on 1（ワン・オン・ワン）」という方針に基づいている．ただし，同社が新規事業として研究開発投資を進めているライフサイエンスなどの分野については，顧客がアメリカやヨーロッパなどの先進国を中心に多数存在するため，同社のシーズをよりオープンにし，認知してもらうための「Diffusion（拡散）」という考え方で事業が進められている[50]．

以下では，JSR における研究開発機能のグローバル化について，ベルギーの JSR Micro NV とアメリカの JSR Micro Inc.，韓国の JSR Micro Korea と台湾の JSR Micro Taiwan の事例を詳述し，同社の事業の変化とともに，研究開発機能の国内外における空間的分業がどのように変化しているのかを分析する．

## 5.1.2 欧米における半導体素材事業の研究開発とその変化

### (1) JSR Micro NV

JSR Micro NV[51] は，前述したようにベルギーの Union Chimique Belge (UCB) Electronics と JSR のジョイントベンチャーとして，1986 年に創業し，1990 年に会社として設立した（表7-8）．1993 年以降は，JSR の完全子会社となり，2002 年より JSR Micro NV という名称になった．

同社は，ヨーロッパでの生産規模の拡大を図り，2002 年に工場を新設した．新工場は閉鎖された旧工場から近く，ルーヴェンの中心部から車で約 20 分の Leuven Research Park に立地している．同社の主力製品は，半導体の微細加工に使用する KrF フォトレジスト[52] である．しかしながら，今後ヨーロッパにおいて半導体市場が新たに成長していくことは考えがたいため，ライフサイエンスなど他分野への進出が必要であると認識されている．

---

50) JSR 株式会社代表取締役副社長執行役員である佐藤穂積氏へのインタビュー記事 http://www.ninesigma.co.jp/talk/vol11/index.html（2013 年 12 月 4 日）．
51) 2014 年 3 月 18 日に President, Business Administrator に対する聞き取り調査を実施した．
52) フォトレジストは，半導体基板のシリコンウエハーに塗布する感光性樹脂である．KrF（波長 249nn），ArF（波長 193nn）などがあり，短波長化により微細加工が可能となっている．JSR は，ArF フォトレジストで世界トップシェアを誇り，KrF フォトレジストにおいても世界トップクラスである．

218 第Ⅱ部 企業における研究開発活動とグローバル化

**表 7-8 JSR Micro NV の概要**

| 名称 | | JSR Micro NV |
|---|---|---|
| 設立年<br>(完全子会社化) | | 1990 年<br>(1993 年) |
| 従業者数 | | 約 100 人 |
| 研究開発人員 | | 約 8 人 |
| 主な業務 | | 半導体材料の開発・製造・販売, ライフサイエンス分野の開拓 |
| 進出形態 | | 合弁会社 |
| 親会社<br>(JSR) | 主な事業分野 | 石油化学系製品 (タイヤ用ゴムなど), 電子・ディスプレイ・光学・精密・メディカル材料 |
| | 国内における<br>研究開発体制 | 四日市事業所への組織的・地理的な集中 |

出所:JSR 資料・聞き取り調査より筆者作成.

　2014 年時点で, 同社には約 100 人が勤務しており, オペレーション, 営業, 事業開発, 研究開発などの部門がある. 主力である半導体素材関連事業には約 80 人が従事しており, そのうちの 10%程度が研究開発部門についている. 日本からの出向者は 4 人で, 実務担当者 (ビジネスアドミニストレーター) 1 人, 半導体素材の研究者 2 人, ライフサイエンス関連の研究者 1 人という内訳になっている.

　出向者の人数は設立時と比較して半減しており, 現地化の度合いが高まっている. 現地雇用者の平均年齢は 40 歳ほどであり, 研究者は比較的若いが, 製造に携わる人員は 50 歳前後に上昇している. 日本の年功序列に近い給与体系がとられており, 勤続年数は比較的長い. 雇用については, 専門の人材採用企業に委ねる部分が大きいが, ルーヴェンに立地する次世代エレクトロニクスの世界的な研究機関である IMEC から研究者を採用することも多い.

　全社的な研究開発活動の共有手段として, まず技術的なグローバル会議が四日市で行われる. また, 他の部門も含めた会議が東京で開かれる. JSR は, 比較的早い段階からグローバル化に目を向けてきたため, 他の日本企業と比較すると海外子会社にある程度の自律がみられる. しかしながら, 半導体素材部門と石油化学系部門の研究開発との関係は希薄であり, 部門間でグローバル展開にかなりの違いがあるとされる.

同社は，JSR 全体において，KrF フォトレジストの国際的な開発センターと位置付けられている．しかしながら，技術的な基盤は日本にあるため，基本的にはヨーロッパ市場の顧客対応が行われている．

最も大きな特徴は，前述した IMEC との長期的な関係である．前身である UCB Electronics が，1984 年の IMEC の本格的な発足前から，ベルギー企業として IMEC に関係するプロジェクトに参加していた．一部の従業員は UCB Electronics の出身であることもあり[53]，現在でも比較的密な関係が築かれている．

半導体素材の研究開発における国内との分業関係は（図7-8），まず JSR 本体の中心的な生産・研究開発拠点である四日市の精密電子研究所において，小規模な設備を用いたプロトタイプを作成する．その素材を提供された JSR Micro NV の人員が，IMEC で素材の評価を受け，それを四日市へフィードバックして修正し，再度 IMEC で評価するというプロセスが繰り返される．このプロセスの完了までは，概ね数年を要する．IMEC との共同研究の強みとして，高額な評価装置の存在があげられる．

素材を評価する装置である露光機は高額であり，装置自体の更新サイクルも非常に早い．一方，IMEC の場合，装置企業そのものとの共同研究も行っているため，常に最新の評価装置を所有している．また他社製品と一緒に評価される際，JSR の製品がデモの仕様（模範品のようなもの）として取り上げられると，他の顧客企業へのアピールとなるなど，IMEC との密接な関係は，非常に重要となっている．

別のタイプの研究プロセスとしては，ライフサイエンスと素材部門の協業によって開発中の，細胞分取チップに関するものがある．ライフサイエンス分野に関しても，IMEC と 2011 年から共同研究を進めている[54]．国内では筑波で研究開発が行われているが，IMEC との共同研究が事業の中心となっ

---

53) 2007 年以降，同社の社長を務めている Bruno Roland 氏（聞き取り対象者）も，UCB Electronics の研究者出身である．同氏は，JSR のヨーロッパにおけるレジスト事業の足がかりを作った人物である（JSR 株式会社 2008, 485 頁）．

54) IMEC は，ルーヴェン大学やインテルとともに，ライフサイエンス関連の ExaScience LifeLab を 2013 年に新設した．同年には米ジョンズ・ホプキンス大学との共同研究契約を結ぶなど，ヘルスケア分野に力を入れている（服部 2013）．

220 第Ⅱ部 企業における研究開発活動とグローバル化

半導体材料の開発（1980年代後半以降）

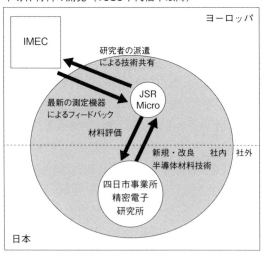

細胞分取チップの開発（2013年以降）

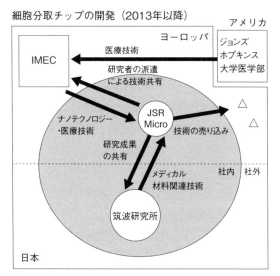

**図7-8 JSR Micro NV を中心とした研究開発機能における分業体制**
出所：各種資料，聞き取り調査より筆者作成．

ている[55]．同製品は商品化の段階にはないものの，プロジェクトの段階で
JSR Micro がヨーロッパのデバイス企業に売り込むなど，従来の顧客対応だ
けではない新たな役割がベルギーで担われ始めている．

　以上のように，JSR Micro NV は，従来から IMEC との関係が強く，日本
と相互に研究開発プロセスを共有してきた．2010 年代以降に本格化したライ
フサイエンス部門については，海外で新規に獲得した知識と国内での技術蓄
積を結びつけようとする傾向がより強く見られる．

### (2) JSR Micro Inc.

JSR Micro Inc.[56] は，JSR Micro NV の前身である，ベルギーの化学企業
UCB Electronics の子会社として発足した企業である（表7-9）．1993 年に
JSR の完全子会社になっている．

　同社は，カリフォルニア州サニーヴェール市に立地し，Yahoo! の事業所
に隣接しているなど，いわゆるシリコンバレーに位置している[57]．サンフラ
ンシスコから車で約 1 時間の距離にあり，半導体の研究拠点として世界的に
有名な IBM 社のアルマデン研究センター[58] へも，約 30 分で移動すること
が可能である．

　同社は，前述したアルマデン研究センターをはじめ，シリコンバレーを中
心に，サンフランシスコのベイエリアに集積していたインテル[59] などの半
導体関連企業と密接に結びつき，半導体の微細加工に使用する ArF フォト
レジスト[60] の開発を行ってきた．当初は半導体関連の能力増強を睨んでい

---

55)　2013 年には，JSR と IMEC の共同で次世代診断チップデバイスのプロトタイプが
　　発表された（JSR ニュース 2013 年 11 月 1 日）．
56)　2014 年 3 月 24 日に President, Treasure & CFO, Manufacturing Manager に対
　　する聞き取り調査を実施した．
57)　現在の場所に移転したのは 1997 年のことであるが，それ以前も近隣に立地していた．
58)　サンノゼ市に立地する同研究所は，1956 年に IBM 社によって西海岸で初めて設置
　　された研究所であり，他分野の基礎から応用に至る研究を行っている（http://www.
　　research.ibm.com/labs/almaden/）．とりわけ，JSR Micro Inc. に関係する半導体関連
　　技術の研究開発に関しては，世界的な研究所の一つである．
59)　JSR はインテルから，最も卓越した品質と成績を達成したサプライヤー企業に贈ら
　　れる「サプライヤー・コンティニュアス・クオリティ・インプルーブメント（SCQI）
　　賞」を 5 年連続で受賞している（JSR Micro プレスリリース 2015 年 3 月 4 日）．

222 第Ⅱ部 企業における研究開発活動とグローバル化

表 7-9 JSR Micro Inc. の概要

| 名称 | | JSR Micro Inc. |
|---|---|---|
| 設立年<br>（完全子会社化） | | 1990 年<br>（1993 年） |
| 従業者数 | | 約 160 人 |
| 研究開発人員 | | 約 15 人 |
| 主な業務 | | 半導体材料の開発・製造・販売，ライフサイエンス分野の開拓 |
| 進出形態 | | 合弁会社 |
| 親会社<br>（JSR） | 主な事業分野 | 石油化学系製品（タイヤ用ゴムなど），電子・ディスプレイ・光学・精密・メディカル材料 |
| | 国内における<br>研究開発体制 | 四日市事業所への組織的・地理的な集中 |

出所：JSR 資料・聞き取り調査より筆者作成.

たが，現在その予定はなく，敷地には余裕がある．その背景としては，周辺に立地していた半導体関連企業が，既に生産拠点をアメリカの他の地域に移していることがあげられる．近年では，顧客企業の拠点に行くために飛行機を利用することも多いなど，顧客との近接性という意味での立地優位性は，あまり重要でなくなってきている．

2014 年時点で，同社には約 160 人が所属しているが，サニーヴェールの拠点で勤務しているのは約 140 人であり，残りの人員は顧客対応を全米各地で行っているとともに，バイオ関連事業のマーケティングも担当している．同社の社長は，かつて他の日本企業で勤務した経験のある現地人材であり，2005 年より同職に就いている[61].

雇用については，周囲に有名・人気企業が多数立地しているため，優秀な人材の定着は容易でなく，給与水準も日本より高くなっている．ただし，15人程度の研究員の約 3 割が Ph.D. を取得しており，スタンフォード大学やカリフォルニア大学バークレー校などの有名大学出身者が多くなっている．また，研究員はサニーヴェールの拠点で勤務しているだけでなく，アメリカ国

---

60) 注 52 参照.
61) これはベルギーの事例よりも早く，JSR グループとしても，現地の人材がトップとなるのは，画期的な人事だった.

内の他の IBM の研究所にも派遣されている[62].

　同社は，JSR グループにおいて，ArF フォトレジストの国際的な開発センターと位置付けられている．しかしながら，実験装置となる露光機は高額であり，最新のものを購入する際は，日本の四日市市に設置される．また，フォトレジスト原料の約 9 割は日本から輸入しているなど，自社に対するサプライヤーは日本企業が多いため，半導体素材の研究開発機能の基礎的な部分は日本国内にある．そのため，半導体素材の研究開発機能に関しては，アメリカの顧客に対する現地対応が主体である．

　その一方で，ベルギーの JSR Micro NV と同様に，JSR グループ全体のライフサイエンス部門について，新規分野開拓のための情報収集，マーケティング，用途開発拠点としての機能を強化している．実際に同社では，体外診断薬やライフサイエンス分野の研究に用いられる磁性粒子 Magnosphere$^{TM}$ や，体外診断薬用ラテックス粒子の IMMUTEX$^{TM}$ などを基にした応用製品を開発している．こうしたライフサイエンス分野については，日本よりもアメリカの方が顧客となり得る企業や研究機関も多く，ビジネスになりやすいとされる．さらに，2014 年の 7 月，サンディエゴ市に小規模な研究所を開設した．そこでは，日本人駐在員が，世界的な医学研究機関のサンフォード・バーナム医学研究所[63] との共同研究を行っている．

---

62)　ニューヨーク州のオールバニにある Center for Semiconductor Research（ニューヨーク州立大学と IBM が共同で設立したナノテク関連の研究所），同州のヨークタウンにある IBM Thomas J. Watson Research Center（IBM の中心的な研究所）に，それぞれ 1 人ずつ研究員が派遣されている．

63)　カリフォルニア州とフロリダ州に拠点を持つ非営利公益法人で，主に医学や製薬に関する研究を行っている研究所である．同研究所は，米国立衛生研究所（NIH）から米国内の独立研究所として最も多額の助成金を受けており，論文の引用数などにおいても，世界的に影響力の強い研究機関である（サンフォード・バーナム医学研究所ウェブサイト http://www.sanfordburnham.org/Pages/Splash.aspx（2015 年 12 月 10 日最終閲覧））．

224　第Ⅱ部　企業における研究開発活動とグローバル化

### 5.1.3　アジアにおけるディスプレイ素材事業の研究開発と分業の変化

#### (1)　JSR Micro Korea Co., Ltd.（JMK）

　JSR の韓国子会社である JSR Micro Korea Co., Ltd.（JMK）[64] は 2003 年に設立され，液晶ディスプレイ関連の五大材料とされる着色レジスト，感光性スペーサー，保護膜，高透明性レジスト，配向膜の全てを生産している（表 7-10）．主な顧客は，サムスンや LG などといった韓国の液晶ディスプレイ大手メーカーである．JMK の本社工場はソウルから南に車で約 2 時間のオチャン化学産業団地に立地している．主要顧客の拠点があるチョナン市とクミ市の中間であることが立地の決め手であった（図 7-9）．それぞれの顧客の拠点付近には技術営業の事務所が設けられており，2006 年に新設された LG ディスプレイの工場が立地するパジュにも事務所が設置されている．

　全体の従業員数は 228 人（2014 年 9 月 11 日現在）であり，7 ～ 8 割がオチャンで，その他はソウルや各事務所で勤務している．研究開発センターができたのは 2011 年 7 月であり，約 10 億円の投資を行った．研究開発には約 30 人が携わっており，そのうち 10 人は日本からの駐在員である．現地の研究員については，現地雇用された CTO（技術最高責任者）の人脈を利用し，大学の新卒人材を主に雇用している．

　四日市から技術者が出張し，製品開発を行っていた頃は，顧客に作業を急かされる事態が頻繁に生じた．この背景には，韓国の現地企業，特に主要顧客のグループ企業である第一毛織（サムスン系列）や LG 化学などと比較され，年々競争が激しくなったことがある．研究開発を始めた 2011 年頃でも，日本の四日市でプロトタイプを作成し，それをそのまま顧客に提示して，顧客からの評価を受けて JMK で簡単な修正を行う分業が行われていた（図 7-10）．しかし現在では，着色レジストなどの既存の色材はプロトタイプから JMK で作成し，現地で開発を完結させている．特に配向膜以外の研究については，製品も成熟してきているため，JMK のみで開発を完結させることも多くなってきており，日本の研究所を経由することがないため，顧客への対応を迅

---

　64）　2014 年 9 月 22 日に現地にて代表理事・社長，管理 TEAM 長，研究開発本部理事に対する聞き取り調査を実施した．

第7章 研究開発機能のグローバル化と空間的分業    225

表7-10 JSRのアジアにおける研究開発子会社の概要

| 名称 | JSR Micro Korea Co., Ltd. | JSR Micro Taiwan Co., Ltd. |
|---|---|---|
| 設立年 | 2003年 | 2005年 |
| 従業者数 | 228人 | 178人 |
| 研究開発人員 | 約30人 | 約50人 |
| 主な業務 | フラットパネルディスプレイ用及び半導体用材料等の設計，開発，製造，販売 | フラットパネルディスプレイ用材料等の設計，開発，製造，販売 |
| 進出形態 | 直接投資 | 直接投資 |
| 親会社(JSR) 主な事業分野 | 石油化学系製品（タイヤ用ゴムなど），電子・ディスプレイ・光学・精密・メディカル材料 ||
| 親会社(JSR) 国内における研究開発体制 | 四日市事業所への組織的・地理的な集中 ||

出所：JSR資料，聞き取り調査より筆者作成．

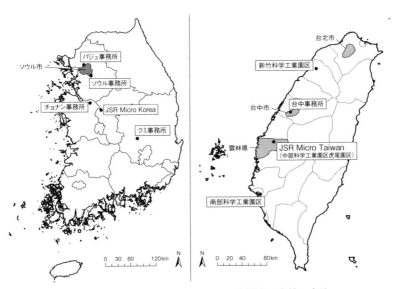

図7-9 アジアにおけるJSRの研究開発子会社の立地

出所：筆者作成．

226　第Ⅱ部　企業における研究開発活動とグローバル化

液晶ディスプレイ材料の研究開発（2011年まで）

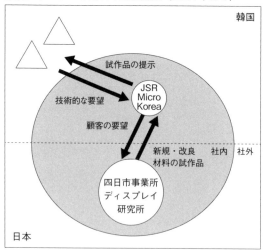

(2011年以降)

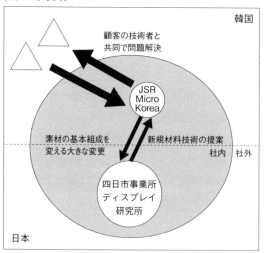

図7-10　JSR Micro Koreaを中心とした研究開発機能における分業体制
出所：各種資料，聞き取り調査より筆者作成．

速に行えるようなってきている.

## (2) JSR Micro Taiwan Co., Ltd.（JMW）

台湾の JSR Micro Taiwan Co., Ltd.（JMW）[65] は JMK と同じディスプレイ素材の生産拠点として 2005 年に設立された.生産品目は着色レジスト,感光性スペーサー,保護膜であり,配向膜など韓国では生産している一部製品は生産していない.立地しているのは雲林県に位置する中部科学工業園区の虎尾園区であり,台中市内から車で約 1 時間の距離にある[66]（図 7-9）.

同地に立地したのは,主要顧客である AUO,イノラックスが新竹,南部科学工業園区などに主要拠点を持っており,韓国の場合と同様に,その中間に位置することが立地の決め手となった[67].約 12 億円の投資を行い,研究開発設備が完成したのは 2012 年 1 月であり,従業員数 178 人（2014 年 3 月 31 日現在）のうち,研究開発や試験を行う開発・技術本部に全体の約 30％が所属している.開発・技術本部のうち,駐在員は 10 人弱である.新卒で採用する韓国の場合と異なり,現地の人材はディスプレイ業界の経験者を中途で採用することが多く,生産・研究開発設備などの立ち上げが迅速であったとされる.

2012 年に研究開発設備が整うまでは,研究者が出張ベースで来て顧客対応をし,日本の四日市の研究所で,顧客のニーズやトラブルに対応していた.当時は日本の開発部隊と顧客の間に多くの誤解や認識のずれが生じ,言語の問題もあり,問題点の共有が困難であった.また顧客の試験結果,再現性にばらつきがある点に振り回されることもあったという.これに対し,顧客が

---

65) 2014 年 9 月 24 日に現地にて董事長,製造本部長,董事・管理本部長・本部長代理,開発技術本部協理に対する聞き取り調査を実施した.

66) 科学工業園区は,いわゆるサイエンスパークを指しており,中部科学工業園区は新竹,南部に次いで 2003 年に設立された.中部内では台中,虎尾などに園区が設けられており,虎尾園区は「新興科学技術の星」と位置付けられている（中部科学工業園区ウェブサイト http://www.ctsp.gov.tw/japanese/00home/home.aspx?v=30（2015 年 12 月 10 日最終閲覧））.また虎尾園区は,2015 年 12 月に開設された台湾高速鉄道の雲林駅から車で 5 分弱であり,アクセスの良い立地となっている.

67) 韓国の場合と異なり,顧客対応の事務所は設置していない.その代わりに,以前から付き合いのある代理店があり,そことのパートナー関係を継続的に築いている.

行っていた評価を JMW が顧客を交えて行うことによって，製造ラインで起こる問題を再現し，ディスプレイを表示することによって生じる色やムラなど，肉眼検査によって確認しなければならない問題点の解決が可能になってきている．さらに，以前は素材の評価も日本で行っていたが，現地で行う方が顧客からの満足度が高く，現場の研究員にも，無駄な時間が大幅に解消されたと認識されている[68]．

両子会社では，現地に研究開発設備を設けたことにより，迅速なやり取りが可能となり，顧客の満足を獲得することが可能になったとされる．こうしたディスプレイ分野における研究開発機能のグローバル化の進展により，日本の四日市の拠点は，より先の世代を見越した原料化合物の研究が主な役割となってきている．例として四日市のディスプレイ研究所では，以前 10% 程度しか新規研究に研究開発資源が充てられていなかったが，近年では 7 割近くになっている[69]．同事業における四日市は，より将来的な材料研究を行う拠点としての役割が強まっているといえる．

## 5.2 カネカにおける研究開発機能のグローバル化

### 5.2.1 研究開発機能のグローバル展開

カネカについては第 6 章で取り上げていないが，事業の整理と多角化を進め，高機能製品中心の事業構造に変革してきたことから，機能性化学企業に分類した．

ここで初めて取り上げるため，まず簡単に同社の概要を述べる．カネカ（旧鐘淵化学）は，カネボウ（旧鐘淵紡績）の化学工業部門を引き継いで 1949 年に設立された．創業当初は，苛性ソーダなどの化成品や食品事業が中心であった．その後，塩化ビニル樹脂や発泡樹脂製品へ事業分野を拡大し，医薬品中間体や原薬の開発，還元型コエンザイム Q10 の製造など幅広い事業分野を

---

68) 現場の研究員によると「2 週間かかっていたやり取りが 3 日でできるような改善」であったとされる．

69) JSR 本社での聞き取り調査による．

持っている．現在の事業領域は，当初の化成品，食品，発泡樹脂製品に加え
て，機能性樹脂，ライフサイエンス，エレクトロニクス，合成繊維，の7つ
のセグメントから構成されている．

カネカの国内における研究開発体制は，新規分野を担う7つの研究所が社
長直轄で設けられ，高砂工業所・大阪工場に集中している．また事業部直轄
の研究組織はそれぞれの生産拠点に設けられ，研究所と連携しながら研究開
発活動が行われている．

海外進出に関しては，まず1970年にカネカ初の海外生産子会社としてカ
ネカベルギーNVが設立された．この拠点は，日本の化学メーカーとして初
のヨーロッパ進出であり，同社にとっても挑戦的な取り組みであった．1973
年にはプラスチックに柔軟性を与える機能性樹脂として使用されるMBS樹
脂[70]のプラントが完成し，生産を開始した．1982年にはアメリカのテキサ
ス州にもMBS樹脂の生産を行うカネカアメリカが設立された．

ベルギーの拠点では，1990年頃には既に開発・リサーチグループが組織さ
れており，ヨーロッパ市場に向けた新分野の研究開発機能も担われ，同じ頃
には，アメリカの拠点においても樹脂成分分析や品質検査をするサービスラ
ボが設けられた[71]．さらに近年，カネカアメリカでは，2013年にテキサス
A＆M大学のレンタルスペースにカネカUSマテリアル・リサーチ・センタ
ーを新設するなど，研究開発機能が強化されている[72]．

カネカにとって国際的な戦略製品であるMBS樹脂に関しては，ヨーロッ
パとアメリカだけでなく，1995年にマレーシアのパハンにも生産拠点が設立
された．マレーシアの拠点は，ヨーロッパ，アメリカの拠点とともに，カネ
カの中核的な拠点として位置付けられており，その後も投資が続けられ，発
泡樹脂や合成繊維，電子材料などの生産品目を拡大している．

比較的新しいライフサイエンス事業に関しても，1979年にシンガポールの
ジュロン工業団地に新設した生産子会社において，医薬中間体を生産し始め

---

70) カネカのMBS樹脂は世界的にシェアが高く，国際的な競争優位を有しているとさ
れ，その確立過程については，橋本（2007）で詳しく述べられている．

71) 『日経産業新聞』1990年2月27日．

72) カネカニュースリリース（2013年11月20日）．

た．ライフサイエンス事業については，2010 年にベルギーのバイオテクノロジー関連企業である Eurogentec 社と資本提携するなど，バイオ医薬分野へも事業を拡大している[73]．

以上のように，多くの事業を持つカネカは，強みを持つ製品を中心に 1970 年代から積極的な海外進出を行っており，近年では海外での研究開発活動も見られてきている．以下では，カネカ初の海外生産拠点として設立されたカネカベルギー NV[74] の事例を取り上げ，同拠点における事業展開と国内外における研究開発機能の分業関係について分析する．

## 5.2.2　カネカベルギー NV の事例

同社は，カネカ初の海外生産拠点として，1970 年にベルギーのウェステルローで設立された（表 7-11）．1973 年より，MBS 樹脂カネエースの生産を開始した．1985 年には緩衝材などに用いられる発泡樹脂エペランを，1997 年には弾性シーリング剤用樹脂 MS ポリマーの生産を開始するなど，製品分野や事業規模を拡大してきた．カネエースは世界シェアの約半分，エペランについては約 20%，MS ポリマーについても高いシェアを持っている．

カネカベルギー NV は，ベルギーの化学企業の中でも優良であると評価されており[75]，継続的に事業を拡大している．具体的には，2011 年にドイツの Evonik 社によるモディファイアー事業[76] を，2013 年には独 BASF の同事業を買収した[77]．また同社は，2012 年に新規事業開発部門を立ち上げ[78]，

---

73)　カネカニュースリリース（2010 年 6 月 17 日）．
74)　2014 年 3 月 24 日に現地にて Manager of Administration と Assistant Manager に対する聞き取り調査を実施した．
75)　ベルギー国内で化学企業の売上高，付加価値生産額などを指標とした格付けがあり，2009 年時点で 15 位であった．
76)　改質剤を意味し，カネエースと同類で，物の性質を変化させる化学製品事業分野を指す．
77)　Evonik の場合は，市場，顧客，装置的に入り込みづらいグレードであったため，生産設備や従業員をそのまま買い取った．BASF の場合はそれほど特殊なものではなく，BASF が売却を希望していなかったため，特許や顧客のみを譲り受け，生産についてはカネカの既存設備で行っている．
78)　カネカ CSR レポート 2012．

第7章 研究開発機能のグローバル化と空間的分業 231

表 7-11 カネカベルギーの概要

| 名称 | | Kaneka Belgium NV |
|---|---|---|
| 設立年 | | 1970 年 |
| 従業者数 | | 約 320 人 |
| 研究開発人員 | | 約 30 ～ 40 人 |
| 主な業務 | | モディファイアー，樹脂の開発・製造・販売，新規分野の開拓，太陽電池事業の研究開発 |
| 進出形態 | | 直接投資 |
| 親会社<br>（カネカ） | 主な事業分野 | 化成品，機能性樹脂，発泡樹脂製品，食品，ライフサイエンス，エレクトロニクス，合成繊維 |
| | 国内における<br>研究開発体制 | 研究所は高砂工業所・大阪工場に集中 |

出所：カネカ資料・聞き取り調査より筆者作成.

生分解性ポリマー，装飾照明用に Kaneka OLED，放熱シートなどの営業活動も行っている．なお，後述する太陽電池事業については，ベルギーの拠点で生産活動は行われていない．当初は行われる予定であったが，中国製の安価な製品が市場に多く出てきたこともあり，見送られた．

生産拠点のあるウェステルローは，同社の事務所の立地するブリュッセルから車で約 1 時間の距離にある．高速道路及び運河に沿っており，運河を利用したアントワープ港からの輸出が容易となっている．ベルギーに立地した理由は，①MBS 樹脂の主な市場であるフランスとドイツとの中間的な位置であり，②化学工場が集積している地域に立地し，投資に対するインセンティブがあったことなどが指摘されている．

従業員数は約 320 人で，約半数の 150 ～ 160 人程度が生産に携わっている．これに加え，エンジメンテナンス（生産技術）に 20 ～ 30 人，スタッフ部門に 30 ～ 40 人，技術サービスなどを含む R & D・マーケティング部門に 30 ～ 40 人程度の人員が配置されている．それぞれの部門に日本からの出向者が配置されているが，その割合は低く，現地採用の化学産業経験者が中心となっている．

同社の研究開発活動は，基本的に日本の研究開発本部に管理されているため，主な研究開発関連業務は，技術サービスや製品コストの調整など，市場

に合わせた応用開発である．日本の既存市場において質的には合格している製品でも，ヨーロッパ市場ではコストに見合わない製品が多く存在する．そういった場合に，コストを下げても製品の質を保つためのレシピ[79] を工夫している．

　全社的な研究開発活動内容の共有手段として，技術的なグローバル会議が，海外拠点を含めた持ち回りで1年に2回行われる．また，トレーニー制度があり，若手の研究者（日本人）を，アメリカやベルギーの拠点に異動させて訓練することもある．

　国内との分業関係は，主に事業ごとに展開されている（図7-11）．まずモディファイアー事業に関しては，同事業の中心拠点である高砂工業所での技術蓄積を基盤とし，ベルギーでは現地市場向けの応用開発のみが行われている．エペランに関しても，大阪工場で蓄積されてきた技術を用いて，市場に合わせた応用開発が行われている．日本との関係は強いものの，2013年に研究所の新設されたアメリカのテキサスの拠点とはあまり日常的な交流はない．

　その一方で，太陽電池事業に関しては，カネカベルギーが2009年から新たな役割を担うようになり，JSR のベルギーの事例でも述べた IMEC と共同研究が始められ，カネカベルギーの研究者が IMEC に派遣され始めた．共同研究を始めたきっかけは，①太陽電池の変換効率を独自で向上させるのは困難であり，②大学と協力するよりも，半導体分野において成果を上げており，より産業分野に特化した IMEC が適していると判断されたことによる．IMEC の強みとしては，特定の研究者の存在というよりも，高額な装置が使用可能である点があげられる．

　これまで，太陽電池事業の研究開発は日本のカネカ本体が1980年から研究開発を進めており，事業開始当初から現在まで，大阪大学の研究者との共同研究が行われてきた[80]．国内においても，2009年には大阪工場に太陽電

---

79）　料理で使われる場合とほぼ同じ意味で，材料の組み合わせと製法を意味する．

80）　カネカの太陽電池研究は，同分野の第一人者であった大阪大学の濱川圭弘教授（当時）との共同研究を契機としている．現在の主力製品である薄膜シリコン太陽電池の研究開発は，1990年から始められ，2001年に量産化が行われた（新エネルギー・産業技術総合開発機構 2007）．大阪大学との関係として，2008年には，大阪大学内にカネカ・エネルギーソリューション共同研究部門を設置し，その終了を契機として，2011

第 7 章 研究開発機能のグローバル化と空間的分業　233

既存製品の開発（1990年代以降）

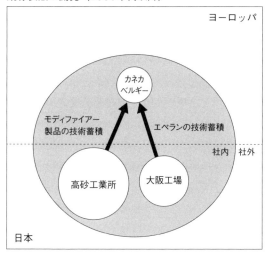

太陽電池事業（2009年以降）

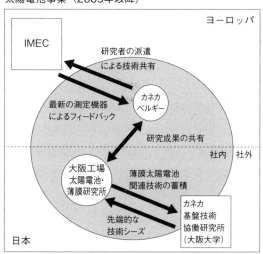

**図 7-11　カネカベルギー NV を中心とした研究開発機能における分業体制**
出所：各種資料，聞き取り調査より筆者作成．

234 第Ⅱ部 企業における研究開発活動とグローバル化

池・薄膜研究所が設置されている．そのため，カネカベルギーの担う IMEC との共同研究は，高額な評価装置が使用可能である点が最も大きく，同社の役割は，日本の研究との窓口的な意味合いが強い．しかしながら，初期段階からの研究成果を国内外で共有している点は，他の既存事業における研究開発の分業とは異なっている．

さらに 2015 年からは，IMEC との共同研究の分野が，太陽電池事業だけでなく，医療機器などのライフサイエンス分野や，フィルムエレクトロニクス分野などの新規技術分野に拡大された[81]．今後は IMEC との近接性を活かし，カネカベルギーにおける研究開発機能の役割がより一層深化していくと考えられる．

# 6. その他の化学企業による研究開発機能のグローバル化

## 6.1 DIC における研究開発機能のグローバル化

### 6.1.1 研究開発機能のグローバル展開

DIC（旧大日本インキ化学工業）は，1908 年に印刷インキ事業によって創業した長い歴史を持つ企業である．現在は，各種インキ事業で世界トップシェアを獲得するだけでなく，同事業で蓄積してきた技術を派生させ，液晶材料やカラーフィルター用有機顔料，合成樹脂関連製品などを生産している．国内では千葉県佐倉市の総合研究所を中心に，各地の工場に研究開発機能が分散している．

2013 年度の海外売上比率は 52% となっているが，主力のインキ事業については，アメリカやヨーロッパの比率が日本よりも高くなっている．従業員の海外在籍比率も 71% と高くなっており，グローバル化が進んでいる[82]．

---

年にはカネカ基盤技術協働研究所を同大学内に設置した（カネカニュースリリース 2011 年 7 月 6 日）．

81) カネカニュースリリース（2015 年 11 月 10 日）．

82) SR Research Report（2014 年 3 月 5 日）．

第7章　研究開発機能のグローバル化と空間的分業　235

　DIC の海外事業展開における最も大きな特徴として，1986 年にアメリカの
サンケミカル社のグラフィックアーツ材料部門を買収し，同社の本社や中央
研究所，同部門のアメリカ及び海外 13 カ国における生産・販売拠点を受け
継いだことがあげられる．サンケミカル以外にも，翌 1987 年に，アメリカ
のライヒホールド社を買収し，1999 年にはフランスのトタルフィナ社のイン
キ部門を買収するなど，欧米地域において，Ｍ＆Ａによる事業の拡大を行っ
てきた．

　DIC は，研究開発機能についても積極的な海外展開を行っており，ライヒ
ホールド社を買収後，アメリカのリサーチトライアングル（ノースカロライナ
州）に同社の研究機能を集約した総合技術研究所を設け，DIC グループのア
メリカにおける中央研究所として活用することを目していた[83]．しかしなが
ら，ライヒホールド社は 2005 年に売却したため，研究所についても，1990
年代末から 2000 年代初頭頃に閉鎖されている[84]．

　また，ドイツの BASF から 1986 年に買収した拠点として，西ドイツ時代
からベルリンにも研究所を設置していた[85]．同研究所では，博士号取得者な
どを中心に約 20 人程度で運営されており，ポリマーなどに関する基礎研究
が行われていた．しかしながら，ベルリン研究所も既に閉鎖されている[86]．

　2015 年において，海外の研究開発拠点は，サンケミカル社の拠点が多く，
アメリカではカールシュタットとシンシナティ，ヨーロッパでは，イギリス
のセントメリークレイとドイツのフランクフルトに立地している．これらの
拠点は，サンケミカル社の既存の拠点であったことから，研究開発の方針に
ついては DIC 本体が統括しているものの，国内の研究開発体制からの自律
度合いは高くなっている．DIC が新規に設立した研究拠点は，1996 年に開
設した青島迪愛生精細化学有限公司（青島研究所）のみとなっている．

---

83)　『日経産業新聞』1990 年 2 月 27 日.
84)　DIC 本社での聞き取り調査による.
85)　ベルリン研究所は，1984 年にアメリカの化学メーカーであったインモントの研究
　　所として設置されたが，1985 年にインモントを BASF が買収したことにより，BASF
　　の拠点となった．しかしながら，ドイツ連邦のカルテル庁は，BASF がドイツ国内に
　　おけるインモントの事業所を所有することが適正な競争を欠くと判断したため，ベル
　　リン研究所などが 1986 年に DIC へ売却された（『日経産業新聞』1991 年 3 月 30 日）.
86)　DIC 本社での聞き取り調査による.

236 第Ⅱ部 企業における研究開発活動とグローバル化

　以下では，早い段階で事業及び研究開発機能のグローバル化を経験してきたDICによって新たに設けられた海外研究所の中で，現在でも業務を続けている青島研究所[87] の事例を取り上げる．

## 6.1.2　青島迪愛生精細化学有限公司（青島研究所）の事例

　青島研究所は，中国の青島市において 1996 年に設立された（表7-12）．1990 年代半ばという早い段階で中国に研究開発機能単独の拠点を進出させた要因としては，当時の DIC における研究開発部門のトップが，研究開発の海外進出に積極的であったことが考えられる[88]．

　青島研究所は，青島市南東部の高科技工業園内に立地している（図7-12）．青島に立地した理由は諸説あるが，地元政府が協力的でありインフラや許認可などの面での支援が手厚かったこと，都市としての規模が上海や北京などと比較して大きくはなく，同社にとって「身の丈に合った」進出先であったことなどが考えられるという．

　開設当初の目標は，中国全土から優秀な人材を募ることであった（DIC 株式会社 2009, 178 頁）．この目標は，当初達成可能であり，当時は周囲の大学よりも設備が整っていたことから，人材の獲得は比較的容易であった．しかしながら，現在は中国国内において優秀な人材が奪い合いとなっており，青島でも人材は集まるものの，北京や上海などの大都市と比較すると，トップ層の獲得は難しくなってきている[89]．ただし，地元では知名度があるため，他地域の大学を卒業した地元志向のある青島出身者を集めることはできているとされる．

　開設当初の業務内容は，関西国際空港から青島が近いこともあり，同社の堺工場で行われてきた研究テーマである樹脂関連の研究がほとんどであった．

---

87）　2014 年 9 月 10 日に現地にて董事長兼総経理，Vice General Manager, Group1 Leader, Group 2 Leader に対する聞き取り調査を実施した．

88）　研究機能の独立拠点であったが，2010 年に敷地内に液晶関連の別会社を設け，生産拠点が立地している．

89）　中国における多国籍企業の研究所立地について言及している Zedtwitz（2004）によると，多国籍企業の研究所は，北京市と上海市に極めて集中しているとされる．

表7-12　青島迪愛生精細化学有限公司の概要

| 名称 | 青島迪愛生精細化学有限公司 | |
|---|---|---|
| 設立年 | 1996年 | |
| 従業者数 | 約100人 | |
| 研究開発人員 | | |
| 主な業務 | DICグループ全体の研究開発業務 | |
| 進出形態 | 直接投資 | |
| 親会社<br>(DIC) | 主な事業分野 | インキ，情報電子素材，合成樹脂，加工製品 |
| | 国内における<br>研究開発体制 | 総合研究所（千葉県佐倉市）を中心に，各地の工場に研究開発機能<br>が分散 |

出所：DIC資料，聞き取り調査より筆者作成.

2000年頃には研究開発体制の拡充が行われ，より基礎的な分野についての研究機能が付加された[90]．現在はDICの要素技術である有機・高分子設計，光学・色彩，分散，応用評価などに関するほぼ全ての研究分野が担われており，「DICの縮図」となっている．基本的には日本から研究が委託され，年間約30の研究テーマが担われている．

また，開設当初よりも中国市場が大幅に成長したこともあり，人材獲得だけでなく，より現地市場に向けた製品開発という役割が重要となってきている．これは，開設15年目に初めて駐在員が派遣されてトップに就任し[91]，同時期からマネージャークラスの現地従業員が日本語の学習を義務付けられるなど，既存の製品部門における日本とのつながりが強まっていることからも理解できる．ただし，こうした中国市場向けの製品開発を強化していく方針は2000年頃に既に示されており，当時予定されていたほどの増員は行われていなかった[92]．

日本との分業については，青島研究所が一分野に特化しているわけではな

---

90)　『日経産業新聞』2000年2月17日.

91)　トップである総経理は，開設から5人目で初めて日本人が就任した．副経理は1999年より勤務している元大学教授の現地従業員であり，CTO（最高技術責任者）としての役割を担う．

92)　2000年に日本からの機能移管が行われ，中国向けの製品開発機能を強化し，従業員数を120人へ増員するとともに，将来的に250人規模に拡張する方針が示されていた（『日経産業新聞』2000年2月17日）.

238　第Ⅱ部　企業における研究開発活動とグローバル化

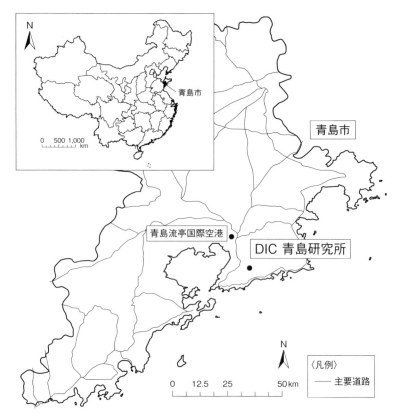

**図 7-12　青島市における DIC 青島研究所の立地**
出所：筆者作成.

く，とりわけ強みのある分野があるわけではないため，基本的には日本の
DIC から委託された業務を行っている．しかしながら，開設当初は日本か
ら研究・実験ノウハウを移転する一方向の知識フローが卓越していたのに対
し，日本の研究所に大きく劣らない設備があり，17 年間，日本からの委託
研究を行ってきた蓄積もあるため，現在は青島研究所から研究の初期段階に
ついてのアイディアを出すことも増えてきている．

## 6.2 宇部興産における研究開発機能のグローバル化

### 6.2.1 研究開発機能のグローバル展開

宇部興産は，1942年に炭鉱組合，鉄工所，セメント製造会社，窒素製造会社の4社が合併して設立した．同社は，化成品・樹脂，電池材料やポリイミドなどの機能性材料，医薬品原体・中間体，セメントなどの建築資材，金属成形機，産業機械など多角的な製品分野を持つほか，石炭や電力などを提供するエネルギー・環境事業も有する化学企業である．国内では創業地の宇部市に主な研究開発機能が集中しているが，同社の石油化学関連の工場のある千葉県市原市にも有機機能材料研究所を設置している．また，2016年には，大阪府堺市に大阪研究開発センターを開設予定であり，顧客や研究機関への近接性を活かし，電池材料などの電子材料分野を中心とした研究開発機能が担われる予定である[93]．

宇部興産の2014年度における海外売上比率は，30.8%とあまり高くない．ただし，これはセメントなどの建築資材や電力事業など，ほぼ国内でしか展開していない事業分野を持っていることが大きく影響している．これに対し，宇部興産の中心事業となっている化学カンパニー[94]の事業については，海外展開が進んでおり，スペインとタイに海外の主力生産拠点が置かれている．

スペインの拠点は，1994年に宇部興産が資本参加したPQM社の拠点であった．同拠点はバレンシア州に立地しており，UBE Chemical Europe, S.A.がカプロラクタムや硫酸アンモニウムなどを，UBE Engineering Plastics, S.A.はエンジニアリングプラスチックを生産している．

タイの拠点は，第2章でも述べたラヨーン県[95]に1997年から立地している．タイでは，UBE Chemicals (Asia) PCL. が，スペインでも生産されてい

---

93) 宇部興産ニュースリリース（2015年1月21日）．

94) 2015年4月に，従来の化成品・樹脂カンパニーと機能品・ファインカンパニーを化学カンパニーへ統合する組織再編が行われ，2つのカンパニーに分散していた生産や開発に関わる組織を集約した（宇部興産ニュースリリース2015年2月26日）．

95) 同県は国営石油化学企業であるTPIや，化学企業の多く立地するマプタープット工業地帯を擁するなど，タイ国内で最も化学産業が集積した地域である．

240　第Ⅱ部　企業における研究開発活動とグローバル化

るカプロラクタムや硫酸アンモニウムに加え，ナイロンやナイロン樹脂を生産しており，Thai Synthetic Rubbers Co., Ltd. が合成ゴムの生産を行っている.

　研究開発機能についても両拠点に付加されており，スペインでは食品包装や自動車部材として供給するエンジニアリングプラスチックや，ポリカーボネートグリコールや 1,5- ペンタンジオールなどの化学品分野における機能が担われている[96]．ただし宇部興産のスペインにおける事業は買収によって獲得したものであるため，基礎的な研究は実施していないものの，現地の自律度合いが高くなっている.

　一方，2004 年に設立されたタイの UBE Technical Center（Asia）Limited（UTCA）は，宇部興産が新たに設けた研究所であり，実験に関するファイルを共有するなど，日本の研究開発本部と強く結びついている．以下では，UTCA の事例を取り上げ，新興国に設置された研究所と国内外における研究開発機能の分業関係について分析する[97].

## 6.2.2　UBE Technical Center（Asia）Ltd.（UTCA）の事例

　UTCA は，首都のバンコクから車で約 3 時間，スワンナプーム国際空港から約 2 時間南下したラヨーン県に立地している（図 7-13）．UTCA は UBE グループのカプロラクタム，ナイロン，合成ゴムなどの生産拠点に近接して立地しているが，敷地は別である.

　2004 年に UTCA を新設するにあたっては（表 7-13），宇部興産のタイにおける責任者である宇部興産本体の常務（タイ出身）の「タイで基礎研究をやりたい」という意向が強く働いた．研究開発人員は現地のタイ人が中心であり，アメリカ，日本などで博士号を取得した人材や，チュラロンコーン大学など，現地で有力な大学の卒業生が多くなっている[98].

---

96）　UBE in Europe & Latin America ウェブサイト http://www.ube.es/EN/rd.asp（2015 年 12 月 12 日最終閲覧）.

97）　2014 年 9 月 29 日から 10 月 1 日にかけて，現地にて R&D General Manager, Senior Research Adviser, R&D Group Leader, Coordinating Manager に対する聞き取り調査を実施した.

第 7 章　研究開発機能のグローバル化と空間的分業　241

**表 7-13　UBE Technical Center (Asia) Ltd. の概要**

| 名称 | UBE Technical Center (Asia) Ltd. |
|---|---|
| 設立年 | 2004 年 |
| 従業者数 | 28 人 |
| 研究開発人員 | 19 人 |
| 主な業務 | 宇部興産グループ内外の化学品に対する試験サービスと研究開発，技術サポート |
| 進出形態 | 直接投資 |
| 親会社 (宇部興産) 主な事業分野 | 石油化学系製品（タイヤ用ゴムなど），電子・ディスプレイ・光学・精密・メディカル材料 |
| 親会社 (宇部興産) 国内における研究開発体制 | 創業地の宇部に主な研究所が集中．千葉県の市原市に有機機能材料研究所 |

出所：宇部興産資料，聞き取り調査より筆者作成．

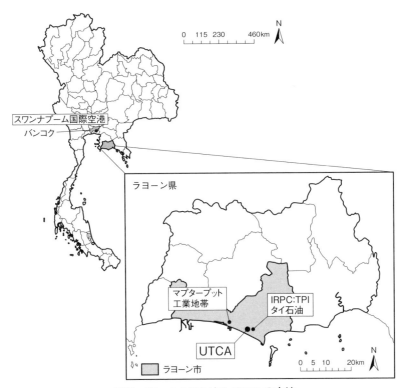

図 7-13　タイにおける UTCA の立地

出所：筆者作成．

242　第Ⅱ部　企業における研究開発活動とグローバル化

　開設当初は，近接している生産拠点の敷地内で，ナイロン製品の材料評価，不良解析などの技術サービスを行い，訓練生を約1年ずつ宇部に派遣していた．2010年に新たに約3億円の投資を行い，研究開発施設であるグローバルイノベーションセンターが建設された．ただし現地では実験機器の手配が困難であり，日本から機器を輸入する必要があったほか，試薬に対する規制も厳しいなど，研究環境の整備には時間を要した．そのため，現地で生産するカプロラクタムやブタジエンゴム，ナイロンなどに関する実験を開始したのは2012年以降であった．

　また，現地採用の研究員は顧客に対応するための実用的な実験業務の経験が浅いため，日本で宇部興産を退職し，再雇用された熟練の技術者が指導にあたっている．しかしながら，博士号を取得した人たちは自ら実験しようとせず，タイでは実験の補助者となる人材が得られないこともあり，日本から細かい実験の条件を指定しなければならないなど，指導なしでの実験研究は難しくなっている．

　さらに，タイは学歴で給与が決まっており，博士号取得者が高専を出た熟練の技術者に実験を習うという，日本で行われているような階級意識の低い研究文化を根付かせることにも苦戦している．その一方で，現地の若い研究者は，大学での研究と異なり，自由がないという点に不満を持つこともある．このように，異文化・世代間におけるコミュニケーションの難しさが浮き彫りとなっている．また，タイの若い世代は離職率が高く，教育した人材が辞めることで，指導者側のやる気が削がれる事態も生じている．

　現在でも，日本からテレビ会議やメールで実験の指示を出す体制になっており，タイの研究所と日本の研究所が分業関係にあるというよりも，現地の若い研究者たちを育成している段階である．2010年時点では，3年から5年で45人程度に増員したいとされていたが[99]，半分の規模にとどまっている．ただし，宇部グループ全体の研究開発を担う拠点となるのは2022年が目標

---

98)　2014年8月時点において，UTCAのスタッフは28人であり，R&Dが19人，経営が3人，管理部門が1人，評価サービスが5人となっている．R&Dのうち，博士号取得者は10人，修士号は4人，学士号は5人となっている．インド人も1人勤務している．

99)　『日経産業新聞』2010年7月30日．

とされている.

　以上，日系化学企業による研究開発機能のグローバル展開と，国内外における空間的分業の変化について，企業単位での分析を行ってきた．ここから得られた知見については，次の終章で，他章の分析内容を振り返りながらまとめていく．

# 終　章

# 研究開発機能における空間的分業論の課題

　序章でも述べたように，製造業において，新たな価値を生み出すイノベーションの創出が重視されるにつれ，世界中に分散した優れた知識・技術の獲得は，企業にとってますます重要な課題となっている.

　本書では，事業の海外展開を積極的に進める多国籍企業であっても，母国にとどまる傾向の強い研究開発機能に注目し，その組織，立地の再編と，知識フローを鍵概念とした拠点間の関係性の変化に焦点を合わせながら分析してきた.

　以下では，まず事例企業の分析で得られた知見を整理し，本書の主題である，研究開発機能における空間的分業の変化の動態についての考察を行う.その上で，研究開発機能の空間的分業がどのような論理に基づき成り立っているのか，さらに，イノベーションを活発に起こしていくためには，いかなる空間的分業が望ましいのかといった点について，本書で得られた知見に基づいた結論を示す.

## 1.　知見の整理

### 1.1　各章の内容のまとめ

　まず第1章では，組織，立地，空間的分業と知識フローという観点から，研究開発機能に関する既存研究を整理した.その上で，研究開発機能の空間的分業を構成する企業の組織再編，立地変動，知識フローの3つの要素の関

係を検討し，本書の分析枠組みを提示した．組織再編と立地変動は相互に関係しており，拠点間の知識フローを円滑化，または阻害し得る．そして，企業における研究開発活動の領域が拡大すると，組織的にも多様な関係性を構築する必要が生じ，知識フローも複雑さを増すと考えられる．そこで，事例企業における組織再編の分析を行い，企業の研究開発組織の特徴を明らかにする必要がある点を指摘した．また，国内外における研究開発機能の立地変動を分析し，その歴史的な背景や，企業内外の他の組織との関係の変化も分析対象にすべきであるとした．さらに，拠点間・組織間の関係性を示す知識フローについて，その方向性や強度が分析可能であることを示した．これらの分析によって，研究開発機能における空間的分業の動態を明らかにすることとした．

　次の第2章では，化学産業の特徴と，同産業の歴史的な変遷を概観するとともに，研究開発機能における世界的な立地変動について，データや主要企業の事例を用いた分析を行った．その結果として，化学産業においては，原料の変化や新技術の導入，自国経済の成長を背景に，生産機能だけでなく，研究開発機能についても地理的なシフトが生じていることが，国単位で示された．さらに，一部の企業の事例ではあるものの，多国籍化学企業による研究開発機能のグローバル化は，生産機能との関係，地域拠点の確立，企業買収による既存拠点の活用，主要顧客との密接な関係などによって特徴付けられていたことがわかった．特に，世界最大規模の化学企業であるドイツのBASF社は，M＆Aで取得した拠点を世界中に有しており，さらに成長の見込めるアジア太平洋地域への研究開発投資を2000年代後半以降，加速させていた．

　第3章では，日本の化学産業について，他産業との比較から研究開発活動の動向を長期的に観察するとともに，国勢調査や化学企業に関する資料を参照し，化学企業による研究開発機能の組織と立地の変化について概観した．日本の化学産業の草創期となる戦前は，生産機能と研究開発機能が分離されておらず，生産拠点で研究開発活動が行われていたのに対し，戦後から1970年代頃までは，独自技術の探究が志向され，基礎研究を行う中央研究所が大都市圏などに新設された．その後，化学産業が構造的な不況期を迎えた1970

終 章 研究開発機能における空間的分業論の課題　247

年代以降は，多角化が模索され，先端分野への進出が盛んに行われたため，研究学園都市などへの研究所の進出が進んだ．1990年代以降は，分散・拡大した研究開発機能の国内での集約が進む一方で，アジアを中心に現地で技術サポートなどを行う海外拠点がみられ始めた．ただし，企業による研究所の役割や変化，地域的な特徴などについてはデータによる把握が困難であり，より正確に事象をとらえるためには，詳細な事例分析を行う必要があることを指摘した．

　第4章から第6章では，企業の具体的な事例として，日本の主要な化学企業9社を取り上げ，日本国内における研究開発機能の立地変動を示すとともに，その要因を分析した．創業の経緯や事業構造に着目し，旧財閥系総合化学企業，繊維系化学企業，機能性化学企業に事例企業を分類し，これらの企業群ごとの特徴に留意しながら分析を行った．

　続く第7章では，第6章まで対象とした9社に加え，旭化成，信越化学工業，東ソー，DIC，日本ゼオン，宇部興産，カネカを対象企業として加え，計16社の日系化学企業について，海外での研究開発活動の実態を分析した．その結果，旭化成，信越化学，東ソー，日本ゼオンを除く12社が，海外での研究開発活動を実施していることがわかった．これを受けて，研究開発活動を行っている海外子会社について，現地での活動内容を地域別に明らかにするとともに，日本国内での研究開発活動との分業関係の変化について分析した．

　第4章から第7章までの事例企業の分析で得られた知見については，以下で改めて述べる．

## 1.2　国内における研究開発機能の空間的分業

　まず，第4章から第6章までの国内における研究開発機能の空間的分業の分析から得られた知見は，以下の3点にまとめられる（表終-1）．

　第1に，研究開発機能の組織構造の変化は，研究開発機能の立地に大きな影響を及ぼすことが示された．本書の事例としては，旧財閥系総合化学企業3社において，グループ内での合併を経た三井化学と三菱化学は首都圏近郊

## 表終 - 1　国内における研究開発機能の分業のまとめ

| 企業分類 | 主たる分析視角 | 分析結果 |
|---|---|---|
| ①旧財閥系 | 組織再編 | グループ内での大型合併を経験した三井化学と三菱化学は機能別の「横の」知識フローを，住友化学は事業別の「縦の」知識フローを重視した分業を行っている． |
| ②繊維系 | 企業文化 | 経営者と企業文化に関わる創業地や創業者の存在が，研究開発組織や立地の再編に大きな影響を与えており，研究開発機能の空間的分業の形態を変化させてきた． |
| ③機能性 | 技術軌道 | 創業時の技術軌道に沿い，電子材料・部品などの新規製品の開発に成功．その成果もあり，技術を蓄積してきた，地方の生産拠点で，研究開発機能が再び担われるようになってきている． |

出所：筆者作成.

に位置する大規模な拠点に事業横断的な研究開発機能を集約していたのに対し，合併を行わなかった住友化学は，生産拠点に付設された研究開発拠点に機能が分散しており，事業別の分業形態をとっていた．ただし，特許データを用いた社会ネットワーク分析の結果を見てみると，合併した2社についても差異が観察され，三菱化学の場合は，合併前に中心的な研究開発拠点の一つであった四日市も比較的大きなハブとなっているという立地慣性を示していた．

　第2に，創業地が，研究開発機能の空間的分業において強い立地慣性を示していたことがわかった．東レは，創業地である滋賀に研究開発機能の本社機能を設置し，事業横断的な機能を担う拠点としていた．またクラレも，創業者の大原家と深い関わりのある創業地の倉敷に，主要な研究開発機能を集中させていた．一方，帝人の場合は他の2社と異なり，研究開発機能の空間的分業形態が分散的なものとなっていた．この要因として，個性ある経営者が，既存の拠点を持たない大都市に近接した地域に複数の研究所を新設するなど，過去にとらわれない劇的な組織・立地の再編を行ったことが強く影響していた．

　第3に，研究開発機能が組織・立地ともに再編されていく中で，大都市圏に立地する独立研究所と，地方の生産拠点に近接した研究所との間で，いわば綱引きのような状態が生じてきたことが示された．特に，電気化学，昭和電工，JSRのような付加価値の高い機能性化学品で収益をあげている企業の

事例において，その傾向が強く見られた．すなわち，一時は大都市圏の研究所に研究開発機能の中心が移ったものの，生産拠点での技術蓄積を活用した新製品が誕生すると，再び，地方を中心とした生産拠点において研究開発機能が担われるようになっていた．

## 1.3　研究開発機能のグローバル化

次に，第7章で取り上げた，事例企業のグローバル展開と，海外に立地する研究開発拠点の事例から得られた知見は，以下の4点にまとめられる．

第1に，まず調査を行った日系化学企業の中で，比較的規模が大きくても，旭化成や信越化学工業のように，国内に主な研究開発機能を集中させている企業があった．これらの企業は，国内に研究開発機能をとどめることによって，知的財産の保護を重視する傾向が強い．また，信越化学工業では，国内の研究者が営業としても海外へ出張し，顧客の要望を聞きに行くなど，国内で働く人員のフットワークを高めることによって海外顧客との関係を補っているという．同社は日系化学企業の中で群を抜いて営業利益率が高く，国際的な競争力が強いことから，あえて研究開発機能を海外に進出させる必要性はないとも考えられる．

第2に，日系化学企業による海外への研究開発機能の進出理由は，顧客対応，M＆A，人材獲得，技術情報の収集という4つが主に見られたが，なかでも顧客対応のための進出が最も多くなっていた．この背景には，化学企業は，他業種の製造業企業に対するサプライヤーとしての事業が企業活動の大半を占めるという業種特性がある．本書で見られた例としては，ディスプレイメーカーに素材を供給する住友化学，東レ，JSRが韓国や台湾に，自動車や航空機などの輸送用機械メーカーに炭素繊維を供給する東レや帝人がヨーロッパやアメリカに，それぞれ特定の顧客企業との近接性を重視した拠点を設置していた．これらの事例の分析から，現地のサプライヤーとの競合や，供給先メーカーによる最終製品の開発競争が激化し，顧客となるメーカーの要求に素早く対応する必要性が高まっていることも示された．

第3の点として，特定の顧客ではなく，現地の人材を獲得し，将来的な研

究を行おうとする研究開発機能を海外に設置した企業において，目的とする研究開発体制の構築に困難の生じる事例が見られた．ただし，その要因には，立地地域による差が生じていた．具体的には，アメリカのクラレの事例においては，優秀な現地人材の獲得が容易ではなく，また人件費も高いため，設備を整えたものの，本格的な規模の研究開発を行うことが現実的ではなくなっていた．一方，アジアに立地する三井化学のシンガポールの拠点や，東レ，帝人，DIC の中国の拠点，宇部興産のタイの拠点については，既存の製品分野における現地対応も行っている東レの TARC を除き，いずれの拠点も計画されていた人員規模までは拡大していなかった．これは，アジア諸国での研究所運営が容易ではないことを示唆している．特に，タイの宇部興産の事例で顕著であったように，化学企業の研究所が少ない環境においては，試薬の調達一つでも先進国と状況が異なるほか，現地人材の定着率も課題となり，実験を伴う研究を開始するまでにかなりの期間を要していた．さらに，学歴の高い現地の研究者が，指示された通りの実験をしたがらないといった，研究開発に関わる職能制における国内外の違いも浮き彫りとなった．

　第四に，研究開発機能を現地に設置後，その役割を変化させている事例が複数あった．また，こうした変化についても，立地地域による差が見られた．中国の青島に立地する DIC の拠点は，人材獲得や，アジア，ヨーロッパ，アメリカの三極における研究開発体制の確立を目的として設置されたが，成長著しい中国市場に向けての製品開発機能を強化する方向に変化していた．その一方で，JSR のヨーロッパ，アメリカの拠点については，当初，現地顧客に向けた半導体素材の開発のみの機能であったが，ライフサイエンス部門において，研究パートナーとなる研究機関や，関係する企業が日本よりも多く立地しているという立地優位性を活かして研究分野を拡大するという役割の変化が見られた．こうした変化は，ヨーロッパに立地しているカネカについても同様であった．

終　章　研究開発機能における空間的分業論の課題　251

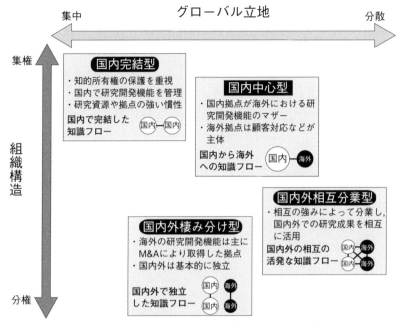

図終-1　研究開発機能における空間的分業の類型化
出所：筆者作成．

## 2．研究開発機能のグローバル化と空間的分業の変化

　これまでの本書の分析の結果から，研究開発機能のグローバル化と空間的分業の変化について，立地，組織，知識フローという観点から整理し，今後の変化の方向性について議論したい．図終-1は，研究開発機能における国内外の分業関係を4つに分類したものである．横軸にグローバルな立地の集中と分散を，縦軸に組織構造の集権と分権の程度をとり，それぞれの分類に知識フローの特徴を付加している．
　まず，立地が国内に集中し，組織構造も集権的なタイプを「国内完結型」とした．多くの企業は，従来このタイプであったと考えられる．現状においては，主要な研究開発機能を国内に集中させている旭化成や信越化学工業，東ソー，日本ゼオンなどが当てはまる．研究開発機能のグローバル化は，新

たな研究資源の獲得，現地の顧客企業への対応の迅速化といった利点がある一方で，情報や技術の流出，言語の壁や調整コストの増加といった懸念もある．さらに，人材獲得やコストなどの面で本国の日本にも立地優位性があるため，こうしたタイプをあえて維持することも，一つの戦略であるといえる．

　次に，グローバルな立地は分散傾向にあるものの，組織構造としては集権的なタイプとして，「国内中心型」がある．これは，国内拠点が海外における研究開発機能のマザーとして機能し，海外では現地の顧客や環境への対応機能のみが担われるという分業形態である．このタイプの企業は多く，特に既存の製品を扱う事業部単位での国内外における分業は，このような形態であったといえる．このタイプの場合は，基本的に日本で新たな製品，素材の研究がなされ，現地向けのカスタマイズが海外で行われる．具体的には，住友化学の農薬事業で見られたように，初期段階となる薬の原体に関する研究は日本の宝塚の研究所で行い，地域ごとの拠点で現地の環境に適応させていくような研究開発体制である．

　続いては，グローバルな立地としては特定の地域に集中しているものの，組織構造は分散的な「国内外棲み分け型」である．このタイプは，M＆Aなどによって取得した海外の企業が，従来から所有していた研究開発機能を維持しており，地域別に緩やかな分業を行っている場合を指している．こうしたタイプの場合，欧米企業への大型買収を行ったDICの例のように，国内外の研究開発機能は分権的であり，海外での研究開発活動も，比較的独立したものとなっている．

　最後は立地がグローバルに分散しており，さらに組織も分権構造となっている「国内外相互分業型」である．このタイプは，立地地域それぞれの強みを活かし，国内外で相互の研究成果や得られた知識を活用していくという分業形態である．このタイプに当てはまる事例は少なかったものの，事例企業の中でも最も研究開発機能のグローバル化が体系的に進められていたJSRの事例においては，半導体素材，ディスプレイ素材の研究開発機能において，国内外の分業体制が立地地域の強みを活かした形態で適用されていた．

　ただし，事例分析で得られた知見からもいえるように，海外での研究開発活動といっても，立地する国・地域によって機能や活動内容は大きく異なる

点にも留意する必要がある．ヨーロッパ，アメリカに立地していた事例企業の拠点では，いずれも現地での新規知識の獲得を目的とする役割が重視されつつあるという変化が見られた．これには，化学企業で勤務経験のある人材の中途採用が比較的容易であったり，M＆Aによって取得した既存の拠点であることから，現地で自律性の高い業務を行いやすいという背景がある．そのため，これらの地域に立地する拠点と国内との分業関係は，当初「国内中心型」であっても，「国内外棲み分け型」や「国内外相互分業型」へと変化していく可能性が高いだろう．

　一方，アジアの事例については，シンガポールなどを除き，現地人材に対して研究開発におけるノウハウの教育から始めなければならないことが多くなっていた．そのため，特定の顧客が明らかになっており，国内からの出向者も多かったJSRの韓国や台湾の事例を除き，「国内外中心型」からの変化があるとしても，ヨーロッパやアメリカよりも緩やかで，あまり劇的なものにはならないことが予測される．

　日系化学企業のうち，高い利益をあげてきた企業は，機能性化学企業に代表されるように，ユーザー企業との密な関係を築くことによって，早い段階から有力な企業と共同で研究開発を進め，強みを発揮してきた．そうした共同研究開発の相手先の企業は，半導体関連企業やディスプレイ関連企業に代表されるように，従来は国内企業が有力であったため，国内での研究開発がそもそも有利であった．しかしながら，JSRの事例で顕著にみられたように，海外企業が世界市場の中心になると，研究開発機能が全て国内にとどまっていては，不利な状況に陥る．化学企業における研究開発機能のグローバルな空間的分業は，ユーザー企業がどこに立地しているのか，どのような組織形態をとっているのかによって，より劇的に変化する可能性があることは否定できないだろう．


## 3. 研究開発機能のグローバル戦略と政策に対する示唆

　本書では，事例においては日系化学企業に限定して分析を行ったが，第3

章で示したように，BASF のような世界的な大手化学企業は，研究開発機能の明確なグローバル化戦略を打ち出してきている．こうした戦略の方向性は，日系化学企業が事業のグローバル化を進めるにあたっても，選択肢の一つであるだろう．その際，研究開発機能における国内外との分業関係において，どの程度の海外シフトが必要であるかは，日系化学企業にとって検討すべき重要な課題である．こうした日系化学企業による研究開発のグローバル化の今後について，本書の分析から得られた示唆を述べておきたい．

　企業のコアとなる技術の深耕に関しては，技術流出が大きな懸念材料であり，知財制度の整備されている日本国内への集中が大きく変わることは，現状では考えがたい．ただし，「国内完結型」には，組織内における人材の多様性や，海外のユーザー企業との関係構築において限界があるだろう．

　化学企業の場合，事業分野が多岐にわたるため，事業ごとに立地の集中と分散，組織の集権と分権の適性が異なる．そのため，研究開発機能におけるグローバルな分業体制について整理するためには，前節で述べたような国内との関係を軸にした類型を用いて，事業ごとにどのようなタイプでの分業が行われているかを見極める必要がある．さらに，それらを束にした際，どの事業と事業の組織は「横串」にして情報や資源の共有を促す必要があり，どの事業の組織は「縦串」にして事業の独立性を維持すべきなのかを明確にしなければならない．これを実施するためには，三井化学の事例で見られた R＆D 戦略室のように，グループ全体の研究開発機能について把握し，調整するような組織の存在が有効であるだろう．また，東レのように広義の技術センターに全ての研究・技術開発機能を集約し，事業間の横のつながりを重視した研究開発体制からも学ぶ点がある．

　さらに，事例企業の分析でも見られたように，先進国であっても新興国であっても，自国以外の地域において研究所を設立するには，想定を超えるコストと期間が必要となっていた．研究開発機能は，生産機能と比して一般に不確実性の高い部門であり，その海外移転または新設の判断は，非常に難しいものである．ただし，DIC の青島研究所や東レの繊維研究所のように，トップの強い意向で比較的早い段階で設置され，10 年以上が経過した現在においては，それぞれの企業における重要な研究開発拠点の一つとなっている場

合もある．こうした拠点がどのように変化し，現在のような役割を担うようになったかというプロセスは，海外における研究所の設置を検討する際に参考になるだろう．

一方，JSRやカネカの事例で見られたように，既存拠点における立地優位性を活用し，技術的に関連する事業の研究開発機能を付加するといった形態での進出は，既に現地での事業基盤が築かれていることから，参入障壁が比較的低いのではないかと考えられる．欧米企業と比して企業規模が小さい中で，研究開発機能のグローバル化を進めるにあたっては，既に現地の制度の中で事業活動を行っている他の事業の既存の拠点を資源として活用することも現実的な方向性の一つであろう．

また，本書の分析結果から，わが国の科学技術・産業立地に関する政策への示唆についても言及しておきたい．序章でも述べたように，グローバルに展開される研究開発ネットワークの中で，日本企業は「自前主義」の傾向が依然として強く，他国の企業と比較して，海外の研究機関や企業との共同研究など，研究開発における国際的な連携が低調であると問題視されてきた．本書の事例企業の中には，現地での人材獲得や，現地の研究機関との共同研究を目的とし，既に進出していた生産機能とは別に，企業の将来的な研究を担う研究所を新たに海外に設けるなど，研究開発機能のグローバル化に積極的な企業も複数見られた．そうした企業の多くは，海外企業との連携だけでなく，JSRのベルギーの事例におけるIMECや，三井化学の事例のシンガポール国立大学など，国際的な研究機関や大学との共同研究が進出理由の一つであった．わが国における科学技術政策として，民間企業による研究開発の国際的な連携をより強化し，企業のグローバルな競争力を強化していくためには，産業構造審議会産業技術分科会研究開発小委員会（2009）でも指摘されているように，国内の公的研究機関の組織体制や制度設計を見直し，産学をつなぐ国際的なネットワークの結節点としていくことが一つの現実的な方策といえるだろう．

さらに，研究開発機能のグローバルな空間的分業が変化することによって，国内拠点の位置付けが変化した場合，企業のコア技術などを醸成する研究機能は国内に残ったとしても，より製品に近い開発機能については，ユーザー

企業との関係などから，生産機能で従来議論されてきた「空洞化」現象が顕在化し得る．この点は，国内の製造業における立地政策を考える上で，重要な論点の一つである．本書の事例からは，海外の研究開発拠点と比較して，特に人材を獲得するにあたっては，企業としての知名度が高い分，日本国内での立地は非常に有利であるということが示されている．しかしながら，シンガポールに研究拠点を置く三井化学の事例からは，国策で研究所を積極的に誘致しているシンガポールなどと比較して，日本は手続きなどのスピード感に欠け，国際的な人材は集めにくいという点が言及されていた．今後，国際的な連携を強化しつつ，国内立地を維持・強化していくためには，研究開発の現場でネックとなっている制度などの見直しを随時行う必要がある．例えば，ある事例企業は，日本国内の規制の厳しさから，量産プラントと試験管レベルの実験が同様に扱われ，多くの申請や承認を必要とし，アジアの他の国で同様の設備を立ち上げる場合の倍の期間がかかったというケースがあったことを指摘していた．さらに，現状では人材は集めやすい環境であるものの，少子高齢化が進むにつれて，長期的には，高度人材の不足も懸念される．内閣府（2017）でも，特に製造業において，研究開発拠点としての国内優位性を保つためには，国内での人材力の強化や，制度の継続的な見直しが不可欠であると述べられている．日本企業は，欧米企業と比べて言語的な障壁が高く，年功序列などの慣習が根強いなど，世界から広く高度人材を集める体制が整っているとは言いがたい．今後，日本企業に海外からの優秀な人材を集めるためには，企業組織の改革だけでなく，高度人材受け入れ政策のさらなる拡充がなされるべきであろう．

## 4．今後の研究課題

　最後に，本書で残された研究課題について 3 点述べておく．第 1 に，日系化学企業による研究開発機能のグローバル化は，欧米系化学企業と比較してどのような違いがあるのか，また他業種における日系多国籍企業と比較していかなる特徴があるのか，こうした点については，今後，他の研究と比較を

進めることによって補っていきたい.

　第2に，研究開発機能におけるグローバルな分業については，空間的な分業を行っていることが特許出願，新製品の開発につながる画期的なアイディアや技術といったイノベーションの創出にどのように関わっているのか，また，研究開発活動のパフォーマンス面に関する分析については，日系化学企業による海外での研究開発活動の今後の展開を見届けながら，研究開発活動の成果に関する事例の収集を進めていきたい.

　第3に，本書では，事例企業やその海外現地拠点に対する聞き取り調査を主として分析を行ったため，他の企業や研究機関など，企業外の組織からの評価といった視点が不足していた. また，事例企業の日本本社にコンタクトを取って調査を進めたことから，本書の分析でも明らかにしてきたように，比較的自律の度合いが高いM＆Aによって取得した拠点に対して，住友化学の子会社であるCDTの事例を除き，詳しい調査を行うことができなかった. これらの点については，企業の拠点が立地している地域，ひいては研究開発集積とされるような研究機関や企業の研究所が集積している地域の側面からアプローチし，集積の形成と多国籍企業との関係を分析することで，より深い考察をしていきたい.

　日系化学企業による研究開発体制は，本書の研究を進める中でも目まぐるしく変化しており，とりわけ中国などのアジアにおける変化のスピードは極めて速い印象を受けた. こうした化学産業における新興地域の位置付けが，研究開発機能の立地においてどのように変化していくのか，欧米や日本といった同産業における高次機能の中心となる地域との関係はいかなるものになるのかなど，国際分業体制の今後の展開について結論を述べるには，まだ若干の年月を必要とするだろう.

　いずれにしても，化学産業の国際分業において大きな変化が予想される時期に，日系化学企業に焦点を絞った本書が，研究開発機能のグローバル化のあり方を考える一助となれば幸いである.

# 参考文献

**邦語文献**

浅川和宏（2011）『グローバル R＆D マネジメント』慶應義塾大学出版会.

安孫子誠男（2012）『イノベーション・システムと制度変容——問題史的省察』千葉大学法経学部経済学科.

綱淵昭三（1975）『人間大屋晋三——帝人"不倒翁社長"の執念』評言社.

荒井政治・内田星美・鳥羽欽一郎［編］（1981）『産業革命の世界 2　産業革命の技術』有斐閣.

石井正道（2010）『非連続イノベーションの戦略的マネジメント』白桃書房.

伊丹敬之［編］（1991）『日本の化学産業——なぜ世界に立ち遅れたのか』NTT 出版.

井上太郎（1993）『へこたれない理想主義者——大原總一郎』講談社.

岩田　智（2007）『グローバル・イノベーションのマネジメント——日本企業の海外研究開発活動を中心として』中央経済社.

岩間一弘（2010）「南通訪問記：ビジネスと教育の都市の今昔（在外研究リポート）」『CUC view & vision』第 30 号，64-69 頁.

上野和彦（1977）「繊維工業」北村嘉行・矢田俊文［編］『日本の地域構造 2　日本工業の地域構造』大明堂，195-208 頁.

上野　泉・近藤正幸・永田晃也（2008）「日本企業における研究開発の国際化の現状と変遷」文部科学省科学技術政策研究所調査資料 151.

梅沢　正（1990）『企業文化の革新と創造——会社に知性と心を』有斐閣.

江上　剛（2011）『奇跡のモノづくり』幻冬舎.

遠藤秀一（2013）「産学官連携の空間的展開——筑波研究学園都市の歩み」松原　宏［編］『日本のクラスター政策と地域イノベーション』東京大学出版会，223-250 頁.

大阪府立産業開発研究所（2007）「企業における研究機関の設置状況に関する調査」大阪産業経済リサーチセンター平成 18 年度調査研究.

太田理恵子（2008）「研究開発組織の地理的統合とコミュニケーション・パターンに関する既存研究の検討」『一橋研究』第 32 巻第 4 号，1-18 頁.

大津寄勝典（2004）『大原孫三郎の経営展開と社会貢献』日本図書センター.

大東英祐（2014）『化学工業 2　石油化学』日本経営史研究所.

岡部遊志（2014）「フランスにおける「競争力の極」政策」『E-journal GEO』第 9 巻第 2 号，135-158 頁.

小田切宏之（2006）『バイオテクノロジーの経済学——「越境するバイオ」のための

制度と戦略』東洋経済新報社.

小田恭一（1990）「民間研究所の立地構造に関する研究」日本大学生産工学部博士論文.

化学工業日報社（2014）『アジア化学工業白書 2014 年版』化学工業日報社.

化学ビジョン研究会（2010）「化学ビジョン研究会報告書」経済産業省製造産業局化学課.

風巻義孝（1955）「電気化学工業の立地」『経済地理学年報』第 1 巻，72-85 頁.

兼田麗子（2012）『戦後復興と大原總一郎——国産合成繊維ビニロンにかけて』成文堂.

鎌倉夏来（2012）「首都圏近郊における大規模工場の機能変化——東海道線沿線の事例」『地理学評論』第 85 巻第 2 号，138-156 頁.

鎌倉夏来（2014a）「研究開発機能の組織再編と立地履歴——旧財閥系総合化学企業における空間的分業の事例」『地理学評論』第 87 巻第 4 号，291-313 頁.

鎌倉夏来（2014b）「研究開発機能の空間的分業と企業文化——繊維系化学企業の事例」『人文地理』第 66 巻第 1 号，38-59 頁.

鎌倉夏来（2014c）「化学産業における技術軌道と研究開発機能の立地力学——機能性化学企業 3 社の事例」『経済地理学年報』第 60 巻第 2 号，92-115 頁.

鎌倉夏来・松原　宏（2012）「多国籍企業によるグローバル知識結合と研究開発機能の地理的集積」『経済地理学年報』第 58 巻第 2 号，118-137 頁.

河合篤男（2006）『企業革新のマネジメント——破壊的決定は強い企業文化を変えられるか』中央経済社.

川上智子（2005）『顧客志向の新製品開発——マーケティングと技術のインタフェイス』有斐閣.

河島伸子（2011）「都市文化政策における創造産業——発展の系譜と今後の課題」『経済地理学年報』第 57 巻第 4 号，295-306 頁.

北川博史（1992）「わが国における複数立地企業の事業所展開——電気機械工業を対象として」『経済地理学年報』第 38 巻第 4 号，282-302 頁.

北川博史（2005）『日本工業地域論——グローバル化と空洞化の時代』海青社.

橘川武郎・平野　創（2011）『化学産業の時代——日本はなぜ世界を追い抜けるのか』化学工業日報社.

機能性化学産業研究会［編］（2002）『機能性化学——価値提案型産業への挑戦』化学工業日報社.

楠木　建（2001）「価値分化と制約共存——コンセプト創造の組織論」一橋大学イノベーション研究センター［編］『知識とイノベーション』東洋経済新報社，71-102 頁.

工藤　章（1999）『現代ドイツ化学企業史——IG ファルベンの成立・展開・解体』ミネルヴァ書房.

工藤　章（2011）『日独経済関係史序説』桜井書店.

クラレ（2006）『創新——クラレ 80 年の軌跡　1926-2006』株式会社クラレ.

経済産業省（2010）『我が国の産業技術に関する研究開発活動の動向──主要指標と調査データ　第10版』経済産業省産業技術環境局技術調査室.

経済産業省（2014）「石油化学産業の市場構造に関する調査報告」（産業競争力強化法第50条に基づく調査報告）経済産業省製造産業局化学課.

経済産業省産業技術環境局（2011）「研究開発の国際化について」第35回経済産業省産業構造審議会産業技術分科会研究開発小委員会配付資料5. http://www.meti.go.jp/committee/summary/0001620/035_05_00.pdf

合田昭二（2009）『大企業の空間構造』原書房.

河野豊弘（2009）『研究開発における創造性』白桃書房.

国土庁大都市圏整備局［編］（1993）『研究機関の立地戦略』国土庁大都市圏整備局.

近藤章夫（2007）『立地戦略と空間的分業──エレクトロニクス企業の地理学』古今書院.

榊原清則（1995）『日本企業の研究開発マネジメント──"組織内同形化"とその超克』千倉書房.

榊原清則（2005）『イノベーションの収益化──技術経営の課題と分析』有斐閣.

作道　潤（1995）『フランス化学工業史研究──国家と企業』有斐閣.

笹生　仁（1991）『工業の変革と立地』大明堂.

佐々木高成（2006）「海外 R ＆ D 活動に関する日本企業と欧米企業の特徴と差異」『国際貿易と投資』第18巻第3号，4-20頁.

笹林幹夫・八木　崇（2008）「製薬企業における R ＆ D 活動の国際化」医薬産業政策研究所リサーチペーパーシリーズ，No. 41.

佐藤　和（2009）『日本型企業文化論──水平的集団主義の理論と実証』慶應義塾大学出版会.

沢井　実（2006）「高度成長期日本の研究開発体制」『経済志林』第73巻第4号，407-423頁.

産業構造審議会産業技術分科会研究開発小委員会（2009）「中長期的な研究開発政策のあり方：競争と共創のイノベーション戦略──中間とりまとめ』経済産業省産業技術環境局研究開発課.

産業タイムズ社（1988）『全国研究所計画総覧──21世紀を拓く研究所計画375件の全貌』産業タイムズ社.

JSR 株式会社［編］（2008）『可能にする，化学を.：JSR50年の歩み── JSR 創立50周年記念社史 1957-2007』JSR 株式会社.

JETRO 上海事務所（2014）『中国華東地域における日系企業 R ＆ D の発展状況報告』日本貿易振興機構（JETRO）上海事務所.

実業之世界社（1964）「繊維の総合研究の殿堂「帝人中央研究所」完成──大屋社長の野心的大事業」『実業の世界』第61巻第7号，90-91頁.

島本　実（2009）「化学企業の参入・撤退分析──情報電子材料と医薬品への事業構

造転換」一橋大学日本企業研究センター［編］『日本企業研究のフロンティア5』有斐閣, 41-70頁.

車 相龍 (2011)『日韓の先端技術産業地域政策と地域イノベーション・システム』花書院.

重化学工業通信社・化学チーム［編］(2013)『アジアの石油化学工業2014年版』重化学工業通信社.

昭和電工株式会社［編］(1977)『昭和電工五十年史』昭和電工株式会社.

昭和電工株式会社［編］(1990)『昭和電工のあゆみ』昭和電工株式会社.

新エネルギー・産業技術総合開発機構［編］(2007)『なぜ, 日本が太陽光発電で世界一になれたのか』新エネルギー・産業技術総合開発機構.

末吉健治 (1999)『企業内地域間分業と農村工業化——電機・衣服工業の地方分散と農村の地域的生産体系』大明堂.

杉浦勝章 (2001)「1990年代における石油化学工業の産業再編と立地再編」『経済地理学年報』第47巻第1号, 1-18頁.

住友化学工業株式会社［編］(1981)『住友化学工業株式会社史』住友化学工業株式会社.

住友化学工業株式会社［編］(1997)『住友化学工業最近二十年史——開業八十周年記念』住友化学工業株式会社.

石油化学工業協会［編］(2008)『石油化学の50年——年表でつづる半世紀』石油化学工業協会.

繊維学会［編］(1967)「帝人株式会社中央研究所（研究所めぐり）」『繊維学会誌』第23巻第7号, 229頁.

戦略経営協会［編］(1986)『コーポレートカルチャー——企業人類学と文化戦略』CBS出版.

外枦保大介 (2009)「旭化成の企業文化からみた延岡市への再投資要因」『九州経済調査月報』第63巻第758号, 15-23頁.

田島慶三 (2008)『現代化学産業論への道』化学工業日報社.

田島慶三 (2011)『新化学業界の動向とカラクリがよ〜くわかる本 第2版——業界人, 就職, 転職に役立つ情報満載』秀和システム.

田中 穰 (1967)『日本合成繊維工業論——合成繊維独占資本の形成過程と再生産の内面構造』未来社.

通商産業省基礎産業局［編］(1988)『21世紀を拓く新化学』通商産業調査会.

帝人株式会社［編］(1972)『帝人の歩み7 虚しき繁栄』帝人株式会社.

帝人株式会社［編］(1998)『帝人の80年——年表』帝人株式会社.

DIC株式会社 (2009)『DIC100年史—— 1908-2008』DIC株式会社.

電気化学工業株式会社［編］(1965)『デンカの歩み50年』電気化学工業株式会社.

電気化学工業株式会社［編］(2006)『90年抄史 先人たちの足跡——電気化学工業株

式会社創立 90 周年記念』電気化学工業株式会社.

東レ株式会社［編］（1997）『東レ 70 年史──1926-1996』東レ株式会社.

東レ経営研究所［編］（2011）『実論　経営トップのリーダーシップ──「前田勝之助」のリーダー育成論』メトロポリタンプレス.

富樫幸一（1986）「石油化学工業における構造不況後の再編とコンビナートの立地変動」『経済地理学年報』第 32 巻第 3 号，163-181 頁.

富樫幸一（1990）「石油化学工業の構造改善と立地変動」西岡久雄・松橋公治［編］『産業空間のダイナミズム──構造再編期の産業立地・地域システム』大明堂，115-131 頁.

富部克彦（2009）『若い人々に伝えたい自分史からのメッセージ』ぶんがく社.

友澤和夫（1999）『工業空間の形成と構造』大明堂.

内閣府（2017）「平成 29 年度年次経済財政報告　技術革新と働き方改革がもたらす新たな成長」内閣府.

中川功一・大木清弘・天野倫文（2011）「日本企業の東アジア圏研究開発配置──実態及びその論理の探求」『国際ビジネス研究』第 3 巻第 1 号，49-61 頁.

中島　清（1989）「研究所立地論の体系化に関する考察──文献サーベイを中心として」『経済地理学年報』第 35 巻第 2 号，181-200 頁.

中島　茂（1994）「繊維工業の立地展開」辻　悟一［編］『変貌する産業空間』世界思想社，174-196 頁.

中原秀登（1998）『千葉大学経済研究叢書 2　企業の国際開発戦略』千葉大学法経学部経済学科.

日本化学工業協会［編］（1998）『日本の化学工業 50 年のあゆみ──日本化学工業協会創立 50 周年記念』日本化学工業協会.

日本化学繊維協会［編］（1974）『日本化学繊維産業史』日本化学繊維協会.

根本　孝（1990）『グローバル技術戦略論』同文館出版.

橋本規之（2007）「合成樹脂産業における競争優位の確立過程── MBS 樹脂のケース」東京大学 COE ものづくり経営研究センター MMRC Discussion Paper, No. 182. http://merc.e.u-tokyo.ac.jp/mmrc/dp/pdf/MMRC182_2007.pdf

畠山俊宏（2011）「アジアにおける研究開発の国際分業──東レの事例」『立命館経営学』第 50 巻第 4 号，75-94 頁.

初沢敏生（1990）「合成繊維資本の生産機能と事業所展開」西岡久雄・松橋公治［編］『産業空間のダイナミズム──構造再編期の産業立地・地域システム』大明堂，155-176 頁.

服部　毅（2013）「ヘルスケア分野で協業を発展── JSR やパナソニックとも協業」『Electronic Journal』12 月号，58-59 頁.

馬場健司（1993）「企業戦略と研究開発機能」山川充夫・柳井雅也［編］『企業空間とネットワーク』大明堂，24-37 頁.

平井東幸・岩崎博芳（1982）『繊維業界』教育社.

藤岡　豊（2005）「多国籍企業の国際研究開発の新たな分析視角——要因・目的・効果の観点から」『西南学院大学商学論集』第52巻第1号，59-97頁.

藤本隆宏（1997）『生産システムの進化論——トヨタ自動車にみる組織能力と創発プロセス』有斐閣.

藤本隆宏・桑嶋健一［編］（2009）『日本型プロセス産業——ものづくり経営学による競争力分析』有斐閣.

藤本義治・殿木義三（1985）「機械工業の研究機関の立地分析」『日本経営工学会誌』第36巻第3号，179-183頁.

松田　淳（2015）『イギリス化学産業の国際展開——両大戦間期におけるICI社の多国籍化過程』論創社.

松原　宏（1989）「多国籍企業の経済地理学序説」『西南学院大学経済学論集』第24巻第2号，127-154頁.

松原　宏（1999）「集積論の系譜と「新産業集積」」『東京大学人文地理学研究』第13号，83-110頁.

松原　宏（2006）『経済地理学——立地・地域・都市の理論』東京大学出版会.

松原　宏（2007）「知識の空間的流動と地域的イノベーションシステム」『東京大学人文地理学研究』第18号，22-43頁.

松原　宏（2009）「立地調整の理論と課題」松原　宏［編］『立地調整の経済地理学』原書房，3-19頁.

松原　宏［編］（2013）『日本のクラスター政策と地域イノベーション』東京大学出版会.

真鍋誠司（2012）「R＆D関連部門の物理的近接による逆機能の発生メカニズム——日産自動車の事例分析」『組織科学』第45巻第3号，35-48頁.

水野真彦（2001）「企業間ネットワークから生まれるイノベーションと距離——自動車産業を事例とする特許データの地理的分析」『人文地理』第53巻第1号，18-35頁.

水野真彦（2011）『イノベーションの経済空間』京都大学学術出版会.

三井石油化学工業株式会社社史編纂室［編］（1988）『三井石油化学工業30年史——1955-1985』三井石油化学工業株式会社.

三井東圧化学株式会社社史編纂委員会［編］（1994）『三井東圧化学社史』三井東圧化学株式会社.

三菱化成工業株式会社［編］（1981）『三菱化成社史』三菱化成工業株式会社.

三菱油化株式会社30周年記念事業委員会［編］（1988）『三菱油化三十年史』三菱油化株式会社.

宮奥康平・水無　渉・加藤尚樹（2012）「脱化石資源を実現する国際的事業展開」『生物工学会誌』第90巻第10号，641-642頁.

宮本琢也・安田昌司・前川佳一（2012）「技術転換期における中央研究所と事業部の連携に関する研究——1990年代の三洋電機の二次電池事業における人の異動」『日本経営学会誌』第30巻，16-26頁.

宗石　譲（2012）「見据えるべきは10年先，20年先——事業も人材育成も「継続は力なり」」『RMS Message』第28巻，20-22頁.

安田英土（2007）「日系多国籍企業におけるグローバルR&D活動ネットワークの分析」『研究技術計画』第22巻第2号，146-166頁.

山崎敏夫（2009）『戦後ドイツ資本主義と企業経営』森山書店.

山崎広明（1975）『日本化繊産業発達史論』東京大学出版会.

與倉　豊（2013）「知識の地理的循環とイノベーション」松原　宏［編］『日本のクラスター政策と地域イノベーション』東京大学出版会，27-49頁.

吉森　賢（2008）『企業戦略と企業文化』放送大学教育振興会.

米倉誠一郎・青島矢一（2001）「イノベーション研究の全体像」一橋大学イノベーション研究センター［編］『知識とイノベーション』東洋経済新報社，1-24頁.

若杉隆平・伊藤萬里（2011）『グローバル・イノベーション』慶應義塾大学出版会.

## 英語文献

Abelshauser, W., W. Hippel, J. Johnson, and R. G. Stokes (2004), *German Industry and Global Enterprise: BASF, the history of a company*, Cambridge: Cambridge University Press.

American Chemistry Council (2013), "Shale Gas, Competitiveness, and New U.S. Chemical Industry Investment: An analysis of announced projects," Economics & Statistics Department American Chemistry Council. https://www.americanchemistry.com/First-Shale-Study/

Andersen, B. (1998), "The Evolution of Technological Trajectories 1890-1990," *Structural Change and Economic Dynamics*, Vol. 9(1), pp. 5-34.

Arora, A. and N. Rosenberg (1998), "Chemicals: A U.S. success story," in: A. Arora, R. Landau, and N. Rosenberg (eds.), *Chemicals and Long Term Economic Growth: Insights from the chemical industry*, New York: John Wiley and Sons, pp. 71-102.

Asakawa, K. (2001), "Organizational Tension in International R&D Management: The case of Japanese firms," *Research Policy*, Vol. 30(5), pp. 735-757.

Asakawa, K., H. Nakamura, and N. Sawada (2010), "Firms' Open Innovation Policies, Laboratories' External Collaborations, and Laboratories' R&D Performance," *R&D Management*, Vol. 40(2), pp. 109-123.

Asheim, B., L. Coenen, and J. Vang (2007), "Face-to-Face, Buzz, and Knowledge Bases: Sociospatial implications for learning, innovation, and innovation policy," *Environment and Planning C: Government and policy*, Vol. 25(5), pp. 655-670.

BASF (2011), *BASF Historical Milestones*, BASF.

Bartlett, C. A. and S. Ghoshal (1989), *Managing Across Borders: The transnational solution*, Boston, Mass.: Harvard Business School Press.

Bathelt, H. and J. Glückler (2011), "Global Knowledge Flows in Corporate Network," in: H. Bathelt and J. Glückler, *The Relational Economy: Geographies of knowing and learning*, New York: Oxford University Press, pp. 195-216.

Behrman, J. N. and W. A. Fischer (1980), *Overseas R&D Activities of Transnational Companies*, Cambridge, Mass.: Oelgeschlager, Gunn and Hain.

Binz, C., B. Truffer, and L. Coenen (2014), "Why Space Matters in Technological Innovation Systems: Mapping global knowledge dynamics of membrane bioreactor technology, *Research Policy*, Vol. 43(1), pp. 138-155.

Breschi, S. (1999), "Spatial Patterns of Innovation: Evidence from patent data," in: A. Gambardella and F. Malerba (eds.), *The Organization of Economic Innovation in Europe*, Cambridge: Cambridge University Press, pp. 71-102.

Breschi, S. and F. Lissoni (2009), "Mobility of Skilled Workers and Co-invention Networks: An anatomy of localized knowledge flows," *Journal of Economic Geography*, Vol. 9(4), pp. 439-468.

Breschi, S. and F. Malerba (1997), "Sectoral Innovation Systems: Technological regimes, schumpeterian dynamics, and spatial boundaries," in: C. Edquist (ed.), *Systems of Innovation: Technologies, institutions, and organizations*, London: Pinter, pp. 130-156.

Caloghirou, Y., A. Constantelou, and N. S. Vonortas (2006), *Knowledge Flows in European Industry*, New York: Routledge.

Cantwell, J. and O. Janne (1999), "Technological Globalisation and Innovative Centres: The role of corporate technological leadership and locational hierarchy," *Research Policy*, Vol. 28(2-3), pp. 119-144.

Castells, M. and P. Hall (1994), *Technopoles of the World: The making of twenty-first-century industrial complexes*, London: Routledge.

Cesaroni, F., A. Gambardella, W. Garcia-Fontes, and M. Mariani (2004), "The Chemical Sectoral System: Firms, markets, institutions and the processes of knowledge creation and diffusion," in: F. Malerba (ed.), *Sectoral Systems of Innovation: Concepts, issues and analyses of six major sectors in Europe*, pp. 121-154, Cambridge: Cambridge University Press.

Chesbrough, H. (2003), *Open Innovation: the new imperative for creating and profiting from technology*, Boston, Mass.: Harvard Business School Press.

Chisholm, M. (1990), *Regions in recession and resurgence*, London: Unwin Hyman.

Christensen, C. M. (1997), *The Innovator's Dilemma: When new technologies cause great firms to fail*, Boston, Mass.: Harvard Business School Press. (C. M. クリステンセン [著], 玉田俊平太 [監修], 伊豆原弓 [訳] 『イノベーションのジレンマ ――技術革新が巨大企業を滅ぼすとき』(増補改訂版) 翔泳社, 2001 年)

Cooke, P. (2006), "Global Bioregional Networks: A new economic geography of bioscientific knowledge, *European Planning Studies*, Vol. 14(9), pp. 1265-1285.

Deal , T. E. and A. A. Kennedy (1982), *Corporate cultures: The rites and rituals of corporate life*, Reading (Mass.) : Addison-Wesley. (T. E. ディール・A. A. ケネディ [著], 城山三郎 [訳] 『シンボリック・マネジャー』新潮社, 1983 年)

Dosi, G. (1982), "Technological Paradigms and Technological Trajectories: A suggested interpretation of the determinants and directions of technical change," *Research Policy*, Vol. 11 (3), pp. 147-162.

Dougherty, D. (1992), "A Practice-centered Model of Organizational Renewal through Product Innovation," *Strategic Management Journal*, Vol. 13(S1), pp. 77-92.

EPCA (2007), "A Paradigm Shift: Supply chain collaboration and competition in and between Europe's chemical clusters results of the EPCA think tank sessions organized and sponsored by EPCA," European Petro Chemical Association.

Feldman, M. P. (2007), "Perspectives on Entrepreneurship and Cluster Formation: Biotechnology in the US capitol region," in: K. R. Polenske (ed.), *The Economic Geography of Innovation*, Cambridge: Cambridge University Press, pp. 241-260.

Feldman, M. P. and R. Florida (1994), "The Geographic Sources of Innovation: Technological infrastructure and product innovation in the united states," *Annals of the Association of American Geographers*, Vol. 84(2), pp. 210-229.

Gassmann, O. and M. von Zedtwitz (1999), "New Concepts and Trends in International R&D Organization," *Research Policy*, Vol. 28(2-3), pp. 231-250.

Haber, L. F. (1971), *The Chemical Industry 1900-1930: International growth and technological change*, London: Oxford University Press. (L. F. ハーバー [著], 佐藤正弥・北村美都穂 [訳] 『世界巨大化学企業形成史』日本評論社, 1984 年)

Håkanson, L. (1979), "Towards a Theory of Location and Corporate Growth," in: F. E. I. Hamilton and G. J. R. Linge (eds.), *Spatial Analysis, Industry and the Industrial Environment: Industrial systems, v. 1*, Chichester: John Wiley, pp. 115-138.

Howells, J. R. L. (1984), "The Location of Research and Development: Some observations and evidence from Britain," *Regional Studies*, Vol. 18(1), pp. 13-29.

Howells, J. R. L. (2008), "New Directions in R&D: Current and prospective challenges," *R&D Management*, Vol. 38(3), pp. 241-252.

Jaffe, A. B., M. Trajtenberg, and R. Henderson (1993), "Geographic Localization of Knowledge Spillovers as Evidenced by Patent Citations," *Quarterly Journal of Economics*, Vol. 108(3), pp. 577-598.

Kaplan, S. and M. Tripsas (2008), "Thinking about Technology: Applying a cognitive lens to technical change," *Research Policy*, Vol. 37(5), pp. 790-805.

Keeble, D., C. Lawson, B. Moore, and F. Wilkinson (1999), "Collective Learning Processes, Networking and 'Institutional Thickness' in the Cambridge Region," *Regional Studies*, Vol. 33(4), pp. 319-322.

Khoury, T. A. and E. G. Pleggenkuhle-Miles (2011), "Shared Inventions and the Evolution of Capabilities: Examining the biotechnology industry," *Research Policy*, Vol. 40(7), pp. 943-956.

Kline, S. J. (1985), *Research, Invention, Innovation and Production: Models and reality*, Stanford, CA: Thermodynamics Division, Dept. of Mechanical Engineering, Stanford University.

Kono, T. and S. R. Clegg (1998), *Transformations of Corporate Culture: Experiences of Japanese enterprises*, New York: Walter de Gruyter. (河野豊弘・S. R. クレグ [著], 吉村典久・北居 明・出口将人・松岡久美 [訳]『経営戦略と企業文化 ──企業文化の活性化』白桃書房, 1999 年)

Kuemmerle, W. (1999), "The Drivers of Foreign Direct Investment into Research and Development: An empirical investigation," *Journal of International Business Studies*, Vol. 30(1), pp. 1-24.

Kurokawa, S., S. Iwata, and E. Roberts (2007), "Global R&D Activities of Japanese MNCs in the US: A triangulation approach," *Research Policy*, Vol. 36(1), pp. 3-36.

Lorenzen, M. and V. Mahnke (2004), "Governing MNC Entry in Regional Knowledge Clusters," in: V. Mahnke and T. Pedersen (eds.), *Knowledge Flows, Governance and the Multinational Enterprise: Frontiers in international management research*, Basingstoke, New York: Palgrave Macmillan, pp. 211-225.

Malecki, E. J. (1979), "Locational Trends in R&D By Large U.S. Corporations, 1965-1977," *Economic Geography*, Vol. 55(4), pp. 309-323.

Malecki, E. J. (1980a), "Corporate Organization of R&D and the Location of Technological Activities," *Regional Studies*, Vol. 14(3), pp. 219-234.

Malecki, E. J. (1980b), "Dimensions of R&D Location in the United States," *Research Policy*, Vol. 9(1), pp. 2-22.

Malecki, E. J. (1991), *Technology and Economic Development: The dynamics of local, regional, and national change*, New York: J. Wiley and Sons.

Malecki, E. J. (2010), "Global Knowledge and Creativity: New challenges for firms and regions," *Regional Studies*, Vol. 44(8), pp. 1033-1052.

Malerba, F. (ed.) (2004), *Sectoral Systems of Innovation: Concepts, issues and analyses of six major sectors in Europe*, Cambridge: Cambridge University Press.

Malerba, F. and L. Orsenigo (1990), "Technological Regimes and Patterns of Innovation: A theoretical and empirical investigation of the Italian case," in: A. Heertje and M. Perlman (eds.), *Evolving Technology and Market Structure*, Ann Arbor: University of Michigan Press, pp. 283-306.

Malerba, F., and L. Orsenigo (1993), "Technological Regimes and Firm Bebavior," *Industrial and Corporate Change*, Vol. 2 (1), pp. 45-74.

Martinelli, A. (2012), "An Emerging Paradigm or Just Another Trajectory? Understanding the Nature of Technological Changes Using Engineering Heuristics in the Telecommunications Switching Industry," *Research Policy*, Vol. 41(2), pp. 414-429.

Massey, D. (1984), *Spatial Divisions of Labour: Social structures and the geography of production*, London : Macmillan. (D. マッシィ [著], 富樫幸一・松橋公治 [監訳] 『空間的分業——イギリス経済社会のリストラクチャリング』古今書院, 2000年)

Massey, D., P. Quintas, and D. Wield (1991), *High-Tech Fantasies: Science parks in society, science and space*, London: Routledge.

McCann, P. and R. Mudambi (2005), "Analytical Differences in the Economics of Geography: The case of the multinational firm," *Environment and Planning A*, Vol. 37(10), pp. 1857-1876.

McConnell, J. E. (1983), "The International Location of Manufacturing Investments: Recent behaviour of foreign-owned corporations in the United States," in: F. E. I. Hamilton and G. J. R. Linge (eds.), *Spatial Analysis, Industry and the Industrial Environment: Progress in research and applications. Vol. 3, regional economics and industrial systems*, Chichester: John Wiley and Sons, pp. 337-358.

Meyer, K. E., R. Mudambi, and R. Narula (2011), "Multinational Enterprises and Local Contexts: The opportunities and challenges of multiple embeddedness," *Journal of Management Studies*, Vol. 48(2), pp. 235-252.

Mina, A., R. Ramlogan, G. Tampubolon, and J. S. Metcalfe (2007), "Mapping Evolutionary Trajectories: Applications to the growth and transformation of medical knowledge," *Research Policy*, Vol. 36(5), pp. 789-806.

Minshull, G. N. (1990), *The New Europe into the 1990's, 4th Edition*, London: Hodder and Stoughton.

Murmann, J. P. (2003), "Chemical Industries after 1850," in: J. Mokyr (ed.), *The Oxford Encyclopedia of Economic History. Vol. 3, Human capital-Mongolia*, New York: Oxford University Press, pp. 398-406.

Murmann, J. P. and R. Landau (1998), "On the Making of Competitive Advantage: The development of the chemical industries in Britain and Germany since 1850," in: A. Arora, R. Landau, and N. Rosenberg (eds.), *Chemicals and Long-term Eco-*

*nomic Growth: Insights from the chemical industry*, New York: John Wiley and Sons, pp. 27-70.

Nerkar, A. and S. Paruchuri (2005), "Evolution of R&D Capabilities: The role of knowledge networks within a firm," *Management Science*, Vol. 51(5), pp. 771-785.

Nomaler, Ö. and B. Verspagen (2016), "River Deep, Mountain High: Of long run knowledge trajectories within and between innovation clusters," *Journal of Economic Geography*, Vol. 16(6), pp. 1259-1278.

Nonaka, I. and N. Konno (1998), "The Concept of 'Ba': Building a foundation for knowledge creation'," *California Management Review*, Vol. 40(3), pp. 40-54.

Oakey, R. P. and S. Y. Cooper (1989), "High Technology Industry, Agglomeration and the Potential for Peripherally Sited Small Firms," *Regional Studies*, Vol. 23(4), pp. 347-360.

OECD (2008a), *The Internationalisation of Business R&D: Evidence impacts and implications*, Paris: OECD Publications.

OECD (2008b), *Open Innovation in Global Networks*, Paris: OECD Publications.

OECD (2011), *OECD Reviews of Regional Innovation: Regions and innovation policy*, Paris: OECD Publications.

Pavitt, K. (1984), "Sectoral Patterns of Technical Change: Towards a taxonomy and a theory," *Research Policy*, Vol. 13(6), pp. 343-373.

Porter, M. E. (1998), *Competitive Advantage: Creating and sustaining superior performance: with a new introduction*, New York: Free Press.

Reddy, P. (2000), *The Globalization of Corporate R&D: Implications for innovation systems in host countries*, London: Routledge.

Roberts, E. B. (2007), "Managing Invention and Innovation," *Research-Technology Management*, Vol. 50(1), pp. 35-54.

Rodriguez-Pose, A. and R. Crescenzi (2008), "Research and Development, Spillovers, Innovation Systems, and the Genesis of Regional Growth in Europe," *Regional Studies*, Vol. 42(1), pp. 51-67.

Roesnbloom, R. S. and W. J. Spencer (eds.) (1996), *Engines of Innovation: U.S. industrial research at the end of an era*, Boston, Mass.: Harvard Business School Press. (R. S. ローゼンブルーム・W. J. スペンサー [編]，西村吉雄 [訳]『中央研究所の時代の終焉──研究開発の未来』日経 BP 社，1998 年)

Ronstadt, R. C. (1978), "International R&D: The establishment and evolution of research and development abroad by seven U. S. multinationals," *Journal of International Business Studies*, Vol. 9(1), pp. 7-24.

Saxenian, A. (1994), *Regional Advantage: Culture and competition in Silicon Valley and Route 128*, Cambridge, Mass.: Harvard University Press. (A. サクセニアン

［著］，山形浩生・柏木亮二［訳］『現代の二都物語——なぜシリコンバレーは復活し，ボストン・ルート 128 は沈んだか』日経 BP 社，2009 年）

Schein, E. H. (2009), *The Corporate Culture Survival Guide: New and revised edition*, San Francisco: Jossey-Bass Publishers. (E. H. シャイン［著］，金井寿宏［監訳］，尾川丈一・片山佳代子［訳］『企業文化——生き残りの指針』白桃書房，2004 年）

Schein, E. H. (2010), *Organizational Culture and Leadership, 4th Edition*. San Francisco, Calif.: Jossey-Bass. (E. H. シャイン［著］，梅津祐良・横山哲夫［訳］『組織文化とリーダーシップ』白桃書房，2012 年）

Schoenberger, E. J. (1997), *The Cultural Crisis of the Firm*, Cambridge, Mass.: Blackwell.

Shefer, D. and A. Frenkel (2005), "R&D, Firm Size and Innovation: An empirical analysis," *Technovation*, Vol. 25(1), pp. 25-32.

Souitaris, V. (2002), "Technological Trajectories as Moderators of Firm-level Determinants of Innovation," *Research Policy*, Vol. 31(6), pp. 877-898.

Storper, M. and R. Walker (1989), *The Capitalist Imperative: Territory, technology, and industrial growth*, Oxford and New York: Basil Blackwell.

Teigland, R., C. Fey, and J. Birkinshaw (2000), "Knowledge Dissemination in Global R&D Operations: An empirical study of multinationals in the high technology electronics industry," *Management International Review*, Vol. 40(S1), pp. 49-77.

Thrane, S., S. Blaabjerg, and R. H. Møller (2010), "Innovative Path Dependence: Making sense of product and service innovation in path dependent innovation processes," *Research Policy*, Vol. 39(7), pp. 932-944.

Thursby, J. and M. Thursby (2006), "Why Firms Conduct R&D Where They Do," *Research Technology Management*, Vol. 49(3), pp. 5-6.

UNCTAD (2005), *World Investment Report 2005: Transnational corporations, and the internationalization of R&D*, New York: United Nations.

von Zedtwitz, M. (2004), "Managing Foreign R&D Laboratories in China," *R&D Management*, Vol. 34(4), pp. 439-452.

von Zedtwitz, M., J. Birkinshaw, and O. Gassmann (eds.) (2008), *International Management of Research and Development*, Cheltenham, U. K.: Edward Elgar Publishing.

Zeller, C. (2004), "North Atlantic Innovative Relations of Swiss Pharmaceuticals and the Proximities with Regional Biotech Arenas," *Economic Geography*, Vol. 80(1), pp. 83-111.

## あとがき

　本書は，2015 年度に，東京大学総合文化研究科に提出した博士論文「日系化学企業における研究開発機能の空間的分業と知識フローに関する地理学的研究」を加筆修正したものである．まだ提出して 2 年ほどしか経過していないが，この短い間にも製造業の地理は大きく変化しており，新たな動向を書き加える必要が多々あったことに，常に研究のアンテナを張っていなければならないと身が引き締まる思いを感じている．

　筆者は，学部の卒業論文以来，製造業，特に大企業の立地や空間的分業に関心を持ってきた．このテーマにおいては，工場や研究所のように，地表面に実際に存在するものと，組織構造や知識フローなど，目には見えないものが密接に関係している．これらの相互の関係の中で，企業の立地が変化していき，個々の企業の変化の束によって，より大きなスケールの地理的変化が生じる．こうした地理的なダイナミズムを想起できる点が，常に筆者の好奇心を掻き立ててきた．本書でこうしたダイナミズムを描けているとは言い難いかもしれないが，これまで筆者が行ってきた研究の根底には，いつもこのような興味関心があったと改めて思っている．なお，初出論文と，本書の各章の関係は以下の通りである．特に対象企業のグローバル展開の詳しい内容については，学会などで一部は発表しているものの，本書で初めて公開したものがほとんどである．

第 1 章〈第 2 節・第 3 節〉

鎌倉夏来・松原　宏（2012）「多国籍企業によるグローバル知識結合と研究開発機能の地理的集積」『経済地理学年報』第 58 巻第 2 号，118-137 頁.

第 4 章

鎌倉夏来（2014）「研究開発機能の組織再編と立地履歴――旧財閥系総合化学

企業における空間的分業の事例」『地理学評論』第 87 巻第 4 号，291-313
頁.

第 5 章
鎌倉夏来（2014）「研究開発機能の空間的分業と企業文化——繊維系化学企業
の事例」『人文地理』第 66 巻第 1 号，38-59 頁.

第 6 章
鎌倉夏来（2014）「化学産業における技術軌道と研究開発機能の立地力学——
機能性化学企業 3 社の事例」『経済地理学年報』第 60 巻第 2 号，92-115 頁.

序章，第 2, 3, 7 章，終章は書き下ろし.


　本書で筆者が対象としてきた企業は，その多くが上場企業であるため，イ
ンターネット上で多くの資料が公開されている．そのため，事前に調べてわ
かることについては，当然予習していかなければならない．その量は膨大で
あるものの，実際に聞き取り調査に行ってみると，いつも新たな発見があり，
現地調査なしではわからなかったことが多くあった．これに関連して，まず，
大変お忙しい中，訪問調査の日程調整をしてくださり，長時間の聞き取り調
査およびメールでの質問に快く応じてくださった調査対象企業の皆様，関係
機関の皆様，自治体関係者の皆様に感謝の意を述べたい．筆者の研究は，1
社から数社について徹底的に詳しく研究するものでも，1 地域の事象につい
て調べ上げるスタイルのものではないため，非常に多くの方にお会いしてお
り，お一人ずつ名前をあげることは控えるが，皆様が貴重な時間を割いてく
ださらなければ，筆者の研究は成立しえなかった．初めての方にお会いする
聞き取り調査では，いまだに前日から緊張してしまう筆者であるが，拙い筆
者の聞き取り調査に対して，常に真摯に対応してくださったことについて，
この場をお借りして厚くお礼を申し上げる.
　また，ドイツでの調査では，ハノーファー大学の Rolf Sternberg 先生お
よびハノーファー大学地理学教室の皆様，フランクフルト大学の Thomas
Feldhoff 先生（現・埼玉大学）に大変お世話になった．先生方にご紹介いただ

き，お話を伺った Chemiepark Knapsack Cologne, InfraLeuna, Halle Institute for Economic Research, VCI (German Chemical Industry Association) の皆様にも，貴重な時間を割いていただくとともに，豊富な資料を頂戴し，大変感謝している．

　学会発表や論文執筆にあたっては，主に経済地理学会の先生方から，多くの有益なご指導や激励をいただいた．特に，非常に短期間になってしまったが，日本学術振興会の PD として受け入れてくださった，明治大学の松橋公治先生，経済地理学における化学産業研究の第一人者であり，筆者に資料を譲ってくださった，岐阜大学の富樫幸一先生，京都大学時代は化学を専攻されていたこともあり，折に触れて助言をくださった中央大学の山﨑朗先生には，とても感謝している．

　東京大学人文地理学教室の先生方からは，大学院のゼミにおいて，いつも忌憚ないご意見を賜った．学部時代から大学院にかけて，人文地理学教室の荒木良雄先生，松原宏先生，永田淳嗣先生，梶田真先生，新井祥穂先生（現・東京農工大学），與倉豊先生（現・九州大学）からご指導いただいた．特に，卒業論文から博士論文まで指導していただいた松原先生は，地理学を専攻していながら出不精な筆者を叱咤激励しながら，様々な調査を経験させてくださり，筆者の誤字脱字の多い原稿に，いつも目を通してくださった．この学恩は，今後筆者が，一人の研究者として，もっともっと成長していくことで返していかなければならないと肝に銘じている．現在は，学部から大学院を過ごした，馴染み深い人文地理学教室の教員の一員として学生を指導する側となり，自分の未熟さを感じる日々で，ご多忙な先生方の真摯な教育・研究姿勢を見習わなければと思っている．

　大学院の生活では，人文地理学教室の先輩・後輩諸氏からも多くの有益な助言をいただいた．特に，松原研究室の皆様には，サブゼミでの長時間にわたる議論に付き合っていただき，心より感謝している．ついつい発散しまう筆者の議論の方向性を修正し，少しでもわかりやすい図表になるよう意見してくださった皆様には，大変お世話になったと感じている．アカデミックの世界に残っている方も，他の世界で活躍されている方も，同じ時期を大学院で過ごした仲間として，今後とも切磋琢磨し合っていければ幸いである．

また，博士論文の副査を引き受けてくださった，慶應義塾大学の浅川和宏先生にも感謝の意を表したい．浅川先生のご専門は国際経営学であり，筆者の研究テーマの一つである研究開発機能のグローバル化については，同分野を中心に展開されていることから，先生のご意見をいただけたことは，大変貴重な機会であったと感じている．思えば，学部時代に，先生が経済地理学会で講演してくださった内容のテープ起こしのアルバイトをしたのが，研究開発機能のグローバル化というテーマに初めて触れたきっかけであった．

なお，本書の研究は，日本学術振興会科学研究費補助金（特別研究員奨励費・研究課題番号：13J09269）によって遂行された．また，本書は，2017年度・科学研究費補助金（研究成果公開促進費）によって刊行されたものである．研究成果公開促進費の申請と，本書の出版にあたっては，東京大学出版会の大矢宗樹さんに大変お世話になった．慣れない本の出版に手間取る筆者に対して，いつも丁寧に対応してくださったことを，とても有難く思っている．

最後に，大学院での研究生活を何不自由なく過ごせるよう，何も言わずに惜しみなく支援し続けてくれた両親，同じ研究者として日々激励してくれる夫に心から感謝したい．


2017年12月

鎌 倉 夏 来

# 事項索引

## あ 行

R&Dハブモデル　20
旭化成　183, 247, 249, 251
アセチレン　162
ＩＧファルベン（イーゲー）　46
一業一社　96
イノベーション　4, 13, 34, 153, 180
インテル　28, 221
宇部興産　183, 239, 250
埋め込み　22, 34
エチレン（プラント）　41, 48, 60, 80, 157, 167
M&A　18, 39, 183, 186, 193, 235, 246, 249, 252, 257
オイル・ガスシェール　42, 57
大原總一郎　147
大原孫三郎　147
オープンイノベーション　19, 132, 150
大屋晋三　143

## か 行

カーバイド　162
カーボンナノチューブ（CNT）　167
化学産業　4, 41, 80, 156, 246
化学製品　42
学園都市　24, 84
価値分化　17
カネカ　183, 186, 188, 228, 250, 255
　　——ベルギー NV　229, 230
壁　3
ガラパゴス化　1
慣性　93, 114, 248

カンパニー（制）　93, 125, 140
企業外組織　18, 39, 107
企業の境界　5, 19
企業の地理学　35
企業文化　3, 22, 117, 127, 138, 143, 146, 248
　強い——　149
技術軌道　153, 154, 177, 179, 248
技術的なインフラストラクチャー　25
技術導入　123, 167, 171, 180
技術パラダイム　154
技術レジーム　155
基礎化学品　42
基礎研究所　84
機能性化学企業　89, 153, 182, 186, 215
機能分化　17
機能分業　17
機能別組織型（横串の組織）　15, 138
キャッチアップ　81
旧財閥系総合化学企業　89, 94, 183, 192, 247
競争力の極　55
空間的分業（論）　34, 35, 36, 105, 251
空洞化　256
クラレ　121, 138, 147, 186, 212, 248, 250
グローバル・オペレーション戦略　202
経営者　118, 120, 143, 148, 150, 248
経済地理学　23, 118, 120, 153, 155
ケミカルパーク　53
研究開発活動　11, 19, 24, 33, 36, 154
研究開発集積　25, 257
研究開発組織　15, 20
原料立地型　179
コア技術　11

工場内組織型　15
工場分散主義　122
合成繊維　122
高度人材　31, 256
国際特許分類（IPC）　109
国策会社　159
国内外棲み分け型　252
国内外相互分業型　252
国内完結型　251, 254
国内中心型　252
コンビナート　48, 82, 96, 123, 159, 167, 178, 181

## さ　行

サイエンスシティ　26
サイエンスパーク　24, 199, 227
最終化学品・機能性化学品　42
サブカルチャー　119, 149
サムスン　71, 224
事業部（制）　17, 93, 114, 119, 167
紫竹科学園区　209
シナジー効果　132
自前主義　19, 136, 255
自民族中心集権的R&D　20
事業別組織型（縦串の組織）　15
社会ネットワーク分析　105
上海交通大学　211
昭和電工　161, 166, 178, 186, 248
シリコンバレー　26
自律　22, 218
信越化学工業　183, 247, 249, 251
シンガポール国立大学　199, 255
スピンオフ　195
スペシャリティケミカル製品　51
住友化学　67, 86, 97, 100, 105, 109, 183, 186, 188, 192, 248, 249, 252
生産システム研究　35
制約共存　17
石炭　44, 60, 81, 158
灰窒素　162

石油化学　41, 46, 81, 95
石油危機　47, 96, 123, 131, 157
セクターイノベーションシステム　155
繊維系化学企業　89, 184, 201
繊維産業　121
創業地　38, 140, 150, 248
組織再編　3, 93, 123, 248
組織文化　3, 117

## た　行

第一次中研ブーム　38
大都市圏　26, 27, 39, 131, 144, 180, 248
ダウケミカル　67, 191
多元的分散R&D　22
多国籍企業　1, 20, 28, 36, 236
　日系――　1, 32
縦串（縦のつながり）　2, 93, 114, 119, 135, 166, 248, 254
炭素繊維（複合材料）　43, 123-125, 134, 146, 149, 186, 188, 204, 249
地球中心集権的R&D　20
知識フロー　2, 13, 15, 34, 36, 94, 105, 113, 114, 238, 246, 248
知識ベース　13
知的財産権　31
中央研究所　16, 82, 246
中部科学工業園区　227
地理的固着性　155
青島迪愛生精細化学有限公司（青島研究所）　236, 254
帝人　121, 127, 143, 186, 201, 248-250
　――（中国）商品開発センター　202, 204
ディスプレイ素材　174, 179, 193, 216, 224, 252
テクノポリス　26
テクノロジーパーク　26
デュポン　46, 58, 62, 67, 123, 191, 201
電気化学　159, 161, 177, 248
　――工業　186

電気機械産業　67, 182
電子材料（素材）　43, 157, 164, 173, 177,
　188, 193, 203
統合的 R&D ネットワーク　22
東ソー　183, 247, 251
東レ　121, 134, 145, 184, 186, 201, 207,
　248-250, 254
東麗繊維研究所（中国）有限公司（TFRC）
　203, 207, 254
東麗先端材料研究開発（中国）（TARC）
　203, 209
特定産業構造改善臨時措置法（産構法）
　82
独立組織型　15
都市化　101
特許　14, 138, 154, 166
トップマネジメント　117

## な　行

日本ゼオン　183, 247, 251

## は　行

場　151
ハードディスク（HD）事業　169, 178,
　181
ハーバー・ボッシュ法　45
バイエル　44, 46, 67, 191
パイプライン　53
パイロットプラント　173
場所性　118, 120, 143, 149
バランス分化　18
半導体素材　217, 250, 252
汎用化学品　42, 46
フォトレジスト　173, 179, 216, 217, 221
複数事業所企業研究　35
プロジェクトチーム　146, 149
プロセスイノベーション　156
プロダクトイノベーション　156
プロトタイプ　11, 219, 224

分社化　124, 143, 150
ヘキスト　44, 46, 48, 212
北東イングランドプロセス産業クラスター
　55

## ま　行

マーセラスシェール　58
前田勝之助　145
マザー工場　169, 179
三井化学　67, 98, 101, 107, 110, 183, 191,
　197, 247, 250, 254
　――シンガポール R&D センター（MS-
　R&D）　199
三菱化学　99, 109, 110, 183, 186, 188, 247
無機化学　43, 45, 157, 181

## や　行

有機化学　44, 81, 157, 181
横串（横のつながり）　2, 93, 103, 114,
　119, 136, 138, 248, 254

## ら　行

リーマンショック　2, 73
リサーチトライアングル　69, 235
立地　23
立地優位性　1, 250, 252, 255
立地力学　156, 175, 179
立地履歴　93, 113, 127, 157
ルート 128　26
レーヨン　120, 123, 127, 136, 138
ロイヤリティ　81
露光機　219, 223

## アルファベット

ARRR（Antwerp, Rotterdam, Rhine=Ruhr）
　メガクラスター　54
A*STAR　191, 199

事項索引　279

BASF　44, 46, 51, 66-68, 191, 235, 246, 254
CDT (Cambridge Display Technology) 194
CTO　141, 224
DIC　85, 183, 234, 250, 252, 254
HBA (Home-Base-Augmenting) タイプ 20
HBE (Home-Base-Exploiting) タイプ 20
ICI (Imperial Chemical Industries)　46, 48, 55, 123
IMEC　218, 219, 232, 255
JSR　161, 171, 179, 186, 188, 215, 248-250, 252, 253, 255
──Micro Inc.　221
──Micro Korea Co., Ltd. (JMK) 224
──Micro NV　217
──Micro Taiwan Co., Ltd. (JMW) 227
Kuraray Research and Technical Center USA (KRTC)　212
LG　224
NUTS-2　51
UBE Technical Center (Asia) Limited (UTCA)　240

# 地名索引

## あ 行

アビド　　204
阿見　　104, 109, 110
アントワープ　　47, 54, 231
市原　　96, 101, 107, 169, 178, 180, 239
茨木　　131, 144
イル＝ド＝フランス地域圏　　55
岩国　　95, 101, 107, 127, 144
ウィルミントン　　57
ウェステルロー　　230
宇部　　239
雲林　　227
愛媛　　134, 146
青海　　158, 161, 177, 179, 181
大分　　167, 178, 180
大町　　166, 178-180
大牟田　　95, 101, 107, 110, 158, 161, 177, 179
オチャン　　193, 224

## か 行

鹿島　　96, 99, 104, 159
春日出　　100, 107, 110, 113, 193, 196
鎌倉　　134, 136, 149
カリフォルニア　　32, 188, 215, 221
川崎　　159, 166, 172, 178, 179
クミ　　224
倉敷　　139, 147, 150, 212, 214, 248
黒崎　　104, 110
ケンブリッジ　　24, 194

## さ 行

堺　　239
相模原　　131
佐倉　　234
シアトル　　204
塩尻　　166, 178
滋賀　　134, 146, 150, 248
渋川　　165, 180, 181
上海　　191, 197, 203, 204, 209
新竹　　227
瀬田　　136, 209
ソウル　　224
袖ケ浦　　96, 101, 107, 110, 113, 114, 199

## た 行

台中　　227
高槻　　100
宝塚　　100, 110, 113, 193, 252
秩父　　167
千葉　　159, 164
チョナン　　224
青島　　236, 250
筑波　　25, 76, 84, 101, 107, 113, 140, 214
テキサス　　57, 188, 213, 229
デトロイト　　202

## な 行

名古屋　　103, 134
南通　　202, 204, 207
新居浜　　95, 96, 100, 107, 110, 113

地名索引　281

## は　行

パジュ　224
広島　127
ブッパータール　44
フランクフルト　44, 53, 212
ブリュッセル　231
ベルリン　85, 235

## ま　行

町田　164, 181
松山　131
マプタープット　63, 239
三島　138, 209
水島　96, 104
溝ノ口　104
茂原　103

## や　行

横浜　104, 109, 110, 113, 166, 178
四日市　95, 104, 109, 110, 114, 159, 172,
　　179, 181, 218, 219, 223, 224, 227, 248
米沢　127

## ら　行

ライン＝ルール地域　54, 186
ラヨーン　62, 216, 239
リヨン　55
ルイジアナ　57
ルーヴェン　217
ルートヴィヒスハーフェン　44, 45, 47,
　　51, 69, 72
レバークーゼン　44

**著者紹介**

1987 年　神奈川県生まれ
2011 年　東京大学教養学部卒業
2016 年　東京大学大学院総合文化研究科博士課程修了
　2013〜2016 年　日本学術振興会特別研究員（DC 1）
　　　　　　　　日本学術振興会特別研究員（PD）を経て
現　　在　東京大学大学院総合文化研究科広域システム科学系助教
　　　　　博士（学術）（東京大学，2016 年）

**主要論文**

「研究開発機能の組織再編と立地履歴──旧財閥系総合化学企業における
　空間的分業の事例」『地理学評論』第 87 巻第 4 号，2014 年.
「研究開発機能の空間的分業と企業文化──繊維系化学企業の事例」『人
　文地理』第 66 巻第 1 号，2014 年.
「化学産業における技術軌道と研究開発機能の立地力学──機能性化学企
　業 3 社の事例」『経済地理学年報』第 60 巻第 2 号，2014 年.

研究開発機能の空間的分業
日系化学企業の組織・立地再編とグローバル化

　　　　2018 年 2 月 20 日　初　版

　　　　　［検印廃止］

　著　　者　　鎌倉夏来

　発行所　　一般財団法人　東京大学出版会
　　　　　　代表者　　吉見俊哉
　　　　　　153-0041 東京都目黒区駒場4-5-29
　　　　　　http://www.utp.or.jp/
　　　　　　電話 03-6407-1069　Fax 03-6407-1991
　　　　　　振替 00160-6-59964

　組　　版　　有限会社プログレス
　印刷所　　株式会社ヒライ
　製本所　　誠製本株式会社

©2018 Natsuki Kamakura
ISBN 978-4-13-046125-2　Printed in Japan

JCOPY〈㈳出版者著作権管理機構　委託出版物〉
本書の無断複写は著作権法上での例外を除き禁じられています. 複写される
場合は, そのつど事前に, ㈳出版者著作権管理機構（電話 03-3513-6969,
FAX 03-3513-6979, e-mail: info@jcopy.or.jp）の許諾を得てください.

| 松原　宏 編 | 産業集積地域の構造変化と立地政策 | A5 | 9200 円 |
|---|---|---|---|
| 松原　宏 編 | 日本のクラスター政策と地域イノベーション | A5 | 6800 円 |
| 松原　宏 著 | 経　済　地　理　学<br>立地・地域・都市の理論 | A5 | 4800 円 |
| 野上・岡部<br>貞広・隈元 著<br>西川 | 地　理　情　報　学　入　門 | B5 | 3800 円 |
| 村松　伸<br>山下　裕子 編 | 新興国の経済発展とメガシティ<br>［メガシティ 4］ | A5 | 3400 円 |
| 元橋　一之 著 | グ　ロ　ー　バ　ル　経　営　戦　略 | A5 | 3200 円 |
| 月尾　嘉男 著 | 転　　　換　　　日　　　本<br>地域創成の展望 | 四六 | 2600 円 |
| 山口　栄一 編 | イ　ノ　ベ　ー　シ　ョ　ン　政　策　の　科　学<br>SBIR の評価と未来産業の創造 | A5 | 3200 円 |
| 佐藤　仁 著 | 「持　た　ざ　る　国」の　資　源　論<br>持続可能な国土をめぐるもう一つの知 | 四六 | 2800 円 |
| 丹羽　美之<br>吉見　俊哉 編 | 戦　後　復　興　か　ら　高　度　成　長　へ<br>民主教育・東京オリンピック・原子力発電 | A5 | 8800 円 |

ここに表示された価格は本体価格です．ご購入の
際には消費税が加算されますのでご了承ください．